數位時代的
ESG
永續碳管理

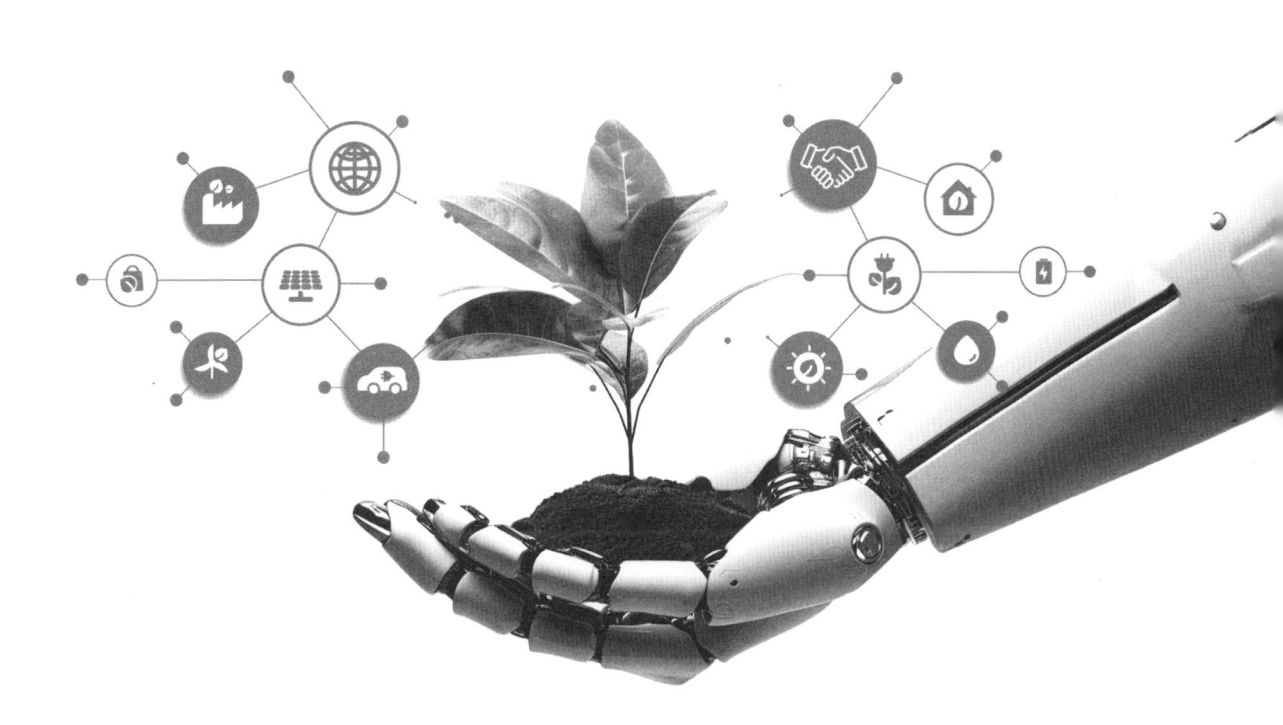

推薦序

在全球面臨氣候變遷與永續發展挑戰的關鍵時刻，碳管理已成為政府與企業不可忽視的核心議題。隨著我國於 2023 年三讀通過《氣候變遷因應法》，正式將「2050 年淨零排放」納入法制，這不僅彰顯國家對氣候治理的堅定承諾，也加速企業在碳管理與環境永續方面的行動。

近年來，「ESG 永續經營」逐漸成為企業策略的重要指標，尤其在環境面向上，碳管理更是企業邁向永續轉型的關鍵課題。本書以環境永續為核心視角，系統化地闡述碳管理的架構，涵蓋國際組織的最新動態、重要會議趨勢及政策演變，並明確解析企業推動碳管理的三大步驟：盤查、減量、抵換，使讀者能夠全盤掌握碳管理的核心脈絡。

本書不僅深入探討溫室氣體盤查與產品碳足跡計算的流程與實務應用，更延伸至 ISO 14064、ISO 14067 等國際標準，為讀者建構完整的理論基礎與應用框架。此外，本書獨具特色，融合了企業實務案例與 ERP 系統應用，讓理論不僅停留在書頁間，更能在實際操作中落地實踐。這使得本書不僅適用於學生作為永續教育的教材，亦可作為準備「環境保護基礎檢定」、「溫室氣體盤查規劃師」、「產品碳足跡規劃師」及「產品碳足跡軟體應用師」等專業證照考試的重要參考書籍，幫助學習者驗證所學並提升專業競爭力。

在全球邁向淨零轉型、碳定價機制逐步推動的時代，碳盤查與碳足跡評估已成為所有企業無法迴避的重要課題。期盼本書能夠成為培育綠領人才的關鍵指南，幫助新世代掌握碳管理的專業知能，並在永續發展的浪潮中，為環境、企業與社會創造更長遠的價值。

蔣偉寧
中華企業資源規劃學會 理事長

推薦序

在全球積極推動淨零轉型與碳定價機制的當下,碳管理已從企業的選項,轉變為永續經營的必要條件。《數位時代的 ESG 永續碳管理》一書,正是在此趨勢下所撰寫,內容橫跨理論基礎、法規演變、實務操作與數位工具應用,為目前坊間少見兼顧深度與實用性的專業著作。尤其,本書是目前市面上唯一以 ERP 系統實作產品碳足跡盤查的書籍,展示如何透過數位化手段系統性落實碳足跡資料的收集、計算與管理,對於有志於碳管理實務的讀者而言,極具參考價值。

書中內容不僅詳盡介紹溫室氣體與產品碳足跡盤查的標準與流程,也輔以法規脈絡與制度發展趨勢,幫助讀者掌握整體制度演進。更重要的是,透過實際 ERP 系統操作案例,讀者能從抽象概念轉向具體應用,學習如何將理論知識轉化為企業內部的可執行流程。這樣的編排方式,特別有助於初學者建立系統性的知識架構,同時培養實際解決問題的能力。

本書作者群來自資訊科技與永續管理領域,具備跨領域的專業背景與豐富實務經驗。鍾瑞益教授擅長數據分析、商業智慧與企業永續發展;莊玉成博士在企業 ERP 系統設計與導入、資料庫與程式設計領域深耕數十年;吳聰皓教授長期輔導企業進行溫室氣體盤查與永續治理;陳俞君老師則專注於企業管理與永續策略整合。四位作者攜手合作,使本書理論紮實、案例具體、觀點前瞻,充分展現跨領域整合的成果。

此外,本書內容更可作為參加中華企業資源規劃學會「碳管理」等相關專業證照考試的重要參考資料。對於學生而言,透過閱讀本書並搭配實務練習與認證準備,不僅可深化專業知能,更能有效提升職場競爭力;對於企業內部人員,取得相關證照也有助於強化組織在碳盤查與 ESG 治理上的能力。

《數位時代的 ESG 永續碳管理》不僅是一本教學與實作兼具的優質教材,更是一本引導讀者邁向碳管理專業之路的重要工具書。誠摯推薦給每一位關心永續未來的學習者與實踐者。

許秉瑜

國立中央大學企業管理學系 教授

中華企業資源規劃學會 秘書長

作者序

碳旅程的第一步

在今日，氣候變遷所造成的影響已成為全球的共識之下，「減碳」絕不是少數人的責任，而是生活在地球上每個人、每個組織、企業，乃至於整個國家及區域，都必須面對的課題。本書旨在從基本概念出發，揭開溫盤與碳足跡的神秘面紗，並以案例及系統操作流程，幫助讀者理解有關衡量與管理碳排放的重要流程與工具，提供數據使用的依據與方向。希望藉由本書的內容，可以讓對此內容有興趣及想踏入這領域的學生或在職人士，可以有初步的認識與理解。在有了基礎的知識之後，有機會投入到此領域中，配合各產業或企業的特性，再增加實務上相關的知識內容，來完善整個知識架構與實務操作。

本書的完成除了要感謝中華企業資源規劃學會（ERP 學會）同仁的協助及碁峰出版社外，也要特別感謝本書的另外三位作者，陳俞君老師、莊玉成老師、吳聰皓老師，他們三位讓本書除了碳排與盤查的背景理論之外，還加入案例及碳足跡系統的說明，增加本書的特色也豐富了整本書的內容。另外還要感謝大昇化工股份有限公司所提供的案例資料，透過案例的說明與引導，讓讀者可以知道碳足跡可以怎樣計算，有更深刻的理解與認識。

最後，希望讀者透過本書的內容，不僅能認識溫盤與碳足跡的基本知識之外，也建議應該擴大視野，以企業追求 ESG 的前提下，探究除 E（環境）以外包含 S（社會）與 G（治理）的內容，這領域還是有很多的知識值得深入瞭解與投入，也是商管相關背景的學生可以多加發揮的地方，或許也可成為畢業後值得進入的領域與職場方向。

鍾瑞益

本書學習資源

提供本書範例檔、練習題解答,請至下列網址下載(網址後 6 碼為數字)

http://books.gotop.com.tw/download/AEE041200

- 檔案為 Zip 格式,請自行解壓縮即可運用。
- 相關檔案內容僅供合法持有本書的讀者使用,請勿任意複製、轉載或散布。
- 商標聲明:本書所引用之國內外公司各商標、商品名稱、網站畫面,其權利分屬合法註冊公司所有,絕無侵權之意,特此聲明。

目錄

CHAPTER 1 全球暖化的威脅與永續發展

1.1 地球暖化與氣候變遷 1-1
1.2 迫切的全球挑戰與未來的氣候行動 1-4
1.3 可持續發展與綠色經濟 1-9

CHAPTER 2 國際組織與措施及國內永續發展政策

2.1 全球氣候治理 2-1
　2.1.1 溫室氣體與氣候變遷 2-1
　2.1.2 全球暖化潛勢與二氧化碳當量 2-2
　2.1.3 氣候治理目標與相關名詞 2-3

2.2 國際組織與重要國際會議 2-5
　2.2.1 國際組織 2-5
　2.2.2 國際會議 2-9

2.3 國內永續發展政策 2-16
　2.3.1 台灣淨零策略與基礎 2-16
　2.3.2 上市櫃公司之永續發展政策 2-18

2.4 碳有價時代 2-21
　2.4.1 碳稅（Carbon Tax） 2-21
　2.4.2 排放交易系統（Emission Trading System） 2-21

2.5 國際兩大氣候稅法－CBAM 與 CCA 2-22
　2.5.1 歐盟 CBAM 2-22
　2.5.2 美國 CCA 2-24

CHAPTER 3 企業碳管理能力與 ISO 14060 溫室氣體家族

- 3.1 企業碳管理能力 3-1
  - 3.1.1 碳揭露 3-2
  - 3.1.2 碳減量 3-4
  - 3.1.3 抵換與交易 3-4
- 3.2 ISO 14060 溫室氣體家族 3-6
  - 3.2.1 ISO 14060 包含之標準 3-6
  - 3.2.2 ISO 14060 與企業碳管理 3-9

CHAPTER 4 ISO 14064-1 與溫室氣體盤查架構

- 4.1 ISO 14064-1: 2018 標準之規範相關內容 4-2
  - 4.1.1 重要名詞 4-3
  - 4.1.2 ISO 14064-1:2018 盤查原則 4-5
- 4.2 溫室氣體盤查架構 4-6
  - 4.2.1 溫室氣體盤查架構 4-6
  - 4.2.2 盤查架構詳細說明 4-7

CHAPTER 5 ISO 14067 與碳足跡盤查架構

- 5.1 ISO 14067: 2018 產品碳足跡量化要求與指引相關內容 5-2
  - 5.1.1 生命週期評估 LCA 5-3
  - 5.1.2 第三類產品環境宣告與產品類別規則 5-5
  - 5.1.3 ISO 14067:2018 新增名詞 5-10
- 5.2 碳足跡實例 5-11
- 5.3 碳足跡盤查架構 5-14
  - 5.3.1 碳足跡盤查架構 5-15
  - 5.3.2 盤查流程詳細說明 5-16

5.3.3 產品碳足跡盤查原則 5-18
　　　5.3.4 分配原則 5-19
　　　5.3.5 數據收集期間與地點設定 5-21
　　　5.3.6 使用階段情境設定 5-21
　　　5.3.7 廢棄回收階段情境設定 5-22
　5.4 碳足跡計算 5-22
　　　5.4.1 活動數據來源 5-23
　　　5.4.2 碳排放係數 5-24
　5.5 數據品質管理 5-25
　5.6 碳研究報告 5-27
　5.7 查驗證 5-28
　5.8 碳標籤 5-31

CHAPTER 6　產品碳足跡盤查實作案例

　6.1 盤查工具 6-2
　6.2 產品碳足跡盤查案例 6-5
　　　6.2.1 產品基本資料 6-6
　　　6.2.2 原料取得階段 6-9
　　　6.2.3 製造 / 服務階段 6-15
　　　6.2.4 平台匯入表（盤查清冊）..6-28
　6.3 數據品質評估 6-37
　6.4 結語 6-43

CHAPTER 7　產品碳足跡資訊整合平台

　7.1 盤查專案 7-2
　7.2 數位碳足跡 7-13
　7.3 結語 7-15

CHAPTER 8　ERP 系統與碳盤查

- 8.1 產品碳足跡盤查系統簡介與安裝 8-2
  - 8.1.1 系統概述 8-2
  - 8.1.2 系統安裝 8-5
- 8.2 建立產品碳足跡盤查主檔 8-5
  - 8.2.1 登錄系統 8-5
  - 8.2.2 建立【77A 產品碳足跡盤查】主檔 8-7
  - 8.2.3 【99P 萬用片語】及其他說明 8-9
- 8.3 建立碳足跡盤查標的 8-10
  - 8.3.1 標的產品的建檔內容 8-10
  - 8.3.2 標的產品的建檔注意事項 8-11
- 8.4 建立生產製程之物料投入 8-12
  - 8.4.1 原物輔料投入建檔 8-12
  - 8.4.2 標的碳當量的計算 8-14
  - 8.4.3 各項資源投入之建檔 8-15
  - 8.4.4 標的碳當量的計算 8-17
- 8.5 建立生產製程之能耗資訊 8-18
  - 8.5.1 全廠用電狀況 04 建檔 8-18
  - 8.5.2 標的用電狀況 05 建檔 8-20
  - 8.5.3 標的碳當量的計算 8-21
  - 8.5.4 其他使用燃料 07 建檔 8-22
  - 8.5.5 標的碳當量的計算 8-23
- 8.6 生產製程之污染物產生及處理狀況 8-24
  - 8.6.1 廢水處理狀況之建檔 8-24
  - 8.6.2 標的碳當量的計算 8-26
  - 8.6.3 製程之廢棄物 12 建檔 8-27
  - 8.6.4 標的碳當量的計算 8-28
  - 8.6.5 冷媒洩漏逸散 14 之建檔 8-29
  - 8.6.6 標的碳當量的計算 8-30

8.7 建立化糞池排放源 8-31
    8.7.1 化糞池排放源 15 之建檔 8-31
    8.7.2 標的碳當量的計算 8-32
    8.7.3 系統參數化增加彈性 8-33
8.8 平台匯入總表轉出 8-34
8.9 結語 8-36

CHAPTER 9 產品碳足跡盤查案例 - 螺絲產品

9.1 產品基本資料 9-2
9.2 原料階段 9-5
9.3 製造階段 9-11
9.4 碳足跡計算結果闡釋 9-18
    9.4.1 產品碳足跡總排放量分析 9-18
    9.4.2 原物料取得階段碳排放量分析 9-19
    9.4.3 製造生產階段製程碳排放量分析 9-19
    9.4.4 製造生產階段能資源碳排放量分析 9-20
    9.4.5 特定溫室氣體排放量分析（生質與化石個別排放量 /
           電力係數的來源 / 土地利用變化 / 航空運輸排放量等）......... 9-22
9.5 數據品質評估 9-22

01 全球暖化的威脅與永續發展

- 了解現行地球暖化現象及氣候變遷之影響
- 了解全球所面臨的挑戰與未來的發展
- 了解何謂綠色經濟

1.1 地球暖化與氣候變遷

《活在我們的星球》Netflix 同名紀錄片的作者 David Attenborough：「我現年 95 歲，拍攝自然紀錄片超過 60 年，一輩子都在見證地球的變化。目睹地球從美麗的大地到今日的衰落，看著海洋、荒原、雨林、冰川棲地消失與破壞，如果選擇忽視，看人類一直按照目前的方式生活下去，我一定會內疚不已，忍不住替將目睹未來 90 年景象的人們感到擔憂」。目前人類所面臨的最嚴重的問題之一，是由溫室效應引發的環境問題和氣候變遷，以及地球上生物多樣性瀕臨滅絕，這些問題將導致人類面臨世界消亡。

全球暖化的主要推手是人為排放的溫室氣體，包括二氧化碳、甲烷、氮氧化物等。這些氣體能夠吸收地球表面的反射熱量，引起地球表面溫度上升。生物能在舒適的地球上生存，其中是因為有太陽光的輻射熱使得地表的平均溫度升溫。太陽的短波輻射穿越大氣層到達地表後就會被吸收，而地表會增溫並反射出長波輻射回到外太空。在這樣的

運作下,一般來說,入夜後的地表溫度就會變得很低,不利於人類或生物生存,就如同其他的星球一樣。但因為大氣中存在所稱的「溫室氣體」,這些氣體會吸收由地表所散放出來的長波輻射,並放出。這種的作用,就稱為「溫室效應」。這種溫室效應可以讓地球的地表暖和,而讓生物可以生存與居住。但由於 18 世紀後,工業開始蓬勃發展,人類大量燃燒化石燃料,造成溫室氣體的大量排放,這使得讓原本溫室效應這個很穩定的定溫系統,卻因為過多的溫室氣體,讓比例失衡,造成溫室效應過於嚴重,形成現在所面臨到的全球平均溫度持續升高的狀況(圖 1.1)。

資料來源:改編自 "The Greenhouse Effect" in: "Introduction," in: US EPA (December 2012) Climate Change Indicators in the United States, 2nd edition, Washington, DC, USA: US EPA, p.3. EPA 430-R-12-004.

圖 1.1　搞懂溫室效應

科學研究顯示[1],人類活動對環境造成的損害已經達到了一個不可逆轉的程度。森林砍伐、氣候變遷、過度捕撈以及化石燃料的過度使用等問題相互加劇,這些問題已經開始對我們的生活和經濟造成嚴重的影響,並可能在未來數十年中威脅我們的存亡。全球氣候變化已經引起了海平面的上升,冰川的融化和極地冰層的縮減導致海水體積增加,這對沿海城市和社區構成了直接的威脅。許多低窪地區和小島國家正在面臨淹沒和侵蝕的風險,像是印度洋島國馬爾地夫,政府近期宣布了一項大規模的防禦工程,以應

1　Earth at risk: An urgent call to end the age of destruction and forge a just and sustainable future (doi: 10.1093/pnasnexus/page106)

對上升的海平面[2]。這項工程包括建造堤防、提升沿海基礎設施，和發展新的氣象監測和預警系統，以保護島國的居民免受海平面上升和極端天氣事件的威脅（圖 1.2）。

資料來源：Image by Mohamed Hayyaan via Unsplash

△ 圖 1.2　馬爾地夫海岸防禦工程

　　極端天氣事件的頻繁發生也是全球暖化的一個清晰證據。自 2022 年以來，全球暖化顯著加劇了極端氣候災害的頻率與強度，尤其是颶風、洪水、森林大火等災害對人類生活和生態系統造成了嚴重威脅。在美國，2023 年至 2024 年，颶風和強風暴導致了數百億美元的經濟損失。歐洲在 2024 年經歷了自 2013 年以來最嚴重的洪水災害，超過 30% 的河流流域受到影響，並造成 335 人死亡，經濟損失達 180 億歐元[3]。2024 年，加州爆發了超過 8,000 起野火，燒毀了超過 100 萬英畝的土地，並摧毀了數萬棟建築，損失至少 500 億美元[4]。這些氣候災害不僅造成了人道主義危機，對當地經濟和社會也造成了長期的影響。

2　Sinking Maldives plans to reclaim land from the ocean (https://www.theguardian.com/environment/2022/may/23/maldives-plan-to-reclaim-land-for-tourism-could-choke-the-ecosystem)

3　Deadly floods and storms affected more than 400,000 people in Europe in 2024 (https://www.theguardian.com/environment/2025/apr/15/europe-storms-floods-and-wildfires-in-2024-affected-more-than-400000)

4　California Wildfires' Damage Estimated Above $50B (https://www.investopedia.com/california-wildfires-damage-estimated-above-50-billion-8771639)

此外，氣候學家強調，全球暖化已使海洋熱浪的持續時間增加了三倍[5]，極端天氣事件的發生機率顯著提升，對全球生態系統和人類社會的影響愈加深遠，這些災害的嚴重程度與社會的脆弱性和應對能力密切相關，不僅僅是氣候變遷本身的問題[6]，提醒著全球社會，必須加強合作，共同應對氣候變遷帶來的各項問題。

1.2 迫切的全球挑戰與未來的氣候行動

根據歐洲中期天氣預報中心（ECMWF）蒐集 1940 年開始至今，全球平均地表溫度的數據，顯示 2023 年地表平均溫度已來到史無前例的高溫（圖 1.3），平均溫度達到 14.98°C，超過了 2016 年的紀錄。這一年全球氣溫比 1991-2020 平均值高出 0.6°C，比 1850-1900 的前工業水平高出 1.48°C。從六月到十二月的每個月都創下了歷史最高溫，其中七月和八月是有記錄以來最炙熱的兩個月。

2023 年也標誌著從過去三年（2020 年至 2022 年）的拉尼娜現象（La Niña conditions）過渡到厄爾尼諾現象（El Niño conditions），此處不多贅述此二現象形成之科學原理，讀者可以簡單理解為海洋就像一個大水池，水的溫度會影響天氣，拉尼娜現象發生時，水池的水變得比較冷，這會讓一些地方的天氣變得乾燥，像是少下雨；而有些地方可能會有更多的雨。而厄爾尼諾現象發生時，隨著海水溫度的升高，水蒸氣的蒸發增加，影響全球的降水模式，造成某些地區降水增加，而另一些地區則乾旱，長年來看，會影響全球的氣候系統，導致極端氣候事件的增加，如熱浪、洪水和乾旱。

2023 年全球氣溫上升是由厄爾尼諾現象、人為溫室氣體排放和自然變化等因素共同作用的結果。這些因素相互影響，使得氣候變化的影響更加明顯。人為因素不外乎，工廠、交通、農業等活動釋放大量溫室氣體，譬如佔比最多的二氧化碳和甲烷濃度加速上升，同時，城市化和森林砍伐又降低了自然吸收二氧化碳的能力；自然氣候變化，如太陽輻射變化和火山活動，也會影響氣溫；隨著氣候變化，極端天氣事件（如熱浪、洪

---

5 Climate crisis has tripled length of deadly ocean heatwaves, study finds (https://www.theguardian.com/environment/2025/apr/14/climate-crisis-has-tripled-length-of-deadly-ocean-heatwaves-study-finds)

6 Climatologist Friederike Otto: 'The more unequal the society is, the more severe the climate disaster' (https://www.theguardian.com/environment/2025/apr/19/climatologist-friederike-otto-the-more-unequal-the-society-is-the-more-severe-the-climate-disaster)

水、乾旱和野火）變得更加頻繁，這也促進了氣溫的上升。而 2023 年記錄中人為因素的影響更為明顯。

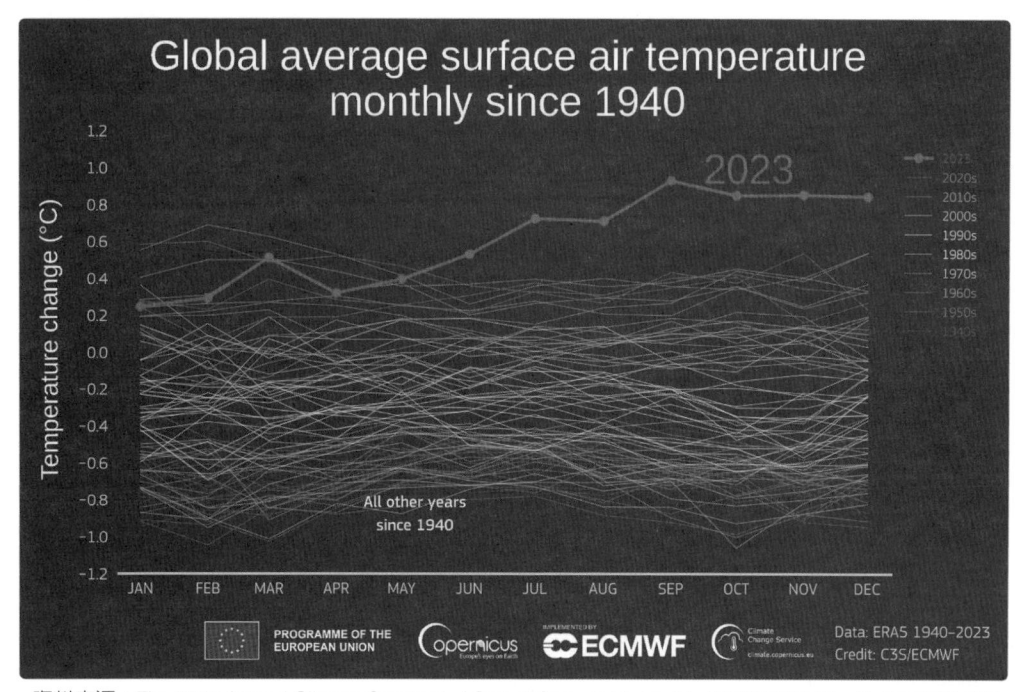

資料來源：The 2023 Annual Climate Summary / Global Climate Highlights 2023 ERA5. Credit: C3S/ECMWF.

△ 圖 1.3　地球地表溫度記錄

政府間氣候變化專門委員會（Intergovernmental Panel on Climate Change, IPCC）是一個附屬於聯合國之下的跨政府組織，在 1988 年由世界氣象組織、聯合國環境署合作成立，專責研究由人類活動所造成的氣候變遷。根據 IPCC 的 AR6 報告[7]，全球升溫導致冰川和冰蓋的加速融化，進而引起海平面的上升。地表溫度每上升 0.5°C 將對融冰、海平面上升、物種減少造成 10^4 倍影響。從 1970 年以來，全球海洋持續變暖，並吸收了超過 90% 的氣候系統中多餘的熱量，這導致海水熱膨脹和陸地冰川的融化，共同推動了全球平均海平面的上升。如果溫室氣體排放持續增加，預計到 2100 年，海平面可能上升 60 至 110 公分，甚至在最壞情況下可能上升達 2 公尺，地球上將發生許多無法扭轉的、災難性的變化。這些變化可依據全球氣溫升幅的程度進行劃分，尤其在升溫達 1.5°C 與 2°C 的氣候變化情境下，將可能引發極端氣候事件、冰川與極地冰層的劇烈融解，以及生態系統的崩潰。表 1.1 列出在不同升溫幅度下可能出現的具體風險：

---

[7] CLIMATE CHANGE 2023 Synthesis Report (https://www.ipcc.ch/report/ar6/syr/downloads/report/IPCC_AR6_SYR_FullVolume.pdf)

表 1.1　不同升溫幅度下可能出現的風險狀況（資料來源：IPCC 的 AR6 報告）

風險狀況	不同升溫幅度	
	氣溫升幅1.5°C	氣溫升幅2°C
極端天氣	洪水風險增加 100%	洪水風險增加 170%
人類影響	全球 9% 的人口（約 7 億人）將至少每 20 年暴露於極端熱浪中	全球 28% 的人口（約 20 億人）將至少每 20 年暴露於極端熱浪中
物種影響	6% 的昆蟲、8% 的植物和 4% 的脊椎動物將受到影響	18% 的昆蟲、16% 的植物和 8% 的脊椎動物將受到影響
海平面上升	上升 26-77 公分	比 1.5°C 時再高出 10 公分，至少 1000 萬人面臨風險
北極海冰	北極將每 100 年至少經歷一次夏季無冰的情況	北極將每 10 年至少經歷一次夏季無冰的情況
珊瑚白化	全球 70% 的珊瑚礁將消失	幾乎所有的珊瑚礁都將消失

　　生物多樣性的流失是另一個嚴重的問題。根據世界自然保護聯盟（International Union for Conservation of Nature, IUCN）的資料[8]，物種的滅絕將對食物鏈和生態系統產生巨大的影響，進而影響我們的生活。IUCN 瀕危物種紅色名錄自 1964 年創立以來，已成為全球最具權威的物種保護狀況評估工具，不僅提供物種的保護等級，還涵蓋物種的分布範圍、族群大小、棲息地、生態角色、威脅因素和保護措施等資訊，是制定保護政策和行動計畫的重要依據。截至 2023 年，全球已評估的 157,190 個物種中，約 28%（超過 44,000 個物種）被列為受威脅物種，其中 9,760 個物種被列為「極危」物種，面臨極高的滅絕風險。我們以科學的角度來探討我們日常生活中還可以看到的物種—蜜蜂—消失對於生態系統的影響。在農業生態中，蜜蜂是不可或缺的媒介，促進農作物的繁殖，全球約有三分之一的農產品依賴它們的授粉，特別是對於水果、堅果和蔬菜等作物的生長相當重要。因此，蜜蜂的消失將對農作物繁殖和糧食供應產生嚴重威脅；此外，蜜蜂參與食物鏈的多個層面，除了植物生長，同時影響捕食蜜蜂為食物來源的動物，以及有機物的分解，如果蜜蜂消失，生態系統的穩定性將受到嚴重威脅，可能引起生態平衡的失調，降低生態系統的多樣性。更進一步，蜜蜂透過參與植物的生長週期，促進植物吸收和分解二氧化碳，有助於氣候的穩定。蜜蜂的消失可能導致氣候變遷進程加速，對生

8　IUCN Red List statistic summary. (https://www.iucnredlist.org/resources/summary-statistics#Summary%20Tables)

態系統造成更大的影響和壓力。2025 年美國報導，養蜂業已遭遇前所未有的損失，蜜蜂群體減少了 62%，對農業生產構成重大威脅[9]。

整體來說，全球暖化的情況下，對整個環境的影響可從以下幾個面向來看：

- **海平面上升**：因為極地冰原融化，造成海平面上升、風暴湖（風暴增水、風暴海嘯）的危害加劇，再加上極端事件的發生頻率與強度增加變化，影響整個海岸系統。
- **沙漠化**：因為暖化現象，造成沙漠化現象擴大，造成生態系的改變，衝擊農林漁牧，進而影響到社會經濟等活動及全球生存環境。
- **極端氣候**：全球氣候變遷，產生不正常的暴雨與乾旱現象頻繁發生，衝擊到水土資源及人類與生物的生命安全。
- **水資源**：因氣候變遷影響，全球有 6.63 億人口缺乏乾淨的水，有 26 億的人是生活在「高度缺水」的國家[10]。
- **糧食安全**：整個氣候變遷也衝擊到糧食生產，目前全球有 8 億人口處於營養不量的狀況，而預計未來 30~40 年，世界糧食消耗會增加一倍。
- **生態系統**：由於整個氣候變化的頻率、幅度造成極端事件頻繁發生，對於生態系統產生一定的影響，而這樣的情況對於生態系統已無法自然平衡，也因此對於生態的多樣性也會形成衝擊。

為應對氣候變遷的迫切挑戰，《巴黎協議》應運而生。其旨在著眼於氣候變遷所帶來的多重風險，並確定針對全球平均溫度上升的明確目標。協定的首要目標是將全球氣溫上升幅度控制在工業化前水平的 2°C 以下，同時更進一步努力，力爭使升溫幅度保持在 1.5°C 以內。然而，截至 2022 年的數據告訴我們，全球平均氣溫已經上升了 1.2°C，這一趨勢似乎難以扭轉。因此，單靠各國遵循現有的氣候法規和承諾已無法足夠應對氣候變遷的規模和速度。我們需要更具約束力、長遠的氣候行動目標。這不僅是為了減緩氣候變遷的影響，還是為了避免其引發的連鎖反應和更嚴重的氣候事件。只有透過制定

---

[9] Half of the US Bee Population Is Disappearing – This New Threat Might Make Things Even Worse (https://www.theenvironmentalblog.org/2025/03/half-of-the-us-bee-population-is-disappearing/)

[10] 25 Countries, Housing One-Quarter of the Population, Face Extremely High Water Stress (https://www.wri.org/insights/highest-water-stressed-countries)

和實施更加具體、針對性的措施，我們才有機會在 2100 年之前實現將全球平均氣溫上升幅度控制在 2°C 以內的目標（圖 1.4）。

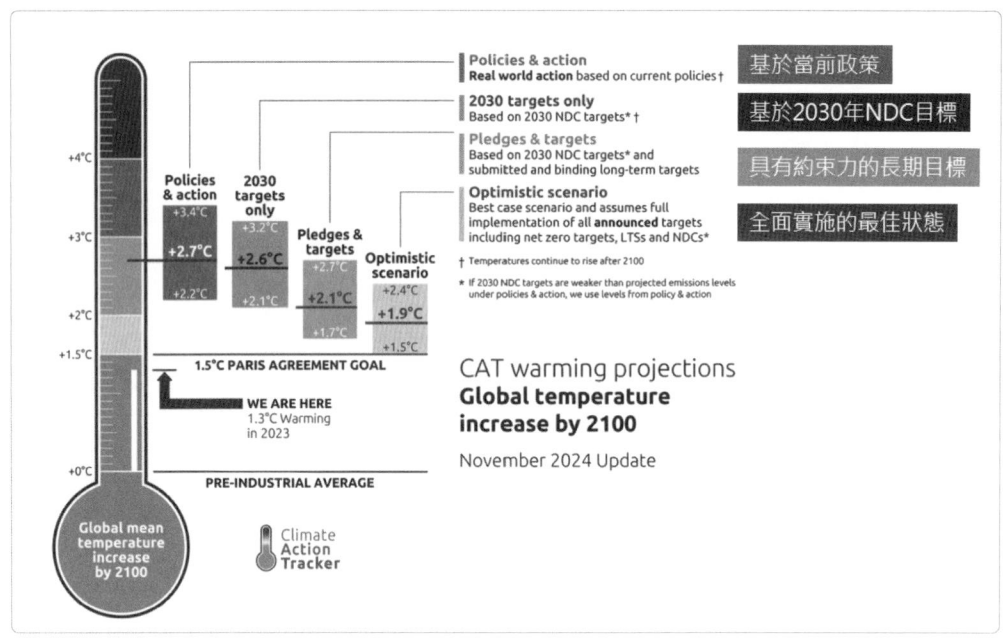

資料來源：改編自 Climate Action Tracker (2024). The CAT Thermometer. November 2024.

△ 圖 1.4　全球溫室氣體排放之情境（縱軸為平均上升溫度）

世界經濟論壇（World Economic Forum，以下稱 WEF）於 2023 年 1 月發布《2023 年全球風險報告》（The Global Risks Report 2023）[11]，按照影響嚴重程度劃分的未來短期與長期十大全球風險感知排名（圖 1.5），其中在與氣候變遷相關的都佔了一半以上，特別是長短期的 10 大重要風險議題僅有一項不同，顯示出未來 10 年內的風險熱點多是在相似的議題上，並且是以環境與社會面為主要的風險項目。

11　The Global Risks Report 2023 18th Edition by World Economic Forum

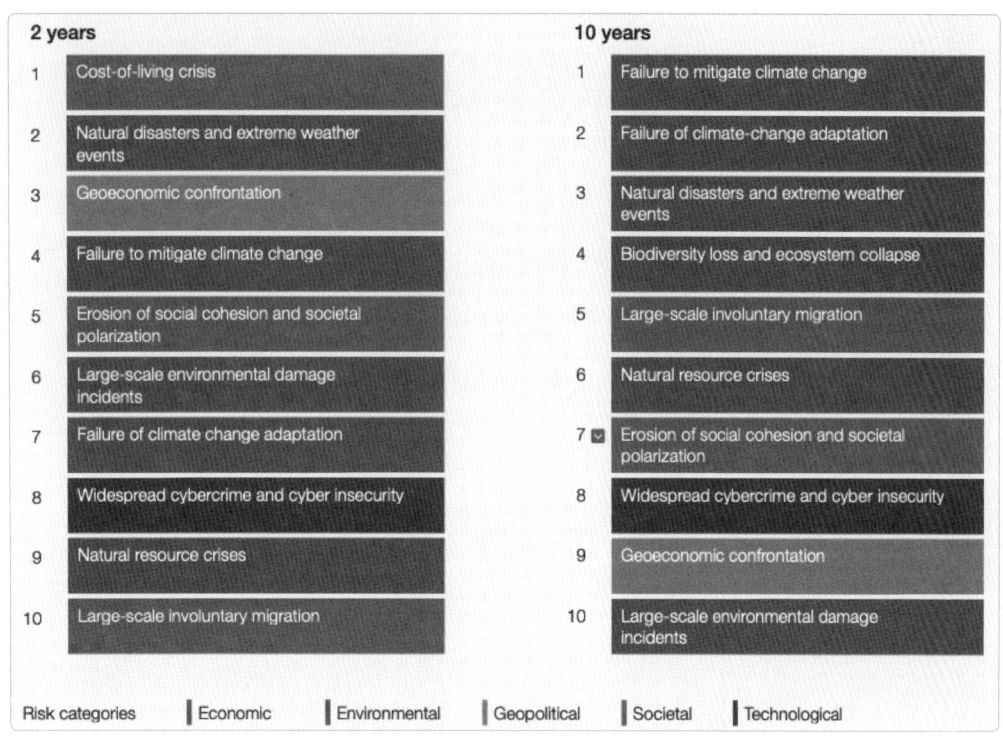

2 years		10 years	
1	Cost-of-living crisis	1	Failure to mitigate climate change
2	Natural disasters and extreme weather events	2	Failure of climate-change adaptation
3	Geoeconomic confrontation	3	Natural disasters and extreme weather events
4	Failure to mitigate climate change	4	Biodiversity loss and ecosystem collapse
5	Erosion of social cohesion and societal polarization	5	Large-scale involuntary migration
6	Large-scale environmental damage incidents	6	Natural resource crises
7	Failure of climate change adaptation	7	Erosion of social cohesion and societal polarization
8	Widespread cybercrime and cyber insecurity	8	Widespread cybercrime and cyber insecurity
9	Natural resource crises	9	Geoeconomic confrontation
10	Large-scale involuntary migration	10	Large-scale environmental damage incidents

Risk categories | Economic | Environmental | Geopolitical | Societal | Technological

資料來源：The Global Risks Report 2023 18th Edition by World Economic Forum

▲ 圖 1.5　短期與長期十大全球風險感知排名

1.3 可持續發展與綠色經濟

雖然人類所面臨的問題非常嚴峻，但我們仍有機會改變現狀。在布魯特蘭報告中說明了，可持續發展（sustainable development）是指在滿足當前世代的需求的同時，不損害子孫後代滿足其需求的能力。這是一個長期的目標，涵蓋了經濟、社會和環境三個方面的相互關聯。經濟活動的發展和增長，可能會對環境產生負面影響，例如工業生產所產生的污染物和廢棄物。同時，環境資源的破壞和減少也會對經濟和社會帶來不良影響，例如水資源的短缺和土地退化會限制農業生產和工業發展，進而影響整個社會的發展。此外，社會因素也會對經濟和環境產生影響。例如，消費者的行為和需求，會影響企業的生產和供應，進而影響環境的負擔和企業的經濟效益。同時，社會的發展和進步也需要環境資源的保護和可持續利用，進而促進整個社會的可持續發展。因此聯合國在2015年聯合國可持續發展高峰會上，提出平衡和協調經濟、社會和環境三個方面可持續發展（Sustainable Development Goals, SDGs）的17項目關鍵指標，如圖1.6。

▲ 圖 1.6　聯合國永續發展目標 SDGs 17 個目標

資料來源：https://futurecity.cw.com.tw/article/1867

　　第 13 項可持續發展目標正是強調採取緊急行動以應對氣候變化及其影響。實現這個目標需要透過碳盤查，評估和監控我們的碳足跡，尋求減少溫室氣體排放的方法，以實現經濟增長的同時降低對環境的影響，建立一個以環境保護和可持續發展為基礎的綠色經濟體系。

　　綠色經濟的核心在於發展低碳、節能、環保的技術和產業，並推動可持續能源的開發和利用。為鼓勵企業實行環境和社會責任，政府需制定相應的法律法規和政策措施。舉例而言，歐洲綠色協議（European Green Deal）是歐盟於 2019 年提出的具有里程碑意義的政策藍圖，旨在應對氣候變遷、資源枯竭、生物多樣性喪失與環境污染等全球性挑戰。該協議不僅是一項環境政策，更是一套涵蓋經濟、能源、產業與社會層面的全面性轉型策略。其核心目標是推動歐洲於 2050 年實現碳中和，並確保經濟成長與資源消耗脫鉤。

　　歐洲綠色協議涵蓋九大關鍵領域，這些領域相互交織、形成系統性的綠色轉型框架：

1. 生物多樣性（Biodiversity）：保護與恢復自然生態系統，推動 2030 年歐洲生物多樣性戰略，遏止物種滅絕，確保生態系統服務（如授粉、潔淨水源）得以永續。

2. 從農場到餐桌（Farm to Fork）：建立可持續的食品系統，減少化學農藥與化肥使用，降低食物浪費，並提升糧食安全與健康飲食。

3. 永續農業（Sustainable Agriculture）：透過智慧農業與再生農業技術，減少農業碳足跡，同時維護土壤健康與水資源管理。

4. 乾淨能源（Clean Energy）：加速發展再生能源如風能、太陽能與氫能，推動能源效率提升與能源轉型，減少對化石燃料的依賴。

5. 永續工業（Sustainable Industry）：透過「循環經濟行動計畫」，促進資源循環再利用與產品生命週期延長，推動綠色製造與創新。

6. 建築創新（Building and Renovation）：提高建築能效，支持「翻新浪潮（Renovation Wave）」行動，減少建築部門的能源消耗與排放。

7. 永續運輸（Sustainable Mobility）：發展低碳運輸系統，包括電動車、綠色公共運輸與智慧物流，實現交通領域的減排。

8. 有效解決污染（Zero Pollution Ambition）：提出「零污染行動計畫」，涵蓋空氣、水與土壤污染治理，提升公眾健康與生態環境質量。

9. 氣候行動（Climate Action）：強化歐盟氣候法規，設定更具雄心的減碳目標，如2030 年減排至少 55%（相較 1990 年基準）。

此外，歐洲綠色協議中還引入了一項重要的政策措施，即碳邊境調整機制（Carbon Border Adjustment Mechanism, CBAM），是應對「碳洩漏（Carbon Leakage）」風險的重要手段。碳洩漏指的是企業為規避嚴格的碳排放規範而將生產轉移至限制要求較低的國家，導致全球總排放不減反增。CBAM 透過對進口商品徵收碳成本，確保歐盟境外生產商同樣承擔減碳責任，維護歐盟企業的競爭力與公平貿易原則。這是針對進入歐盟市場的外國產品所提出的機制，旨在確保這些產品的生產企業也參與減排行動。CBAM 的實施具有以下重要意義：

1. 強化全球減碳責任：促使出口至歐盟的國家與企業提升自身碳管理標準，間接推動國際減排合作，符合《巴黎協議》的全球氣候治理目標。

2. 促進綠色技術創新：企業為避免高額碳成本，將被激勵投入清潔能源與低碳技術的研發，推動產業升級與綠色創新。

3. 保障歐盟內部碳市場的有效性：與歐盟碳排放交易系統（EU ETS）形成互補，防止高碳產品低價進口對內部減碳機制造成衝擊。

台灣積極應對氣候變遷，其中具體法規措施體現於《氣候變遷因應法》的制定。該法案於 2023 年 1 月 10 日經立法院三讀通過，並在同年 2 月 15 日生效。《氣候變遷因應法》明確訂定了 2050 年實現淨零排放和專款專用的碳費徵收等目標[12]。其核心目的在於因應全球氣候變遷，制定氣候變遷調適策略，以降低和有效管理溫室氣體排放。臺灣碳權交易所（TCX，Taiwan Carbon Solution Exchange，下文以碳交所簡稱）[13] 於 2023 年 8 月也正式掛牌，係根據《氣候變遷因應法》設立的一個機構，旨在幫助企業透過購買其他組織採取減量行動所產生的碳權，來抵銷自身的碳排。**碳交所的設立，不僅是法規要求的延伸，更具有以下關鍵性戰略意義**，說明了台灣為何需要擁有自主的碳權交易所：

1. 配合國內碳定價機制，促進企業減碳誘因：台灣推動的碳費制度屬於碳定價工具之一，但單純徵收碳費不足以全面激勵企業採取積極減碳行動。碳權交易所提供企業另一種靈活的減碳途徑，企業除了自行減量外，亦可透過購買經認證的減量額度（碳權）來抵銷部分排放，達成合規需求，強化市場化減碳誘因。

2. 因應國際碳關稅與貿易風險（如 CBAM）：隨著歐盟碳邊境調整機制（CBAM）等國際碳關稅政策上路，出口導向的台灣產業面臨碳成本外溢的壓力。建立本地碳權交易所，能協助企業提早布局碳資產管理，降低未來出口產品因碳排放問題而被課徵高額碳稅的風險，提升國際競爭力。

3. 建立自主且透明的碳交易市場體系：借助國內碳交所，台灣可發展符合自身產業結構與減碳特性的交易規則，避免完全依賴國際自願減量市場（如 VCS、Gold Standard）所帶來的認證成本與市場波動問題。透過實施在地化的標準與審核機制，確保碳權交易的透明度與公信力，並促進本土減碳項目的發展。

4. 推動綠色金融與永續投資：碳交易所不僅是減碳工具，更是綠色金融的重要基礎設施。透過碳權商品化與市場化，吸引資金投入低碳技術、再生能源及碳移除專案[14]，促進碳權與 ESG 金融商品結合，助力台灣打造永續投資生態系。

5. 支援企業碳中和與 ESG 揭露需求：隨著國際供應鏈要求日益嚴格，企業面臨碳揭露與減量承諾的雙重壓力。碳交所可作為企業達成碳中和策略的一環，提供合法且合規的碳權交易平台，協助企業強化 ESG 績效，符合國際永續發展趨勢。

---

12 環境部碳費專區 (https://www.cca.gov.tw/affairs/carbon-fee-fund/2301.html)

13 台灣碳權交易所 (https://www.tcx.com.tw/zh/)

14 環境部碳抵換專案介紹 (https://carbonoffset.moenv.gov.tw/ApplicationRegistrationView/Intro)

6. 培育碳管理專業人才與技術：碳市場的發展將帶動碳盤查、減量認證、交易服務等周邊產業需求，透過碳交所的運作，台灣可逐步建立完善的碳管理技術體系與專業人才庫，提升國家在全球氣候治理中的技術自主性與話語權。

企業在實現綠色轉型方面，需強化環境管理和社會責任，並推動綠色生產和綠色供應鏈管理，採用創新的循環經濟商業模式，以提高企業的永續競爭力。一個例子是丹麥的沃旭能源公司（Ørsted）[15]，這家能源公司成功實現了將傳統能源轉變為可再生能源，將風力發電和生質能源納入其主要業務範疇，成為全球可再生能源領域的佼佼者。另一個值得關注的轉型案例是芬蘭赫爾辛基市的綠色供熱系統[16]，這個系統運用地熱能和冷卻水，極大地減少對化石燃料的需求，實現了城市能源供應的綠色轉型。這種成功轉型不僅有助於提升城市的可持續性，還促使企業在過程中發揮積極作用，共同推動環境友好型的發展。

在實現個人綠色轉變的道路上，提高環保意識、減少消費和生活中的能源浪費，以及偏好選擇環保產品和服務，是實現可持續發展和綠色經濟的重要一環。一個極具借鑒價值的典範可見於日本德島縣的小鎮上勝町（Kamikatsu）。上勝町於2003年率先提出了「零浪費宣言」[17]，成為日本首個致力於垃圾回收的城鎮。這裡的1700多位居民將垃圾分為多達13類45種，展開全面的回收計畫。值得一提的是，整個小鎮已經實現了八成的垃圾再利用或轉化為堆肥，僅有二成不得已送入垃圾掩埋場，使得回收率高達81%。這項驚人的成就不僅在日本引起廣泛注目，更讓上勝町成為被日本首相官邸特別挑選為聯合國永續發展目標（SDGs）中未來城市之一。上勝町的經驗表明，透過居民共同努力，嚴格的垃圾分類和回收體系不僅僅是一種環保行為，更是實現綠色社區和可持續生活的實際方法。

儘管已有眾多政策和倡議致力於環境保護、碳排放減少以及應對氣候變化，我們仍須更加積極地行動，包括更廣泛的教育和宣導，這也是本書著作的初衷。

---

15 丹麥沃旭能源公司（Ørsted）(https://orsted.com/)

16 芬蘭赫爾辛基市的綠色供熱系統 (https://www.helen.fi/en/about-us)

17 日本德島縣裡的小鎮上勝町（Kamikatsu），如何打造傲人的「零浪費」計畫 (https://www.seinsights.asia/article/4128)

練習題

1. (　) 根據政府間氣候變化專門委員會（Intergovernmental Panel on Climate Change, IPCC）所發布的 AR6（第六次評估報告）提到，地表溫度每上升 0.5°C 將對融冰、海平面上升、物種減少造成幾倍影響？
   (A) 10^3 (B) 10^4
   (C) 10^2 (D) 10^5

2. (　) 政府間氣候變化專門委員會（Intergovernmental Panel on Climate Change, IPCC），在哪年由世界氣象組織、聯合國環境署合作成立，專責研究由人類活動所造成的氣候變遷？
   (A) 1986   (B) 1987
   (C) 1988   (D) 1989

3. (　) 政府間氣候變化專門委員會（Intergovernmental Panel on Climate Change, IPCC）是由世界氣象組織及哪一個組織合作成立的？
   (A) 聯合國兒童基金   (B) 世界糧食計畫署
   (C) 聯合國環境署   (D) 世界衛生組織

4. (　) 以下哪個組織是專責研究由人類活動所造成的氣候變遷？
   (A) 聯合國糧食計畫署
   (B) 世界氣象組織
   (C) 聯合國環境署
   (D) 政府間氣候變化專門委員會（Intergovernmental Panel on Climate Change, IPCC）

5. (　) 以下哪個協議是歐盟提出的全面性政策，其中還包括了九大領域的目標設定，如建築、生物多樣性、能源、交通和食品等？
   (A) 歐洲聯盟協議
   (B) 歐洲綠色協議（European Green Deal）
   (C) 歐洲減碳協議
   (D) 歐洲自由協議

02 國際組織與措施及國內永續發展政策

- 了解全球氣候治理之議題
- 掌握全球暖化潛勢與二氧化碳當量的意義
- 了解現行國內外各國家在減少溫氣氣體排放上的政策
- 了解碳定價的相關議題,如碳稅、碳排放系統等

2.1 全球氣候治理

2.1.1 溫室氣體與氣候變遷

溫室氣體指的是那些具有能力吸收和再輻射地球表面長波輻射的氣體。這種吸收作用使得部分輻射能量滯留在大氣中,引發了廣泛被稱為溫室效應的現象,地球也是因為有了溫室效應,才會成為目前所知,唯一有生物生存的星球。然而,人類在工業革命之後,製造出過多的溫室氣體,這種效應導致地球的溫度升高,進而造成長期的氣候變化。這些變化包括全球氣溫上升、海平面上升、極地冰川融化等多種氣候變遷現象。這些變化不僅影響了生態環境,也對人類社會和經濟發展造成了深遠的影響。

聯合氣候變化綱要公約（UNFCCC）明訂主要的溫室氣體種類包括二氧化碳（CO_2）、甲烷（CH_4）、氧化亞氮（N_2O）、氫氟碳化物（HFCs）、全氟化碳（PFCs）、六氟化硫（SF_6）、三氟化氮（NF_3）等七種。這些氣體的產生，主要來自於人類商業活動所造成的，如燃燒化石燃料、畜牧農業生產、森林砍伐、製程排放等（圖2.1）。這七種氣體，也是目前人們首要優先處理的對象，藉由減少或排除，來減緩對於大氣的影響。從長期影響來看，因為 CO_2 在大氣中存在數百年以上，而且排放量最大，因此 CO_2 對氣候變遷的影響最為嚴重。因此，全球氣候治理的首要目標是控制 CO_2 排放甚至是減緩或消除，來以遏制氣候變遷的加劇。

▲ 圖 2.1　溫室氣體種類與排放來源

⊕ 2.1.2 全球暖化潛勢與二氧化碳當量

大氣層中不同的溫室氣體對引起地球溫室效應的能力不同，為方便衡量與計算，我們使用全球暖化潛勢（Global Warming Potential, GWP）和二氧化碳當量（Carbon Dioxide Equivalent, CO_2^e）來換算不同溫室氣體對溫室效應的合併貢獻，以下將詳細說明兩者的概念及計算方法。

全球暖化潛勢（Global Warming Potential, GWP）

IPCC 政府間氣候變遷專家小組在 1990 年報告中引入「全球暖化潛勢（GWP）」的概念：在特定期間內（通常指 100 年）不同溫室氣體相對於同質量的二氧化碳（CO_2）所造成暖化的影響程度，並以一個數值來表示。影響程度是根據不同溫室氣體在大氣中的存在時間、吸收和散射輻射等因素來計算。GWP 值會隨時間變化，源於科學技術的進步，以及科學研究對溫室氣體的吸收能力和壽命有更深的理解，因此 IPCC 會在其 Assessment Report（AR）報告中更新 GWP 值。以圖 2.2 來舉例說明：因 GWP 的數值是相對於 CO_2 而言的，因此 CO_2 的 GWP 被定義為 1，其他氣體的 GWP 則是相對於 CO_2 的比例，所以我們可以說在 AR6 的報告中，CH_4 甲烷在 100 年間對於地球暖化是相同質量的 CO_2 二氧化碳的 27.9 倍。同樣的，在圖 2.2 中，N_2O 氧化亞氮在 AR6 中的數值為 273，就表示 N_2O 氧化亞氮在 100 年間對於地球暖化是相同質量的 CO_2 二氧化碳的 273 倍。不同的報告中相同的氣體所呈現的數值不同，這依據科學家的研究所得到的，因此在使用上就要看相關規定是要用哪一個版本的數值作為計算的基準。

溫室氣體化學式	AR2（1995）	AR3（2001）	AR4（2007）	AR5（2014）	AR6（2021）
CO_2 二氧化碳	1	1	1	1	1
CH_4 甲烷	21	23	25	28	27.9
N_2O 氧化亞氮	310	296	298	265	273

圖 2.2　僅截取部分環境部提供之溫室氣體的暖化潛勢值

二氧化碳當量（Carbon Dioxide Equivalent, CO_2^e）定義

二氧化碳當量（CO_2^e）是一種衡量不同溫室氣體對溫室效應的統一單位，可以理解為計算氣體的質量單位。將某一溫室氣體的排放量乘以其對應的 GWP 值，即可得到該氣體排放量的二氧化碳當量（CO_2^e）。

🌐 2.1.3 氣候治理目標與相關名詞

氣候治理是全球面對氣候變遷所採取的行動，其目標在於減緩及適應氣候變遷的影響，為全球生態系統帶來永續發展。以下為常見氣候治理相關名詞解釋：

- 碳中和（Carbon Neutrality）是指企業、組織或政府在特定一段時間內，透過植樹造林、使用再生能源、購買碳權[1]等方式，減少二氧化碳排放而累積的「減碳量」，與活動產生的「碳排放量」相互抵銷（offset），以實現正負抵銷，達到相對零排放。

- 淨零排放（Net Zero Emissions）是指企業、組織或政府在特定一段時間，透過自然碳匯（森林、沼澤、海洋吸附）、負碳技術（碳捕集封存 CCS、碳捕捉、封存及再利用技術 CCUS）等方式，將活動產生的包括二氧化碳在內的所有溫室氣體排放量全面消除（eliminate）。

- 負碳排（Carbon Negative）是指企業、組織或政府在特定一段時間，碳清除量大於碳排放量。

需要注意的是，碳中和僅處理二氧化碳排放，而淨零則包括所有溫室氣體排放。此外，淨零要求更積極的減排措施，旨在消除所有剩餘排放，而不僅僅是抵消它們。氣候中和則是更進一步，要求實現的是將溫室氣體的排放降至最低程度，減少對氣候變化的影響。

🌐 淨零小專欄：蘋果也變綠了！

在首批實現碳中和的科技產品中，2023 年蘋果發布的碳中和 Apple Watch 成為業界的先驅。蘋果特定款式的錶殼與錶帶組合包裝上，將印上碳中和標誌（圖 2.3）[2]，這不僅象徵蘋果在推動其 2030 年所有產品碳中和目標上邁出了關鍵一步，也彰顯了該公司對應對氣候變遷挑戰的承諾。自蘋果 2020 年宣布其 2030 碳中和承諾以來，已有超過 300 家全球供應商響應其綠能計畫（佔蘋果直接製造支出的 90% 以上），為實現 2030 年前所有生產活動 100% 依賴再生能源。這一消息引起了科技行業的高度關注，凸顯了科技產業在應對氣候變遷中的關鍵角色。

---

1. 碳權（Carbon Credits）：企業、組織或國家透過減少碳排放量所累積減碳量，形成一種可轉讓的排放減少單位。每當他們成功地減少一定量的碳排放，即可獲得相應額度的碳權。這些碳權可用於幫助實現碳中和目標，也可以出售給其他排放量較高的企業，讓它們在達到自己的減排目標時更具彈性。

2. 資料來源：Apple 推出首批碳中和產品全新的 Apple Watch 系列是 Apple 2030 遠大氣候目標的一大進展 (https://www.apple.com/tw/newsroom/2023/09/apple-unveils-its-first-carbon-neutral-products/)

此次碳中和 Apple Watch 在生產過程中全程使用 100% 的綠色能源，並且其 30% 的總重量來自回收或再生材料。此外，蘋果還在物流運輸過程中減少了碳足跡，至少 50% 的運輸不再依賴空運，而是選擇了更為環保的運輸方式。蘋果還重新設計了 Apple Watch 的包裝，首次採用全纖維材料，實現了無塑料包裝，並減輕了產品重量，從而提高每批運輸的效率。這一系列措施最終成功將產品的碳排放減少了 75%，並透過購買高品質的碳權來抵消剩餘的碳排放，以實現碳中和的目標。

▲ 圖 2.3　首批碳中和 Apple Watch

2.2 國際組織與重要國際會議

2.2.1 國際組織

在很早之前，人們對於環境的議題就有所認知，也知道環境的重要性與對人類生活的影響，因此在 1972 年 6 月 5 日到 16 日間，聯合國首次針對環境問題於瑞典的斯德哥爾摩舉辦了人類環境會議（Conference on the Human Environment），此會議也被稱為地球高峰會（Earth Summit），象徵著全球環境治理的開端。

資料來源：© UN Photo/Yutaka Nagata

△ 圖 2.4　1972 年人類環境會議

在該次的會議中通過"斯德哥爾摩宣言"（Stockholm Declaration）及"人類環境行動計畫"（Action Plan for the Human Environment），提出了保護和改善人類環境的一些原則及採取國際環境行動的建議。這也是被視為全球討論永續的起點。

在"斯德哥爾摩宣言"（Stockholm Declaration）中共有 26 項原則，將環境問題視為首要重要位置，顯示著工業化國家和發展中國家要開始就經濟發展、空氣、水、海洋等的污染及全球人民的福祉間的關聯展開對話。另外在"人類環境行動計劃"（Action Plan for the Human Environment）中，則包含了三大類的行動計劃，這三大類的行動計劃又再細分為 109 項的建議，而這三大類的行動計劃分別為：

1. 全球環境評估方案（觀察計畫）
2. 環境管理活動
3. 支持國家和國際層面展開評估和管理活動的國際措施[3]

3　聯合國 stockholm1972 (https://www.un.org/en/conferences/environment/stockholm1972)

此外，在該會議中有一個很重要的一個成果就是會議中也決議設置「聯合國環境規劃署」（United Nations Environment Programme, UNEP），藉由此一單位來統整全球環境政策。這也是第一個關注環境問題的聯合國專門機構。

除了「聯合國環境規劃署」外，還有一個很重要的組織，對於氣候變遷提供相關的研究與報告，就是「政府間氣候變化專門委員會」（IPCC）。「政府間氣候變化專門委員會」（IPCC）在 1988 年由世界氣象組織及聯合國環境署合作成立，是一個附屬於聯合國之下的跨政府組織，專責研究由人類活動所造成的氣候變遷。藉由來自世界各地的科學家進行相關的研究，評估氣候變遷的趨勢、影響及潛在風險等資訊，提供客觀且中立的氣候變遷報告內容，提供相關資訊給各個國家或是有關組織的政策制訂者，做為決策參考使用。由於 IPCC 所提供的資訊是很重要且很嚴謹的，因此會透過所參與相關代表進行報告前的出版審查，這一審查過程可稱得上是科學史上最嚴謹的，由此可知其對於報告的審慎程度是很看重的。

「政府間氣候變化專門委員會」（IPCC）本身並不進行研究工作，也不對氣候或其相關現象進行有關的監測與觀察。主要工作就是在發表與執行《氣候變遷綱要公約》有關的專題報告。從 1990 年起，IPCC 基本上每 5~7 年會定期公佈綜合性的氣候科學評估報告，提供相關國際氣候變遷的成果與進展。已經分別在 1990、1995、2001、2007、2014 及 2023 年發表了六次的「氣候變化評估報告」（Assessment Report）。目前最新的就是在 2023 年所發表的第六次氣候評估報告（IPCC Sixth Assessment Report），簡稱 AR6。

在 IPCC 的組織中，共有三個工作小組：第一工作小組（WGI）主要是在評估氣候變化的物理科學基礎。第二工作小組（WGII）則是評估社會經濟和自然系統面對氣候變化的脆弱性、氣候變化的後果以及適應氣候變化的選項。而第三工作小組（WGIII）則是在評估如何減緩氣候變化、減少溫室氣體排放以及去除大氣層之溫室氣體的方法[4]。除了這三個工作小組外，還有綜合評估報告小組（TSU），主要是負責整合各工作小組的研究成果，並進行編輯相關的評估報告內容，來向國際社會和政府發布有關綜合的氣候變化資訊。

另外值得一提的是，IPCC 這個組織機構於 2007 年 12 月獲得諾貝爾和平獎，同時獲獎的還有美國前副總統高爾（Albert Arnold (Al) Gore Jr），得獎的主要原因是以表彰

4　IPCC 官網 (https://www.ipcc.ch/about/)

他們「努力建立並推廣人為造成之氣候變化的相關知識，並為人們對抗氣候變化的因應措施奠定了衡量的基礎」（"for their efforts to build up and disseminate greater knowledge about man-made climate change, and to lay the foundations for the measures that are needed to counteract such change"）[5]。

為了能夠減少並控制人為的溫室氣體排放，聯合國於1992年5月在聯合國紐約總部通過了「聯合國氣候變化綱要公約」（United Nations Framework Convention on Climate Change, 以下稱 UNFCCC），這是一個國際公約，並於同一年度6月的時候，在巴西里約熱內盧召開的「聯合國環境與發展會議/地球高峰會」（United Nations Conference on Environment and Development/the Rio Earth Summit）開放給各個國家簽署加入該公約，後經50國批准後，於兩年後，也就是1994年3月21日生效。這個公約主要是希望能避免人類行為對氣候系統造成干擾，並且希望能夠減緩氣候變遷，對氣候變遷所造成的影響有其因應，最終目標是將大氣中溫室氣體的濃度穩定在防止氣候系統受到危險的人為干擾的水準。

「聯合國氣候變化綱要公約」（United Nations Framework Convention on Climate Change, 以下稱 UNFCCC）截至目前為止（2024年），共有197個締約方（有簽署氣候變遷綱要公約的國家稱為締約國），本身該公約的秘書處設置於德國波昂，在每一年都會召開締約方大會（Conference of Parties, COP），也就是所有締約國都參與的會議，在會議中會討論相關氣候的議題與政策，當然除了締約國參與外，也有相關非締約的國家或一些民間機構、組織等，也會一同參與該會議。

「聯合國氣候變化綱要公約」沒有對個別的締約國規定相關的具體應承擔義務，也沒有規定實施機制，所以缺少法律上的約束力，這也是受到一些人質疑該公約的約束力，但公約有規定可在後續從屬的議定書中設定強制碳排放限制，透過這強制的限制，來規定國家的排放標準或是減少量之類的。例如在COP3（第三次召開的締約方大會，於日本京都舉辦）的京都議定書中，就有規定了相關國家的溫室氣體減少率的內容。

5　2007年諾貝爾和平獎 (https://www.nobelprize.org/prizes/peace/2007/summary/)

2.2.2 國際會議

在有關氣候相關的國際會議中，就屬締約方大會（Conference of Parties, COP）會議最為重要，也是最為人所知的。COP 會議每年召開一次，是根據「聯合國氣候變化綱要公約」（UNFCCC）197 個的締約國共同來討論應對氣候變遷的最高決策會議。原則上，每年會由不同的國家政府來主辦相關 COP 會議，第一屆 COP1 是於 1995 年在德國柏林所舉辦的，到 2024 年為止，共舉辦過 29 屆的 COP 會議，其中在 2020 年因為疫情的關係，於該年度停止了會議舉辦，其他每一年都會舉辦該會議。

在這過程所舉辦的 COP 會議中，以下列出幾個比較重要的會議內容來加以說明。

COP3《京都議定書》

- **COP3 會議在日本京都所舉辦，其條約是在 1997 年 12 月通過，並於 1998 年 3 月 16 日至 1999 年 3 月 15 日間開放讓締約國簽字，當時共有 84 國簽署。一直到了 2009 年 2 月，共 183 個國家通過了該條約（通過的國家其溫室氣體排放量超過全球排放量的 61%）。**
- 《京都議定書》當時要生效的條件為至少 55 個參與國，且參與國在 1990 年的總溫室氣體排放量須達 55% 以上。一直到了 2005 年 2 月 16 日才正式生效。當時第 55 個簽署國為冰島，而排放量達到 55% 以上這個條件是在 2004 年 12 月 18 日，俄羅斯通過了該條約後達到了該條件，而條約於 90 天後的 2005 年 2 月 16 日開始強制生效。
- 《京都議定書》允許締約國以最低遵行成本同時達到經濟永續成長及溫室氣體減量雙重目標之多元減量合作機制。
- 整個《京都議定書》是採行總量管制的概念。

資料來源：The Earth Hall of Fame KYOTO[6]

△ 圖 2.5　COP3 會議照片

COP21《巴黎協議》

- 為了延緩氣候變遷所帶來的影響，在法國巴黎所舉辦的 COP21 大會中各國簽定了《巴黎協議》的內容，由於京都議定書對於承擔具體減量承諾的締約國是限於已開發國家，對於開發中國家因為快速的經濟發展而產生的大量溫室氣體排放並沒有規範，因此希望透過該協議，可以強制要求締約國落實減排行動。讓已開發及開發中國家都要共同遵守的減量規則，所以《巴黎協議》可以說是第一個同時呼籲已開發和發展中國家同時要做出減少碳排承諾的全球協議。

- 當次會議是拯救地球最後、最好的機會，因此超過 150 個國家元首出席該大會，顯示各國對於該次會議的重視。

- 《巴黎協議》於 2015 年 12 月 12 日破天荒的 195 個締約國一致接受協議內容正式通過，生效門檻為 55 個締約國簽署，且簽署國的溫室氣體排放量要佔全球排放量 55% 以上。整個協議的生效日為 2016 年 11 月 4 日。

6　The Earth Hall of Fame KYOTO (https://www.pref.kyoto.jp/earth-kyoto/en/about/index.html)

- 在協議中目標要在 2100 年之前將全球平均溫度上升控制在工業革命前水準上的攝氏 2 度但最好是 1.5 度內（限制溫升 1.5°C 為長期目標）。這是一個很重要的目標，也是目前全球所在追求及檢視的目標。全球碳總量維持在 1 兆噸內。

- 在 2020 年前須提交國家自主貢獻（NDCs），國家自定貢獻（NDCs）是各個國家衡量其自身能力與經濟發展狀況下所訂下的合理減碳目標。每五年要通報並更新（採自願性）。自 2030 年起，會每五年盤點全球溫室氣體排放量及減量進度（採強制性）。

- 在協議中也提到要提供氣候融資，協助開發中國家適應氣候變遷，在 2020 年前募齊 1,000 億美元協助第三世界減緩和調適。

資料來源：euronews[7]

圖 2.6　COP21 會議照片

COP26《格拉斯哥氣候公約》

- 因為疫情而延辦第 26 屆 COP 會議在 2021 年 11 月 13 日於英國格拉斯哥召開，在該次會議中是在疫情壟罩之下，全球代表難得有這樣機會可以齊聚一堂，也是首次檢視 COP21 巴黎協議成效的全球氣候峰會。在經過兩週的談判之後，終於達成「格拉斯哥氣候協定」（Glasgow Climate Pact）。

7　euronews (https://www.euronews.com/2015/11/30/world-leaders-as-never-before-kick-start-climate-talks-at-paris-cop21)

- 由於各國在提供的國家自主貢獻（NDC）來看，無法確保全球暖化要控制在 **1.5 度**內，因此原先各國協議每五年檢視一次 NDC，改為逐年檢視，希望透過更積極的行動，來達到全球聯手遏制氣溫升高。

- 在考量新興國家難以達成以補貼完成分階段淘汰燃煤發電的政策，在會議中原先提出要淘汰煤炭改採取溫和的逐步淘汰煤炭方式，也成為歷年來首次提及減碳及化石燃料的聯合國氣候協議。

- 會議中敦促已開發國家在 2025 年，持續提供開發中國家資金來應變氣候變遷議題，協助貧弱國家抗暖。

- 另外在此會議最大的突破，就是針對全球碳市場機制敲定「碳市場」規則，各國可以在全球市場上進行交易碳排放額度，創造金錢誘因來達到減碳。

- 會議中美國和歐盟率先發起了一項全球甲烷減排倡議，在此倡議中約 **100** 個國家承諾到 2030 年將甲烷排放量在 2020 年的基礎上減少 **30%**，期待透過甲烷的減排，可以有助於改善溫室效應。

資料來源：ODI Global[8]

▲ 圖 2.7　COP26 會議照片

8　ODI Global (https://odi.org/en/insights/our-thoughts-on-cop26-rolling-insight/)

COP27《夏姆錫克實踐計畫》

- **COP27** 主辦國為埃及，於埃及夏姆錫克（Sharm El Sheikh）舉行，時間為 **2022 年 11 月 6 日至 18 日**。在此次會議中有部分國家要求將世紀末控溫目標能放寬到攝氏 2 度，最後在歐盟國家以將離席的抗議方式保留攝氏 1.5 度這條防線，但可惜的是在減碳行動上卻沒有進一步的作為。

- **COP27** 首度將氣候損失與損害納入議程內，並確定成立「損失與損害基金」（Loss and Damage Fund），讓發達國家為發展中國家提供資金的協助，以降低發展中國家適應氣候變遷所帶來的衝擊，協助受氣候變遷影響嚴重的國家。

- 聯合國斥資 31 億美元來打造全球預警系統，來解決氣候觀測系統中現有的差距，這是由於許多發展中國家無法獲得預警和氣候資訊服務，所以藉由全球預警系統，來為所有人提供極端氣候災害事件的即早預警。

- 要確保生物多樣性，人們需要進行保護，同時也要保護生物多樣性。

資料來源：UN Climate Action[9]

∧ 圖 2.8　COP27 會議照片

9　UN Climate Action (https://www.un.org/en/climatechange/cop27)

COP28《阿聯酋迪拜》

- **COP28** 於 2023 年 11 月 30 日到 12 月 12 日在杜拜阿聯酋迪拜舉行,該會議對世界各國在實現《巴黎協議》目標方面取得的進展進行了首次盤點。
- 會議中決議在 2030 年前,全球再生能源成長 2 倍、能源效率提高 1 倍。並且要加速逐步淘汰未減排煤炭。
- 並在 2050 年前後利用零碳和低碳燃料,加速全球能源系統邁向淨零排放。
- 在 2030 年前,加速並大量減少 CO_2 以外的溫室氣體排放,特別是甲烷排放量。

資料來源:Afrik 21[10]

▲ 圖 2.9　COP28 會議照片

COP29《巴庫金融峰會》

- **COP29** 在 2024 年 11 月 11 日至 11 月 22 日於亞塞拜然首都巴庫(Baku)召開。因剛好有俄烏戰爭,因此在召開前也發生了不少插曲,或多或少也影響到整個會議的召開。

---

10 Afrik 21 (https://www.afrik21.africa/en/cop28-9-countries-join-the-african-battery-value-chain-project/)

- 由於這幾年的地表氣溫都來到歷史高點，所以也凸顯出 COP29 的重要性，而 COP29 也稱為「氣候金融 COP」，各國預計針對新的氣候金融集體量化目標（New Collective Quantified Goal，簡稱 NCQG）達成協議。

- 在減少化石燃料的議題上，未能做出更具強力的承諾，協議文本僅延續 COP28 的措辭，提及「逐步淘汰未經處理的燃煤電廠及低效化石燃料補貼」。

- 已開發國家在協助開發中國家取得對抗氣候變遷的資金規模，最終協議從現行的每年 1,000 億美元，將增至 3,000 億美元。

- 未來將在聯合國的架構下，創建出高品質及透明度的碳權交易市場。

- 由於各國將於 2025 年 2 月提交新的國家自定貢獻目標（NDC），因此在年底所舉辦的 COP30 被認為將是提高全球減排目標的重要會議。

資料來源：TABLE BRIEFINGS[11]

△ 圖 2.10　COP29 會議照片

　　透過上述的幾個重要會議可以看得出來整個國際上對於環境與溫室氣體影響的重視，幾次的會議中都有些減緩的決議或政策，但由於各國對於其自身的經濟發展與資源的投入等，還是多有各自不同的考量，因此讓會議成為政治角力的場所。

　　基本上，減碳、減緩溫室氣體影響這一議題是全球所要面對的課題，非單一國家或區域就可以單獨完成的，因此在目標要將全球平均溫度上升控制在工業革命前攝氏 **2 度**，最好是 **1.5 度**內就考驗著各個國家如何攜手來完成這一目標。

---

11 TABLE BRIEFINGS (https://table.media/en/climate/feature/cop29-how-africa-is-structurally-disadvantaged-in-climate-negotiations/)

2.3 國內永續發展政策

2.3.1 台灣淨零策略與基礎

　　從過去的資料中可以看到，在過去一百多年以來，全球的平均氣溫與變化趨勢，自工業革命之後，全球地表均溫已經上升攝氏 1.15 度左右，而從疫情解風減緩後，人類活動開始恢復正常下，地表均溫是一年比一年還高，尤其這一兩年（2023、2024）都創下歷史新高，這一現象在未來只會更頻繁地出現，每一年都會是歷史新高。回到台灣本身來看，根據資料顯示，台灣的年平均溫度在 1911 年到 2020 年期間上升了 1.6 度，增溫速率相當於每 10 年上升 0.15 度，是較全球平均值來的高。台灣未來出現「乾愈乾、濕愈濕」的情況只會更加明顯，甚至到了 2060 年，台灣將可能沒有冬天了[12]，可見台灣在這問題上有迫切的解決需求。

　　在面臨到這樣的環境與世界的趨勢之下，國發會於 2022 年 3 月正式公布「2050 淨零排放政策路徑藍圖」，提供至 2050 年淨零之軌跡與行動路徑，以促進關鍵領域之技術、研究與創新，引導產業綠色轉型，帶動新一波經濟成長，並期盼在不同關鍵里程碑下，促進綠色融資與增加投資，確保公平與銜接過渡時期。整個淨零排放路徑是以「能源轉型」、「產業轉型」、「生活轉型」、「社會轉型」等四大轉型，以及「科技研發」和「氣候法制」兩大治理為基礎下，從能源、產業、生活轉型政策預期增長的重要領域制定相關的行動計畫，以便落實淨零轉型目標[13]。

---

12 台灣已升溫 1.6°C 中研院分析減碳最好、最差狀況：世紀末前我們可能失去冬天 (https://e-info.org.tw/node/231936)

13 臺灣 2050 淨零排放路徑及策略總說明 (https://www.ndc.gov.tw/Content_List.aspx?n=DEE68AAD8B38BD76)

```
                        臺灣2050淨零轉型
                         四大策略 兩大基礎
轉  ┌─────────┬─────────┬─────────┬─────────┐
型  │ 能源轉型 │ 產業轉型 │ 生活轉型 │ 社會轉型 │
策  │風力、太陽光電│高科技產業、傳統製造業│綠運輸│公正轉型│
略  │系統整合及儲能│建築營造業、運具電氣化│電氣化環境營造│公民參與│
    │新能源│食品農林、資源循環│住商生活型態│(社會對話)│
    │(氫能、深層地熱、海洋能等)│ │(行為改變)│ │

治  ┌─────────────────────┬─────────────────────┐
理  │      科技研發       │      氣候法制       │
基  │     淨零技術        │   法規制度及政策基礎  │
礎  │     負排放技術      │     碳定價綠色金融    │
    └─────────────────────┴─────────────────────┘
```

資料來源：國發會 臺灣 2050 淨零排放路徑及策略總說明 [14]

∧ 圖 2.11　臺灣淨零轉型之策略與基礎

　　除了國發會所提出的發展路徑外，相關的法案也都陸續的公佈及實施。像是立法院於 2023 年 1 月 10 日三讀通過《氣候變遷因應法》（簡稱《氣候法》），明定我國在 2050 年達成應達到溫室氣體淨零排放，而這也是成為未來氣候治理主要的法源依據。其實我國先前就有《溫室氣體減量及管理法》，在 8 年後經過大幅修法，才修改成為現在的《氣候變遷因應法》。而此法主要有幾個重點 [15]：

- **將 2050 淨零目標納入法中，並明定主管機關淨零權責**
    + 《氣候法》第四條明定，國家溫室氣體長期減量目標為 **2050** 年達成溫室氣體淨零排放。在法案中也規定中央主管機關應擬訂國家因應氣候變遷行動綱領，並且至少 **4** 年檢討一次。
    + 法案中也詳列各種減排行動的主辦、協辦機關。

14　國發會 臺灣 2050 淨零排放路徑及策略總說明 PDF

15　《氣候變遷因應法》三讀過關 碳費即將開徵 重點整理一次看 (https://e-info.org.tw/node/235882)

- 碳費正式上路，採分階段徵收方式，所徵收的費用將撥入溫管基金，專用於減排等用途
  + 此次《氣候法》新增的碳費機制，碳費規劃採分階段徵收。同時開放企業提出「自主減量計畫」並給予優惠。
  + 碳費收入主要將作為「溫室氣體管理基金」，專款專用於執行溫室氣體減量及氣候變遷調適等用途。

- 納入公正轉型，另新增調適專章，以科學為基礎強化韌性
  + 新增了「氣候變遷調適專章」，規定政府必須建構調適能力，以科學為基礎，評估氣候風險、強化治理能力以提升韌性，建構綠色金融、調適技術研發與教育等，制定國家氣候變遷調適行動計畫。
  + 法案也納入「公正轉型」概念，要求制定任何氣候變遷計畫時，必須基於公正轉型原則尊重人權及尊嚴勞動，協助所有受氣候變遷轉型或氣候政策受影響之社群穩定轉型。

而隨著《氣候法》的公告實施，後續相關的子法也陸續的研議及公告，像是三項子法《溫室氣體排放量盤查登錄管理辦法》、《溫室氣體自願減量專案管理辦法》、《溫室氣體增量抵換辦法》分別在在 2023 年 7、8 月展開了相關的研商，在有關盤查登錄的部分，環境部在 2023 年 9 月 14 日將《溫室氣體排放量盤查登錄管理辦法》名稱修正為《溫室氣體排放量盤查登錄及查驗管理辦法》，並明訂自 2024 年 1 月 1 日起施行。而在 2023 年 10 月 12 日環境部氣候變遷署公告 2 項《溫室氣體自願減量專案管理辦法》與《溫室氣體排放量增量抵換管理辦法》即起生效，這兩辦法分別規範了自願減量及增量抵換。透過這些子法的公告實施，除了讓主管機關有法可依法執行相關政策與管理，也讓民間企業也可依法依循相關的規定來執行。

⊕ 2.3.2　上市櫃公司之永續發展政策

除了前面國發會及環境部等的政策作為外，另外一個管理國內上市櫃公司的臺灣金管會也於 2022 年發布了「上市櫃公司永續發展路徑圖」，相關的規範引導企業揭露永續相關資訊。根據其發展路徑圖，從 2023 年到 2029 年間，以七年時間採四大階段來達到全體上市櫃公司的碳盤查，並以查證為其終極目標（圖 2.12）。

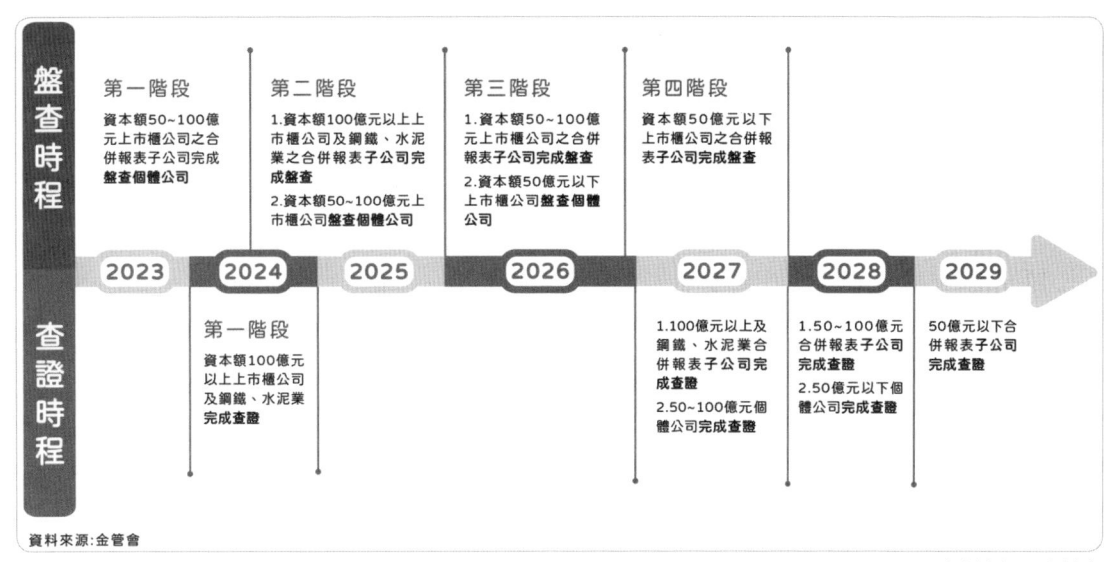

圖 2.12　上市櫃公司永續發展路徑圖

盤查時程

- 第一階段（2023）：資本額50~100億元上市櫃公司之合併報表子公司完成**盤查個體公司**
- 第二階段（2024）：1.資本額100億元以上市櫃公司及鋼鐵、水泥業之合併報表子公司完成**盤查** 2.資本額50~100億元上市櫃公司**盤查個體公司**
- 第三階段（2026）：1.資本額50~100億元上市櫃公司之合併報表子公司完成盤查 2.資本額50億元以下上市櫃公司**盤查個體公司**
- 第四階段（2028）：資本額50億元以下上市櫃公司之合併報表子公司完成盤查

查證時程

- 第一階段（2024）：資本額100億元以上上市櫃公司及鋼鐵、水泥業完成**查證**
- （2027）：1.100億元以上及鋼鐵、水泥業合併報表子公司完成查證 2.50~100億元個體公司完成查證
- （2028）：1.50~100億元合併報表子公司完成查證 2.50億元以下個體公司完成查證
- （2029）：50億元以下合併報表子公司完成查證

資料來源：金管會

　　上市櫃公司從 2023 年起，針對資本額達 20 億元以上的上市櫃公司，分階段盤查揭露氣候相關資訊，包括氣候變遷對公司財務、業務的影響，以及在公司治理和風險評估等 9 大資訊。這些資訊需要在企業年報或 ESG 報告書中揭露，同時也需上報至董事會並公告排程。

　　從國際相關組織到國內的相關永續政策，可以了解到目前全球針對此一問題的相關措施與會議政策，雖然我國並非是 COP 的締約國之一，但身為地球村的一份子，在這議題上也是不容缺席，因此國內相關單位也推出相對應的政策，讓我們國家可以為全球環境盡一份心力，在全球氣候治理的架構下，國際社會針對減少溫室氣體排放制定了許多相關政策、協議與規範，在此彙整出相關內容提供參考：

- **聯合國氣候變化框架公約（UNFCCC）**：UNFCCC 於 1992 年制定，被證明是全球首個針對氣候變化的綜合性國際協議。其目的在於響應全球氣候變化，降低溫室氣體排放，並協助弱勢國家應對氣候變化的影響。NFCCC 設立每年一次的各國首腦峰會，稱為「COP」（Conference of the Parties），旨在討論氣候變化議題，共同尋求解決方案。

- **京都議定書（Kyoto Protocol）**：是 UNFCCC 的一部分，制定國際公約中第一個具約束力的溫室氣體減排目標，旨在 2008 年至 2012 年間減少工業化國家的溫室氣

體排放量。然而，京都議定書僅限於工業國家，未將發展中國家納入減排範圍，因此成效受到限制。

- **巴黎協定（Paris Agreement）**：於 2015 年 COP21 大會中通過，主要目標是控制全球平均溫度上升，使其在 2100 年之前保持在工業化前水平的 2°C 以下，並努力將升溫幅度控制在 1.5°C 內。與京都議定書不同，巴黎協定要求所有國家，包括發展中國家，提交自願性的國家自定貢獻（Nationally Determined Contributions，NDCs），這是各國衡量自身能力與經濟發展狀況下訂定合理減碳目標，以確保全球協調努力以應對氣候變化。以臺灣 2022 年提出的國家自定貢獻舉例來說，目標為 2030 年要相較於基準年（2005 年）減排 24%±1%，並於 2050 年達到淨零排放。

- **GHG Protocol 溫室氣體盤查協議**：由聯合國相關的機構，世界自然基金會（WWF）和世界工商發展組織（WBCSD）共同創建的國際標準，作為評估和報告機構、公司、個人等的溫室氣體排放共同原則與標準，成為碳盤查重要的框架。

- **ISO 溫室氣體相關規範**：主要基礎來自溫室氣體盤查協議（GHG Protocol），旨在提供已開發國家與開發中國家採用統一的標準來量化溫室氣體排放量。包含盤查、測量、報告和驗證溫室氣體排放之一致性，從而幫助組織和國家有效應對氣候變化。後續將討論相關內容。

- **臺灣《溫室氣體減量及管理法》**：於 2015 年立法，依據 UNFCCC 精神與框架，規範我國長期減量目標、政府機關權責、溫室氣體減量對策及教育宣導。期間針對化石燃料排放量每年達 2.5 萬公噸二氧化碳當量之六大碳密集產業（電力、鋼鐵、水泥、半導體、面板、石化）進行強制溫室氣體申報。

- **臺灣《氣候變遷因應法》**：2022 年將《溫室氣體減量及管理法》修正為《氣候變遷因應法》，正式將 2050 淨零排放目標入法，徵收碳費[16]，專款專用於氣候因應相關項目。從 2023 年起，納入製造業中直接排放和間接用電合計排放量，達 2.5 萬公噸二氧化碳當量以上的企業列為第二批的盤查對象。

---

16 台灣收「碳費」（Carbon Fee），而國際上包括瑞典、瑞士、芬蘭、挪威等歐洲國家與日本、新加坡等亞鄰國家，課徵的皆為碳稅（Carbon Tax），其主要差異為，碳費由環境部收，碳稅則由財政部收；碳費專款專用於減排項目，例如用於發展減碳科技或成立氣候基金，因此使用範圍較僵固；碳稅則混入國家財政稅收，可用於社會福利或基礎建設。

2.4 碳有價時代

在全球淨零的共識之下，各國透過引入碳定價（Carbon Pricing）機制，意即「為二氧化碳制定一個價格」，意即為溫室氣體排放當量制定一個價格，以「每公噸二氧化碳當量」作為計價單位。也就是說在進行經濟活動時需額外支付由此產生的碳排放成本，以此有效控制和減少企業、組織和個人的碳排放。以下將從多數國家採取的兩種碳定價方式，分別是碳稅（Carbon Tax）和排放交易系統（Emission Trading System）來說明其運作方式以及其延伸的政策。

2.4.1 碳稅（Carbon Tax）

碳稅是對碳排放徵收稅款的機制。核心概念為「使用者付費」，由政府透過法律和規定確立碳稅制度，設定一個固定的碳排放稅率，強制企業或個人根據其排放量支付相應的碳稅。但由於稅率固定，企業可以預測將來的碳稅成本，從而規劃營運策略和長期投資。

2.4.2 排放交易系統（Emission Trading System）

排放交易系統是一個基於碳排放配額（emission allowance）的市場機制，由總量管制趨動交易，即 Cap and Trade。政府設定一明確的碳排放總量，然後將這些總量分成排放配額，分配給交易系統中的企業，這些企業可以在市場上進行排放配額的交易，超出配額的企業需購買額外的排放權／碳權，而排放低於配額的企業可以出售其多餘的排放權／碳權，舉例來說，若 A 企業在分配的排放配額下，減碳成果優秀、尚未用完額度，就可以透過交易，將碳權買給 B 企業，以獲得更好的報酬。但排放權價格是由市場供需者決定，因此對於減排的約束性較低。

2.5 國際兩大氣候稅法—CBAM 與 CCA

目前國際間兩大知名的氣候稅法是歐盟的「碳邊境調整機制」（Carbon Border Adjustment Mechanism, CBAM）以及美國的《清潔競爭法案》（Clean Competition Act, CCA），旨在推動高碳排產業降低碳排放，同時防止維護國內產業競爭力，加速其他國家朝向低碳轉型。接下來將詳細說明兩大稅法所採用的兩種不同碳定價模式以及其帶來的影響[17]。

2.5.1 歐盟 CBAM

歐盟執行委員會於 2021 年 7 月推出十三項相關法案，以組成一系列氣候變遷因應行動計畫，該計畫是歐盟為了能在 2050 年實現氣候中和與零碳排的關鍵行動，預計到 2030 年先將碳排放量較 1990 年減少 55%。其中有兩個關鍵的項目分別是「進行碳排放交易系統改革」及「建立碳邊境調整機制」（Carbon Border Adjustment Mechanism, CBAM）。而歐洲議會與歐盟理事會於 2022 年 12 月 13 日達成共識，自 2023 年 10 月 1 日起開始實施 CBAM 申報，自 2026 年開始徵收碳關稅。

歐盟 CBAM 的主要目的是防止碳洩漏（Carbon Leakage），意即避免因歐盟採取較嚴格的溫室氣體管制，導致產業外移至管制較鬆的境外區域，無助於全球減排，也平衡競爭環境，確保所有歐盟內的產品都有相同的碳成本，亦鼓勵進口國減排。

歐盟要求進口到當地的碳密集型產品，需依據碳排放量乘上歐盟排放交易體系（EU ETS）的每週平均碳價（每噸/歐元）計價購買 CBAM 憑證抵換碳排放量，但進口商品若已在原產國付過碳稅或購買排放配額則可豁免，避免重複計算（圖 2.13）。

---

[17] 參考來源：CBAM 十月試行！企業必懂 ETS 碳交易系統、歐盟永續分類標準 (https://esg.gvm.com.tw/article/23143)

一文搞懂什麼是 CBAM 碳邊境調整機制？10 月上路！(https://esg.gvm.com.tw/article/5120)

《2023 年碳定價現況與趨勢報告》帶給我們哪些訊息？(https://csrone.com/topics/7936)

美國最快 2024 實施 CCA 碳關稅，歐盟 CBAM 也將上路，合計台灣每百美元出口就有 21 美元將面臨碳關稅規範，哪些產業最該注意？(https://csr.cw.com.tw/article/42725)

資誠永續三分鐘帶你看懂 CBAM (https://www.pwc.tw/zh/services/csr-consulting/events/assets/slide-210923.pdf)

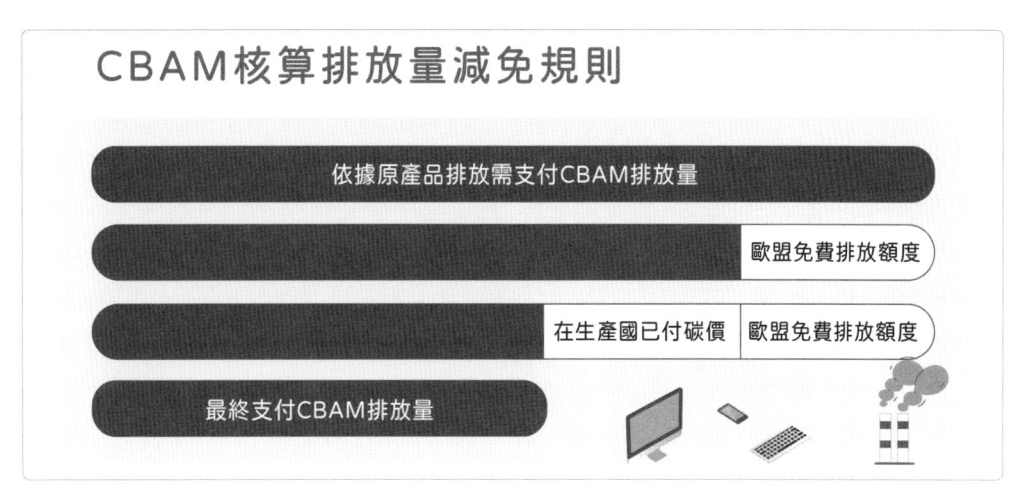

▲ 圖 2.13　CBAM 核算排放量減免規則

　　實行可分為三個階段，分階段逐步取消 ETS 免費配額許可（圖 2.14）。第一階段為 2023-2025 年蒐集進口商品碳含量及相關資訊；第二階段為 2026 年起正式施行 CBAM，並基於 Fit-for-55 法案，逐步降低免費配額許可；2034 年後免費配額許可退場，全面以 CBAM 取代。

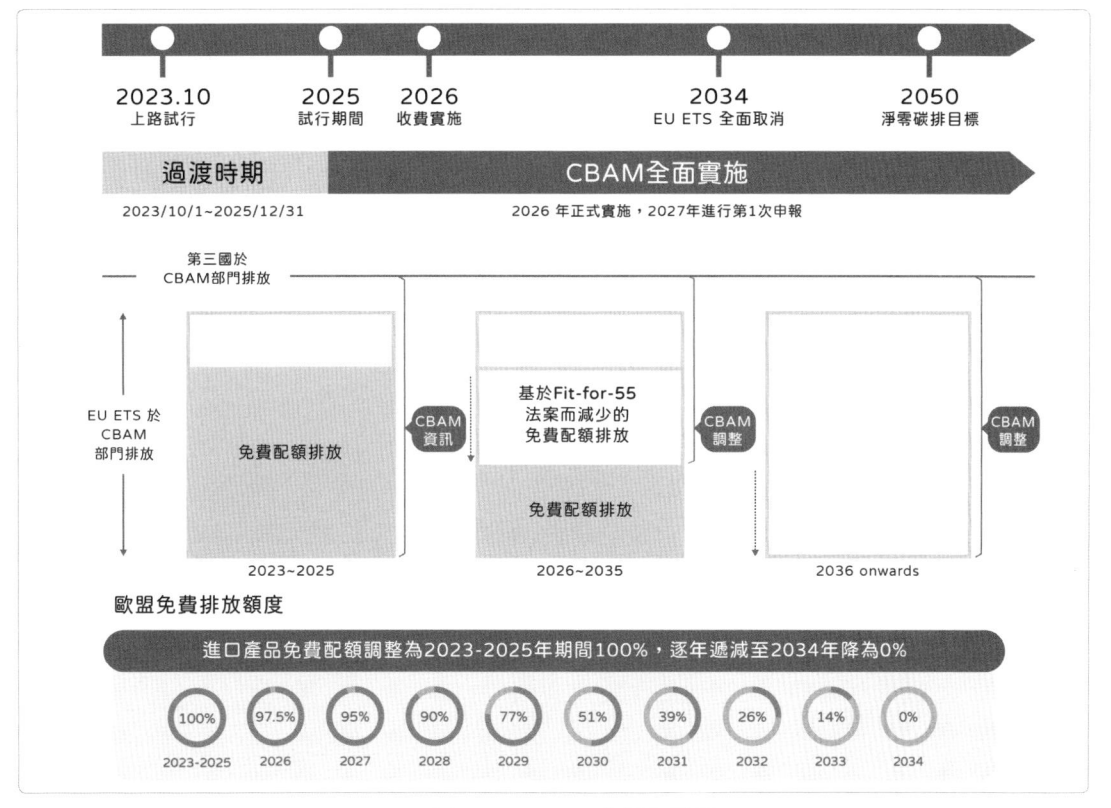

▲ 圖 2.14　CBAM 實行各階段

自 2023 年 10 月起逐步實施，2026 年 1 月 1 日正式施行（圖 2.15），初期主要以鋼鐵、鋁、水泥、化肥、電力、氫氣、部分鋼鐵下游產品（如螺絲、螺栓等）等產品為主，未來也會擴大至不同產業與複雜產品。

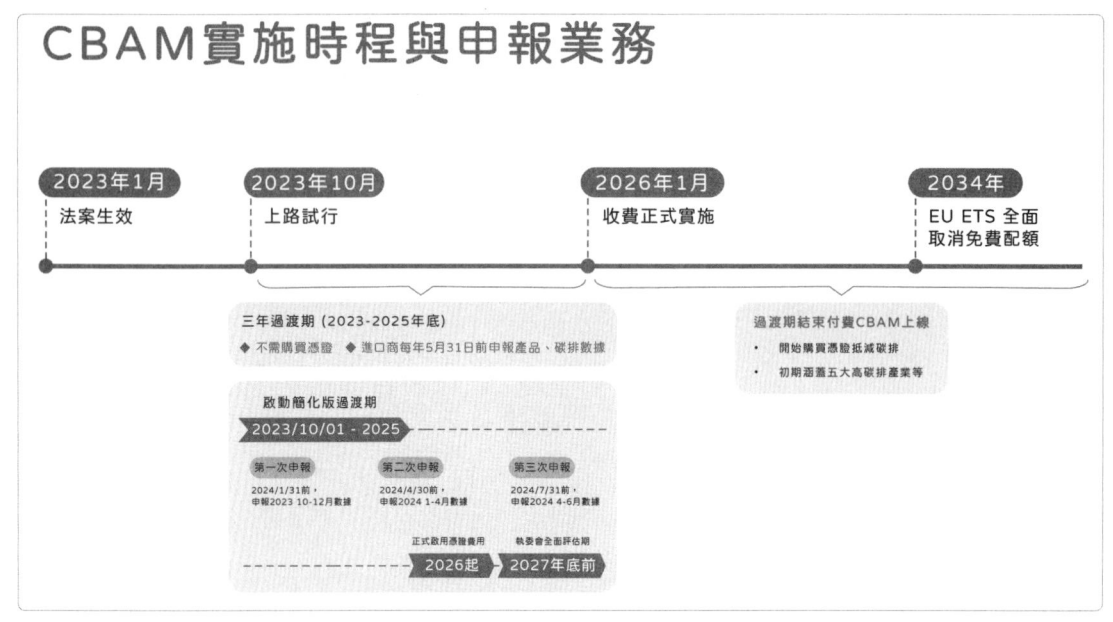

▲ 圖 2.15　CBAM 實施時程與申報業務

2.5.2　美國 CCA

美國參議院於 2022 年 6 月 7 日提出清潔競爭法案（Clean Competition Act），這一法案的提出號稱是美國版的 CBAM，一旦經過國會正式通過，美國海關將會立即開始課徵碳關稅，而不像是歐盟 CBAM 是沒有給任何過渡期間。由於美國的碳關稅所涵蓋的產業面更廣，有可能納入耗電量高的電子資訊產品與電動車零組件，因此對於臺灣出口的衝擊，會比歐盟 CBAM 來的更大也更快來臨。

美國 CCA 目的主要是懲罰碳密集型產品的製造商，提高碳排相對較低的美國公司的競爭力。然而美國沒有全國性的統一碳定價或碳交易系統，所以目前以美國產品的相對碳排放強度（carbon intensity）[18] 當作課徵碳稅的基準，且僅針對超出該行業美國國內平均（行業基準線）的部分進行懲罰性收費，目前定價每公噸 55 美元[19]，因應通膨年漲 5%。

18　碳排放強度（carbon intensity）：美國財政部以全美國製造商提交碳排量、年用電量和年產量的數據，計算出各行各業（含範疇一和範疇二）的平均碳排放強度，作為該行業的碳排放強度基準線。

19　定價金額以法案正式公告後為主。

目前美國的 CCA 還是處於二讀的階段，因此還沒有正式開始實施，也由於美國將於今年（2025 年）會有新的政府上台，因此後續會持續將此法案通過還是用別的法案來代替，都是可以持續觀察與關注的。

練習題

1. （　） 為了延緩氣候變遷帶來的影響，在第幾屆 COP 大會中各國簽定了《巴黎協議》的內容，強制要求締約國落實減排行動？
   (A) 27　　　　　　　　　　　(B) 26
   (C) 24　　　　　　　　　　　(D) 21

2. （　） 巴黎協議要求 2100 年前全球溫度上升不超過多少攝氏？
   (A) 2 度　　　　　　　　　　(B) 3 度
   (C) 4 度　　　　　　　　　　(D) 2 度，但是最好是 1.5 度內

3. （　） 碳中和定義是什麼？
   (A) 企業、組織或政府在特定一段時間的二氧化碳排放量控制在零
   (B) 企業、組織或政府在特定一段時間完全不排放二氧化碳
   (C) 企業、組織或政府在特定一段時間排放的二氧化碳使用化學氣體中和
   (D) 企業、組織或政府在特定一段時間的二氧化碳排放量，透過植樹、使用再生能源、購買碳權等 方式累積的減碳量相互抵銷。

4. （　） 全球暖化潛勢就是以二氧化碳為基準，比較各種溫室氣體在 100 年內對地表增溫的效果，並以何種單位共同表示？
   (A) CO_2e　　　　　　　　　(B) CO2
   (C) ppm　　　　　　　　　　(D) 莫耳

5. （　） 負碳排定義是什麼？
   (A) 是指企業、組織或政府在特定一段時間，碳清除量大於碳排放量
   (B) 企業、組織或政府在特定一段時間完全不排放二氧化碳
   (C) 企業、組織或政府在特定一段時間排放的二氧化碳使用化學氣體中和
   (D) 企業、組織或政府在特定一段時間的二氧化碳排放量，透過植樹、使用再生能源、購買碳權等方式累積的減碳量相互抵銷

03 企業碳管理能力與 ISO 14060 溫室氣體家族

- 了解企業碳管理的步驟與項目
- 了解碳揭露的目的與重要性
- 了解碳減量的目的與重要性
- 了解抵換與交易的目的與重要性
- 了解 ISO 14060 家族內容
- 對於 ISO 14060 相關的標準有其認識

3.1 企業碳管理能力

隨著國際的潮流與各國對於碳減量的措施，再加上投資者的關注已逐漸轉向企業在環境、社會和治理（ESG）的績效。因此在碳有價時代，企業的碳排放的水平以及可持續發展策略已經成為投資者評估是否投資的重要考量因素之一。以國際氣候變遷組織所發起的「Go Fossil Free」運動為例，已有紀錄顯示一些外部投資者由於企業在 ESG 績效中表現不佳，特別是在碳排放部分，而撤離相關投資。除此之外，也有一些廠商，開始要求供應商進行減碳，並將減碳列為採購的指標之一，這對企業來說，是必須面對的課題。也說明了企業的碳管理能力在當前環境下的重要性。無論是受到強制性法規的要求、客戶的要求，還是基於企業自主的承諾，企業在執行碳管理時，除了可以減少對環境的影響同時，也能夠提升企業的可持續發展和其競爭力。

企業在碳管理的程序上，基本可分成三個階段，分別是**碳揭露**、**減量**、**抵換與交易**。首先，從企業的碳揭露開始，企業本身會先要評估企業在經濟、營運活動中所產生的溫室氣體排放量。透過了解所排放的來源與數量後，就可針對重要的或是可執行減量的部分進行碳減量，之後再利用碳抵換和碳交易等策略，致力於實現碳中和和淨零排放的目標（圖 3.1）。整體來說，企業在執行碳管理上，其終極目標就是要做到碳中和，以達到淨零排放。接下來於本章節中將深入探討企業碳管理能力的各個階段過程與內容。

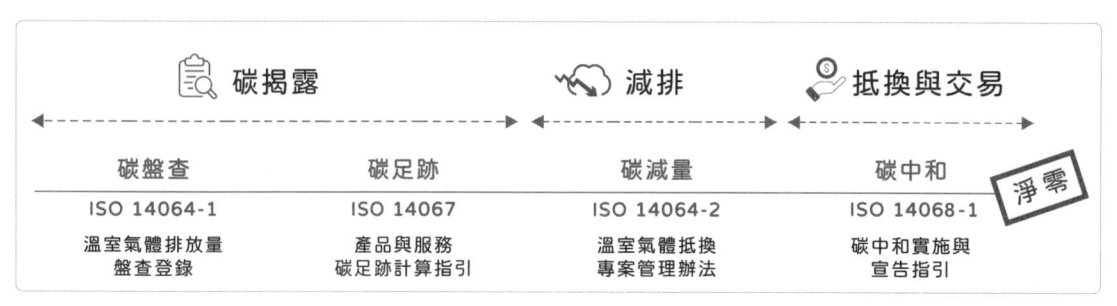

碳揭露		減排	抵換與交易
碳盤查	碳足跡	碳減量	碳中和
ISO 14064-1	ISO 14067	ISO 14064-2	ISO 14068-1
溫室氣體排放量盤查登錄	產品與服務碳足跡計算指引	溫室氣體抵換專案管理辦法	碳中和實施與宣告指引

△ 圖 3.1　企業碳管理能力階段

🌐 3.1.1　碳揭露

碳揭露（Carbon Disclosure）是企業向內、外部利害關係人溝通[1]其在經濟活動中產生的溫室氣體排放量的過程。透過碳揭露，企業能夠更好地了解在整個企業活動中其碳排放的情況，並且來確定關鍵排放來源，之後以便可以制定相應的減排策略。碳揭露主要可以分成企業進行組織層級的**溫室氣體盤查**（**Carbon Inventory**），又稱為**碳盤查**，以及量化企業提供的產品或服務所產生的碳排放量，即**產品碳足跡**（**Product Carbon Footprint**），這兩大類為主。

1. 溫室氣體盤查（Carbon Inventory）

溫室氣體盤查是對"組織"或特定場域所產生的溫室氣體排放進行全面評估和分析的過程。在進行盤查時，參考的標準會以國際標準 ISO 14064-1:2018 或國家規範 CNS 14064-1 的規定為主要的參考依據。這些規範基於溫室氣體盤查協議（GHG Protocol），

---

[1] 溝通：是指企業將盤查報告和碳管理成果向利害關係人傳達，例如投資者、客戶、監管機構、社會大眾等。透過讓企業碳排放資訊透明化，可強化利害關係人的信任，並回應社會對於環境和氣候變遷議題的關切。

該協議將溫室氣體排放分為**直接排放**和**間接排放**兩大類。直接排放源自企業營運或日常的內部活動所產生出來的。例如生產過程中的能資源消耗；而間接排放則來自供應鏈相關活動，例如上下游的產品運輸。ISO 14064-1:2006 版本將排放分為範疇一、二、三，而 ISO 14064-1:2018 版本則將其細分為類別一到類別六，將原先的範疇三，再細分成類別三到六。在盤查的過程會包括數據收集、排放源鑑別和碳排放量計算等活動項目。企業需要收集相關的活動數據，例如能源消耗、生產量、交通運輸等，然後根據碳排放係數計算排放量。這些數據的收集和計算將有助於企業確定其一段時間範圍內所產生的碳排放量。

2. 產品碳足跡（Carbon Footprint of Product）

產品碳足跡是對企業所生產出來的"特定產品"或所提供的"服務"在其整個產品生命週期內產生的溫室氣體排放進行評估和分析的過程。透過生命週期評估（Life Cycle Assessment, LCA）的方法，綜合考量產品或服務在其完整的生命週期：原料、生產、運輸、使用和棄置等不同階段的排放情況，以識別哪些階段是對於碳排放貢獻最多的關鍵熱點，有助於後續制定相應的減排策略。目前多數企業參考國際標準 ISO 14067:2018 或國家規範 CNS 14067:2021 作為指引。

在此以一個食品工廠為例，來看溫室氣體盤查和產品碳足跡之間的差異（圖 3.2）。在溫室氣體盤查中所要盤查的是整個工廠在營運活動下所產生的溫室氣體排放量，像圖中的例子，是以一整年為單位來計算一個工廠（組織）的總排碳量，而此排放量為 10,000 公噸 CO_2e。食品工廠所生產的產品種類很多，產品碳足跡是僅針對特定產品，如這款 **500** 毫升（ml）的芝麻油來計算此單一產品的總排碳量，透過計算後，生產每一瓶的排放量為 1.85 公斤 CO_2e。因此從這兩個例子來看，除了計算的範圍、對象不同外，在計算出來的值其單位也是不同，溫室氣體盤查所計算出來的單位是以**公噸** CO_2e（二氧化碳當量）為其單位，而產品碳足跡則是以**公斤** CO_2e（二氧化碳當量）為其單位。另外在盤查時，溫室氣體盤查會參考 ISO 14064 來做為盤查的標準，產品碳足跡則是會參考 ISO 14067，這部分會在後面的章節介紹這兩個標準相關的內容。

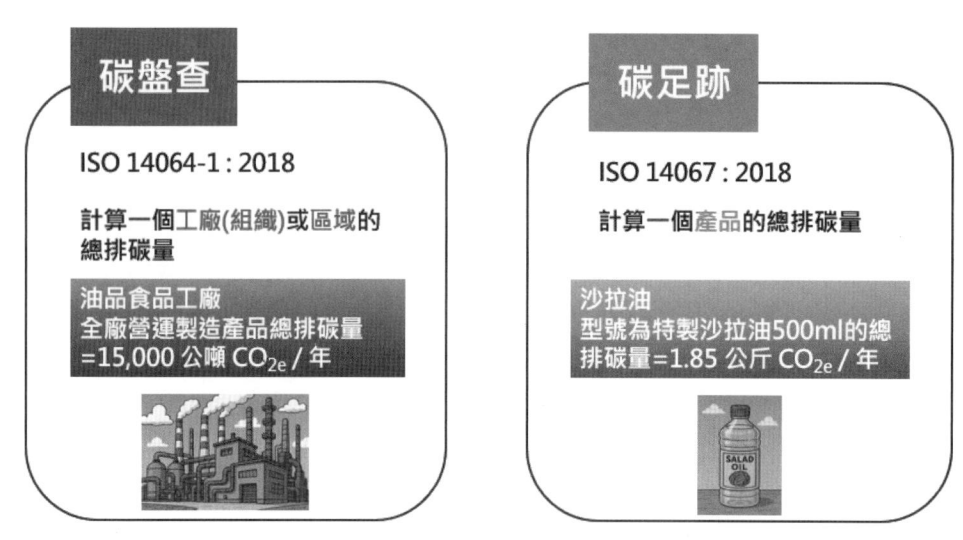

碳盤查
ISO 14064-1 : 2018
計算一個工廠(組織)或區域的總排碳量

油品食品工廠
全廠營運製造產品總排碳量
= 15,000 公噸 CO_{2e} / 年

碳足跡
ISO 14067 : 2018
計算一個產品的總排碳量

沙拉油
型號為特製沙拉油500ml的總排碳量 = 1.85 公斤 CO_{2e} / 年

△ 圖 3.2　碳盤查和碳足跡的差異

3.1.2 碳減量

　　企業在執行完碳揭露後，基本上就可以知道工廠（組織）或是產品、服務在特定前間內所產生的排放量，並且透過盤查也會知道在過程中相關的排放狀況，透過這排放狀況，就可以知道哪些階段或是哪些物料的排碳量最高，而這些排碳量高的階段或是物料，就是接下來要進行減量的首要目標。

　　碳減量是企業實現碳中和的核心目標。透過提高過程效率、轉向使用可再生能源等策略，企業可以有效降低其碳排放。ISO 14064-2 國際標準是碳減量計劃驗證的重要指引，該標準提供了測量、監測和報告減少碳排放的指導，確保減排專案的測量和報告遵循一個共同的標準，使其能夠被驗證，減少不確定性和偏差，從而增加對減排專案成果的信任。

3.1.3 抵換與交易

　　然而，在碳減量過程中，由於某些碳排放屬於生產與日常營運之必要排放，難以完全消除，因此需要採取碳抵換（Carbon Offsetting）的方式抵銷。企業透過植樹造林、發展可再生能源、捕集溫室氣體、減少森林砍伐等，產生碳抵換額度的溫室氣體減量或固碳活動，並經政府或獨立認證機構認證的可移轉單位，每一轉移單位代表從大氣中減少一公噸二氧化碳當量，藉此累積所謂的**碳抵換額度**（Carbon offset credit）或稱**碳權**，也就是企業「二氧化碳排放的權利」，以此抵換企業自身無法完全消除的碳排放量，而也

可將所獲得的碳權出售給**自願性碳權市場**（Voluntary Market）中其他有意抵銷自身碳排放的企業。

國際獨立機構所發布的碳權，分別透過不同的方法學認證，其中包含非營利組織 Verra 旗下的碳驗證標準（Verified Carbon Standard, VCS）、美國氣候行動儲備方案（Climate Action Reserve, CAR）、黃金標準（Gold Standard, GS）及美國碳註冊登記處（American Carbon Registry, ACR）等，這些標準為國際通用，上下游企業藉此管道購買碳權後，可避免供應鏈不承認的問題；除此之外，也可在聯合國碳抵銷平台上瀏覽各種減量專案及排放額度，購買由清潔發展機制（Clean Development Mechanism，CDM）核發的碳權（CER，Certified Emission Reductions），平台上的減量專案通過聯合國氣候變遷綱要公約（UNFCCC）認證為氣候友善項目，譬如風力、太陽能等再生能源、生質能、氫能發電計畫、減少森林砍伐等[2]。

最後，國際認證碳中和的驗證標準是由英國標準協會制定的 PAS 2060:2014（圖3.3），建立在 ISO 14000 系列和 PAS 2050 等基礎上，透過符合性聲明（Qualifying explanatory statement, QES）以宣告企業達到碳中和。此外，VCS 碳中和計劃透過驗證企業碳抵銷項目的碳減排效益，體現企業碳中和的成果。

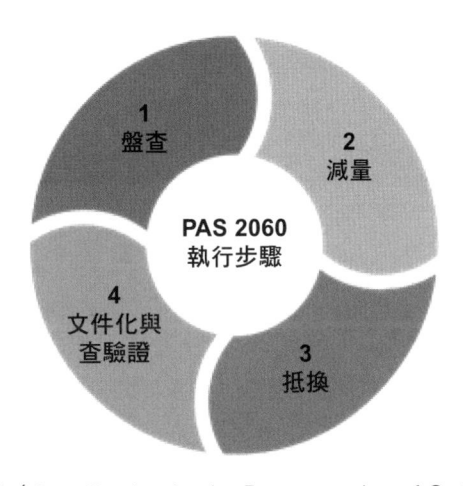

△ 圖 3.3 碳中和實施標準（Specification for the Demonstration of Carbon Neutrality, PAS 2060）

2　參考來源：備戰台灣碳權交易！一文解析碳權種類、交易平台 (https://esg.gvm.com.tw/article/27786)

隨著 ISO 組織在 2024 年公告將於 2025 年 1 月 1 日以 ISO 14068-1:2023 來取代原有 PAS 2060，可知，之後有關碳中和相關的都會以 ISO 14068-1 為其標準。ISO 14068-1:2023 是最新碳中和的標準，主要為組織提供實現和展示碳中和的框架，其中強調減少溫室氣體排放，並要求組織訂定明確的減碳目標，以展現出組織對氣候變化的承諾。

3.2 ISO 14060 溫室氣體家族

國際標準組織（ISO）在京都議定書生效之後，就開始推行一系列的碳管理標準，也就是 ISO 14060 系列。隨著最新一版的（2018）的發佈公告後，更新後的 ISO 14060 系列更能符合時勢所趨，提供了更明確的依循標準，並且更適用於不同類型、規模、業務或活動性質的組織或企業上，更貼切相關的需求，提供合宜的標準內容。

3.2.1 ISO 14060 包含之標準

整個相關的架構如圖 3.4 的內容。

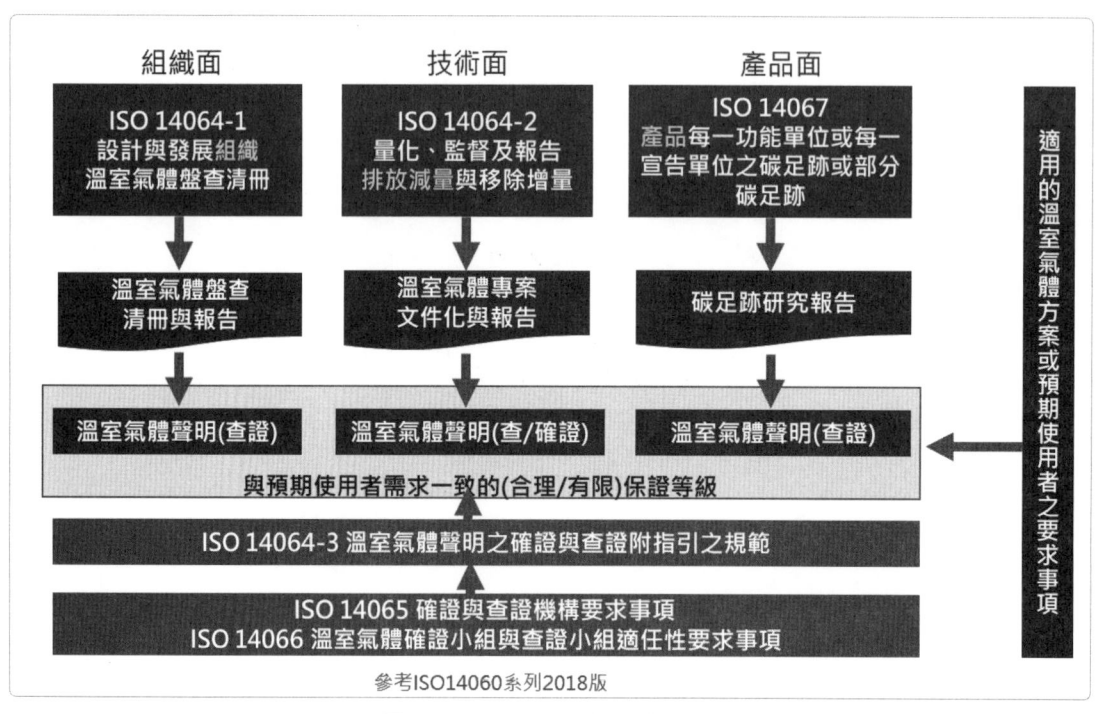

↑ 圖 3.4　ISO 14060 家族系列關聯圖

整個 ISO 14060 家族主要有以下這幾個標準：

- **ISO 14064-1**

針對組織型的溫室氣盤查，對組織所有的活動所產生的溫室氣體排放源進行計算，作為組織及溫室氣體排放與移除之量化及報告附指引之規範。簡單來說，透過 ISO 14064-1 可以知道「如何針對一間公司進行溫室氣體盤查」。另外也提供「如何撰寫溫室氣體盤查報告」的指引，藉由讓每間企業的盤查報告可以標準化後，就可以進行比較，了解差異。

- **ISO14064-2**

ISO 14064-1 可以讓組織或企業了解因為其營運活動下，排放了多少溫室氣體。而 ISO 14064-2 就是看該組織或企業做了哪些減碳的努力。如果用減肥當做個例子來說，要減肥前總是要先知道自己有多重，而 ISO 14064-1 就是利用標準來測量體重，以便知道重量。在了解了目前的重量後，就可以來擬定減肥計劃，而 ISO 14064-2 就是減肥計劃，藉由減肥計劃來達到減肥目的。ISO14064-2 看的是某個減碳專案，且報告的目的是看其減碳的成效。

- **ISO 14064-3**

ISO 14064-3 是針對企業完成的溫室氣體排放盤查報告與減碳的成效進行實際檢驗的指引規範，這不是提供給執行盤查的組織或企業所用，是給第三方查證單位所使用的。

- **ISO 14065**

究竟是哪些第三方查證單位符合資格可以來檢驗證的？就會用 ISO 14065 這個標準來規範，在這其中規定了這些查驗證單位的要求，並對於相關的管理系統等也都有規定。最後會再由主管機關進行挑選公告符合的單位。

- **ISO 14066**

除了針對第三方查驗證單位外，對於查驗證的人員也有相對應的標準來規範，ISO 14066 標準就是在界定執行溫室氣體確證與查證的人員其適任性及相關能力之要求。

- **ISO 14067**

    ISO 14067 關注的是一個「產品」在整個產品生命週期中所產生的溫室氣體排放量，當然，產品不一定是物品，也有可能是一種服務，如運輸服務，像是乘坐高鐵的這段過程也是可以計算碳排放量。在 ISO 14067 其核心的方法論是「生命週期評估」（Life cycle assessment, LCA），用來計算產品從原物料取得、生產、運輸配送、使用到最後廢棄處理，整個週期裡對環境的衝擊。在這部分也會要參考另外 ISO 14040 和 14044 這兩項標準中，所以在看 ISO 14067 不會只單看這一標準的。

- **ISO 14068-1**

    英國標準協會（BSI）於 2010 年 4 月發布碳中和標準 PAS 2060，這是作為第一個碳中和的參考標準。而國際標準組織在 2023 年 11 月推出 ISO 14068-1:2023 版碳中和標準來取代原有的 PAS 2060，讓 ISO 14068-1 碳中和的標準發展為正式的國際性標準。在 ISO14068-1 中強調企業對於溫室氣體的處理方式應透過各種減量與移除措施，盡可能的降至最低，剩下的部分才可藉由碳抵換方式抵銷剩餘之排放量。在標準中也對"碳中和"與"淨零排放"進行了區分。對於 ISO 14068-1 與其他標準的關係，可以參考圖 3.5。

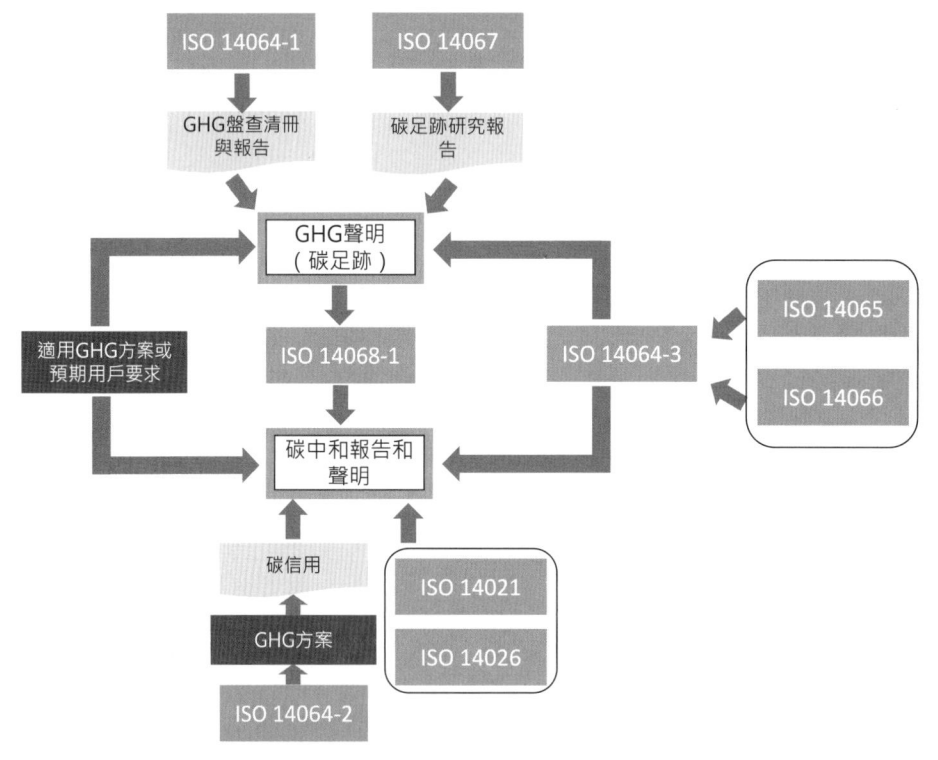

▲ 圖 3.5　ISO 14068 與其他標準之關係

對組織與企業來說，所要著重及關注的是 ISO 14061-1、ISO 14064-2、14067、14068-1，依照企業在碳管理的不同階段中，參考相關的標準來執行其作業，以達成碳的管理。特別是 ISO 14064-1、14064-2、14067 這三者，最大的不同在於盤查上的角度。ISO 14064-1 標準所關心的是「組織」或「企業」，也就是一個組織或是一間企業在其營運活動下到底排放了多少溫室氣體，藉由盤查後把這些溫室氣體排放資訊做成一份符合標準的盤查報告書。ISO 14064-2 標準關注的則是「專案」，是一個組織或是一間企業的減碳策略是如何具有合理的去訂定，在預期達成的成效為何，還有有關評估成效的方法論等。ISO 14067 標準則是關心「產品」或是「服務」，在這產品從原料開始經過製造、運輸到消費者的使用及最後的廢氣處理間，總共排放了多少溫室氣體當，並會依照產品的屬性分成 B2B（搖籃到大門），或是 B2C（搖籃到墳墓）兩種形式。

3.2.2 ISO 14060 與企業碳管理

在企業碳管理能力的各階段中，可以對應及延伸至 ISO 14060 系列的盤查與查確證之規範作為指引。首先，在碳揭露實施的兩個層面中，可以分為組織型的溫室氣體盤查，是由 ISO 14064-1 標準來指引產生出組織設計及發展盤查時的清冊與報告；以及屬於產品型的產品碳足跡，則由 ISO 14067 標準指引出在執行完產品盤查後，最後產出的碳足跡研究報告。其二，在組織或產品進行排放減量時，就依循 ISO 14064-2 指引減量專案文件化與報告。

在企業碳管理能力的碳揭露階段中，企業透過組織與產品兩個面向著手。儘管目前國內對於產品碳足跡的揭露並非強制性要求，但隨著越來越多國家實施進出口產品的碳價稅和相關法規，如 CBAM，除了對外出口的產品需提報產品碳足跡的資訊外，也將擴及其國內供應鏈加入盤查的行列。另外，國內環境部未來也將強制要求特定產品，申請碳足跡標籤以提供產品碳足跡之資訊。

不論企業是自願性或是強制性的揭露產品碳足跡，都依循國際 ISO 14067 產品碳足跡的準則、規範、要求和指引。ISO 組織於 2018 年 8 月發布 ISO 14067:2018 產品碳足跡國際標準，取代了原先 ISO/TS 14067:2013 的技術規範，關鍵改變為強化對外溝通及加重量化，納入多個標準架構流程。

透過專業的第三方機構或驗證機構**查證/確證**[3]企業發布之**溫室氣體聲明**（**Greenhouse Gas Statement**）[4]，依據查驗標準與溫室氣體聲明書中之聲明及主張之實質以及合規程度，給予**合理**或**有限保證等級**[5]之評級。而查/確證之相關要求事項規範則由 ISO 14064-3、ISO 14065 及 ISO 14066 作為指引。這部分就跟企業在執行相關盤查或是減量、抵換就沒有太大關係。

　　另外在國際上還有一個標準是溫室氣體盤查議定書「The Greenhouse Gas Protocol, GHG Protocol」。這 GHG Protocol 是由世界資源研究院（WRI），及世界企業永續發展協會（WBCSD）共同所發起的，主要的目的是為企業可以提供一套國際通用的溫室氣體會計與報告標準。

　　這個標準主要是從企業之角度編寫的盤查標準，雖說是以企業為其角度，但也是用非營利組織、政府機構等單位作為參考使用。GHG Protocol 於 2001 年首次發布，發布後獲得全球企業、非政府組織和政府機構廣泛接受，而在 2004 年進行第二版的改版。

　　在 GHG Protocol 與前面所提到的 ISO 14064-1 標準間整體落差不大，比較明顯的差異是在報告邊界的不同，還有盤查的溫室氣體也有些許不同。對於企業在執行相關的盤查作業上，是可以相互參考做為指引，而非僅以單一的標準來使用，這樣對於企業的盤查上可以較為全面。

3　查證/確證：查證（Verfiication）是指經查驗機構驗證或現場稽核，來確定組織排放量數據與聲明是否符合事實與標準的過程；確證（Validation）是指抵換專案經查驗機構審核，確認抵換專案計畫書（未來抵換活動中的假設、限制和減量方法）是否具合理性。

4　溫室氣體聲明：由機構、企業或個人發布，基於事實與客觀的聲明，說明其在特定時間或是一段時間中的經濟活動所產生的溫室氣體排放情況，以及其對氣候變化和全球暖化的影響。

5　合理、有限保證等級：合理保證等級（溫室氣體查證聲明及主張為實質正確且公正呈現溫室氣體數據與資訊，並依符合國際標準或國家標準）、有限保證等級（溫室氣體查證聲明及主張不具有實質正確性以及公正呈現溫室氣體數據與資訊，並未根據合國際標準或國家標準）。

練習題

1. (　) 下列何者選項不是企業碳管理的項目？
   (A) 碳揭露　　　　　　　　(B) 碳減量
   (C) 抵換或交易　　　　　　(D) 碳查核

2. (　) 下列何者選項不是企業在執行相關的盤查或減量工作上所需參考的標準？
   (A) ISO 14067　　　　　　(B) ISO 14064-2
   (C) ISO 14065　　　　　　(D) ISO 14064-1

3. (　) 下列何者是企業向內、外部利害關係人溝通其在經濟活動中產生的溫室氣體排放量的過程？
   (A) 碳揭露　　　　　　　　(B) 碳減量
   (C) 抵換或交易　　　　　　(D) 碳查核

4. (　) 下列哪一個標準關注的是一個「產品」在整個產品生命週期中所產生的溫室氣體排放量？
   (A) ISO 14067　　　　　　(B) ISO 14064-2
   (C) ISO 14065　　　　　　(D) ISO 14064-1

5. (　) 下列何者是企業實現碳中和的核心目標？
   (A) 碳揭露　　　　　　　　(B) 碳減量
   (C) 抵換或交易　　　　　　(D) 碳查核

04

ISO 14064-1 與溫室氣體盤查架構

- 了解 ISO 14064-1 基本概念與架構
- 了解盤查流程的架構
- 了解盤查流程中相關的活動內容

　　如同先前章節所介紹的，企業在執行碳管理能力上共分成三個階段。在第一階段，是屬於碳揭露的部分，在這部分中主要有兩個種類，一個是以組織或地理區域為範圍的組織型碳盤查，另一個則是以企業、組織所提供的產品或服務為盤查對象的產品碳足跡盤查。本章將以組織或地理區域為範圍的碳盤查進行說明，包含相關的參考準則與盤查的架構內容，讓讀者可以了解到相關的盤查流程與內容。

　　企業在執行組織型的碳盤查，其參考的標準或準則是依循國際 ISO 14064-1 組織層級溫室氣體排放與移除之量化及報告附指引之規範。目前最新的版本是 ISO 組織於 2018 年 12 月所發布的版本。在國內，也可同步參考 CNS 14064-1:2021 的規範。這兩份文件基本上是相同的。透過此一規範，可以協助組織或企業，利用客觀的評估來報告有關的溫室氣體排放和移除量。讓組織或企業更能清楚知道自身相關溫室氣體的排放狀況，找出減排的機會，以作後後續減量或中和的參考標準，實現淨零減碳的目標。

4.1 ISO 14064-1: 2018 標準之規範相關內容

　　ISO 14064-1:2018 組織層級溫室氣體排放與移除量化及報告附指引之規範，總共包含 10 個章節，另外附錄的部分 A 到 H 共 8 章。在標準的本文中，前兩章為範圍及引用標準，第三章則是一些用語及定義的說明。從四章開始就是主要規範的重點，分別是第四章的原則說明，第五章為盤查的邊界定義，第六章是有關溫室氣體排放與移除相關的量化內容，第七章為減緩活動的說明，第八章為盤查的品質管理，第九章則最溫是氣體報告的一些要求及最後第十章則為組織在查證活動中的角色闡釋。

　　在標準的附錄部分，從附錄 A 到附錄 H 的內容包含直接與間接溫室氣體的排放類別，生物源的排放與移除，還有關電力處理方式及農業和林業相關的內容，最後還有確定重大間接溫室氣的指引。這些附錄內容也都是相當重要和值得參考的部分，也是組織或企業在執行相關盤查時也需要去關注與遵循的內容。所有章節標題可參考圖 4.1 所示。

```
前言
簡介
1. 適用範圍
2. 參考文件
3. 專有名詞與定義
    3.1 有關溫室氣體之用語
    3.2 溫室氣體盤查流程相關名詞
    3.3 生物源和土地使用相關名詞
    3.4 有關組織、利害關係人和查證之用語
4. 原則
    4.1 一般
    4.2 相關性
    4.3 完整性
    4.4 一致性
    4.5 準確性
    4.6 透明度
5. 溫室氣體盤查邊界
    5.1 組織邊界
    5.2 報告邊界
6. 溫室氣體排放與移除之量化
    6.1 溫室氣體源和匯之鑑別
    6.2 量化方法之選擇
    6.3 溫室氣體排放量和移除量的計算
    6.4 基準年溫室氣體排放清冊

7. 減量活動
    7.1 溫室氣體減排和移除的倡議
    7.2 溫室氣體減排或移除增量專案
    7.3 溫室氣體減排或移除增量目標
8. 溫室氣體盤查品質管理
    8.1 溫室氣體資訊管理
    8.2 文件保留和記錄保存
    8.3 評估不確定性
9. 溫室氣體報告
    9.1 一般
    9.2 規劃溫室氣體報告
    9.3 溫室氣體報告內容
10. 核實查證活動

附錄A（參考資訊）整合數據的過程
附錄B（參考資訊）直接與間接溫室氣體排放的分類
附件D（規範）處理生物源溫室氣體排放之與移除二氧化碳
附件E（參考資訊）電力處理方式
附件F（參考資訊）溫室氣體盤查清冊報告架構和組織
附件G（參考資訊）農業和林業指導
附件H（參考資訊）重大間接溫室氣體排放鑑別過程的指引
```

▲ 圖 4.1　ISO 14064-1:2018 章節標題項目

根據ISO14064-1標準的章節內容，依照企業在執行組織型溫室氣體盤查作業流程，可以套用一個盤查口訣，即「**邊、源、算、報、查**」。「邊」指的是溫室氣體盤查邊界的設定。「源」指的是溫室氣體源和匯的鑑定。「算」指的是溫室氣體排放量與消除量的計算部分。「報」指的是溫室氣體報告內容。「查」指的是查證相關活動。透過這樣的口訣可以很清楚知道企業或組織在執行相關溫室氣體盤查作業時，可以從哪邊先規劃或進行，依序完成後續作業內容。詳細的內容步驟，會在後面章節說明企業或組織在執行盤查的整體架構。

4.1.1 重要名詞

ISO 14064-1:2018 中提供了一些在標準內會用到的重要名詞，並針對這些名詞進行說明及定義，相關摘要如下[1]：

- **溫室氣體排放（GHG emission）**：將溫室氣體向大氣釋放。

- **直接溫室氣體排放（direct GHG emission）**：來自組織所擁有或控制之溫室氣體源之溫室氣體排放。

- **間接溫室氣體排放（indirect GHG emission）**：因組織之營運及活動產生之溫室氣體排放量，但其排放非組織所擁有或控制之溫室氣體排放源。

- **全球暖化潛勢（Global warming potential, GWP）**：一種基於溫室氣體輻射特性之指數，測量在一段選定時間尺度內一單位質量之溫室氣體排放於當前大氣後，其相對於二氧化碳之輻射衝擊。

- **溫室氣體活動數據（GHG activity data）**：造成溫室氣體排放或移除的活動之量化量測值。

- **溫室氣體聲明（GHG statement）**：基於事實與客觀做出相關聲明，以供查證或確證。

- **溫室氣體盤查清冊（GHG inventory）**：溫室氣體源和溫室氣體匯及包含量化的溫室氣體排放和移除之清冊。

- **溫室氣體報告（GHG report）**：將一組織或溫室氣體計畫的溫室氣體相關資訊，對預期使用者進行溝通的獨立文件。

---

1 可參考 ISO 14064-1:2018 或 CNS 14064-1:2021。

- **基準年（base-year）**：為比較溫室氣體排放量或移除量或其他溫室氣體相關逐時資訊之目的，所鑑別出的特定歷史時間。
- **不確定性（uncertainty）**：與量化結果有關之參數，將數據之分散性特徵化，且可合理的以量化方式顯示。
- **重大間接溫室氣體排放（Significant indirect GHG emission）**：符合組織設定之顯著性準則，所量化及報告之組織溫室氣體排放量。
- **查證（verification）**：評估歷史數據和資訊聲明之過程，以決定相關聲明是否實質正確並符合標準查證聲明書保證等級。
- **保證等級（level of assurance）**：依據盤查過程之嚴謹程度，以及查證過程之發現，查證聲明書可分為兩種保證等級，分別為：
  + **合理保證等級**：基於查證者所執行的過程，其溫室氣體主張，具有實質正確性以及公正地呈現溫室氣體數據及資訊，且根據相關之溫室氣體量化、監測與報告的國際標準或是相關的國家標準予以準備。
  + **有限保證等級**：基於查證者所執行的過程，其溫室氣體主張並沒有證據顯示，不具有實質正確性以及公正地呈現溫室氣體數據及資訊，且沒有根據相關之溫室氣體量化、監測與報告的國際標準或是相關的國家標準予以準備。

在數據的類型上分成三種類型，分別為：

- **初級數據（primary data）**：這是在過程或活動透過直接量測或基於直接量測的計算所獲得的量化值。
- **場址特定數據（site-specific data）**：自組織邊界內所獲得之初級數據。
- **次級數據（secondary data）**：從初級數據以外的來源所獲得的數據。

依照不同類型的特性，其關係如圖 4.2，最大一部分都是屬於次級數據，而場址特定數據是屬於初級數據的一部分。

▲ 圖 4.2　數據類型及關係

　　在 ISO 14064-1 第三章的內容中，列出了相關的溫室氣體的用語，除了先前介紹的內容外，其他部分可參考 ISO 14064-1:2018 或 CNS 14064-1:2021 的內容。

4.1.2　ISO 14064-1:2018 盤查原則

　　在 ISO 14064-1 中，有針對盤查作業上應該具有的原則項目，並確保相關資訊在真實與公正考量下，訂定相關的原則基準，以作為指引使用[2]。

- **相關性（Relevance）**：選擇適合預期使用者相關的溫室氣體源與匯、儲存量、數據與方法。如用電量、用油量。針對相關的排放源，蒐集有關的數據。

- **完整性（Completeness）**：紀錄並報告所有相關的溫室氣體排放與移除量。邊界內，若有排除之項目應具合理理由。

- **一致性（Consistency）**：使溫室氣體相關資訊能有意義的比較。例如選用共通係數、相同單位、計算方法。

- **準確性（Accuracy）**：儘可能依據實務減少偏差與不確定性。如進行直接量測、可靠推估或實際比例分配等。

- **透明度（Transparency）**：充分揭露適當的溫室氣體相關資訊，使預期使用者做出合理可信之決策。適度註明引用之會計與計算方法出處。

2　可參考 ISO 14064-1:2018 或 CNS 14064-1:2021。

4.2 溫室氣體盤查架構

組織或企業在執行組織層級溫室氣體盤查（GHG Inventory）會基於不同的目的和範疇來執行。一般在執行時，都會有相關的作業或步驟來進行。

4.2.1 溫室氣體盤查架構

企業或組織在執行溫室氣體盤查時，通常可以分為三個階段進行，如圖 4.3。可分為**啟動**、**執行**、**溝通與查證**階段，每個階段內都有要執行的作業與注意事項，這些將會於後續詳細說明相關的內容及重點。

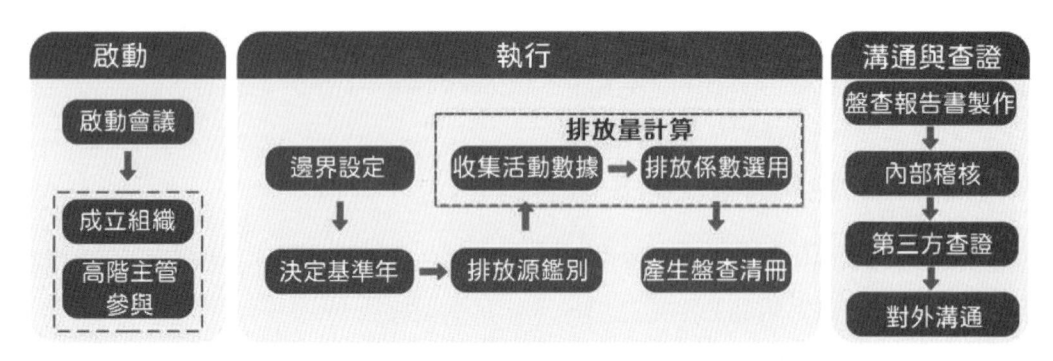

▲ 圖 4.3 溫室氣體盤查執行架構

在執行架構中，**啟動階段**是企業或組織依據要執行溫盤的目的來進行，由於這是屬於全公司要執行的事情，通常都會需要高階管理層或主要決策者參與並宣示啟動或召開相關會議，藉此讓公司全體可以知道這一目標並配合，一同來完成此次作業。

執行階段的部分，主要就是針對要盤查的範圍進行排放源的識別與確認，並收集相關的活動數據進行計算，產生排放清冊，作為此一階段最後的產出結果。

最後，**溝通與查證**階段，彙整先前執行階段的文件，並召開內部相關會議進行內部稽核，依照當初要執行溫盤的目的，來決定是否要請第三方驗證機構進行查驗證，之後就可以對外揭露相關的盤查結果。

接下來將針對每個階段內要執行的項目或作業進行詳細的說明。

4.2.2 盤查架構詳細說明

依前一節所述,在執行溫室氣體盤查時,企業通常會依循盤查架構順序進行盤查作業,此小節將針對各階段中的每個項目提供更進一步的說明。

啟動階段

在啟動階段通常會有三個作業項目要執行或處理,分別為「**啟動會議**」、「**成立組織**」及「**高階主管參與**」。

- **啟動會議**

  企業會要開始積極進行溫盤,主要基於以下幾個原因或目的:

  + **供應鏈的要求**:因為客戶或供應鏈上相關企業有其需求,必須提供相關溫盤資訊。甚至有些企業會在採購商的評量中,納入供應商是否有進行盤查或是具有減碳的成效,最為選商的參考,而這些的要求就會讓企業得要開始積極地進行盤查。

  + **列為碳邊境關稅項目**:由於歐盟已經開始實施 CBAM,也就是碳邊境關稅,因此在輸入歐盟的產品中就必須要有盤查資訊,以便可以提供給進口商進行申報,雖然 CBAM 的對象是針對輸歐的產品,而產品的盤查是產品碳足跡,產品碳足跡盤查和溫室氣體盤查其盤查的對象與範圍不同,但基本上企業如有做溫室氣體盤查,一些盤查的資料是也可以在碳足跡盤查上使用,因此有些企業也是會先做溫室氣體盤查,再針對特定商品來做碳足跡盤查。

  + **屬環境部納管企業**:環境部在針對排碳量較大的企業有進行納管,如果全廠直接溫室氣體年排放量及使用電力的間接溫室氣體年排放量達 2.5 萬公噸二氧化碳當量以上的製造業,從 112 年 1 月 1 日起適用,並於 8 月 31 日前完成年度溫室氣體排放量盤查登錄。

  + **受金管會的限制**:依據金管會所提出的永續發展路線,上市櫃公司會依據資本額的不同,以分階段方式提供盤查結果,甚至是要提供經過第三方驗證機構查證後的查證報告,所以對於上市櫃公司來說,這也是必須要執行且面對的事項。

  + **企業自願進行**:有些企業會因為自身想要對社會或對環境的盡一分心力,因此也會想進行盤查,甚至要做減碳。透過這樣的行為,除了企業自身的使命感外,也對企業的形象產生正面的效果,提升企業形象。

在此主要是列出一般企業可能要進行盤查的目的或原因，除此外，每個企業或組織也可能會其有他的原因來進行，就看企業或組織自己本身的目的或原因了。

- 成立組織

    在內部確認要執行的意向後，並在高階主管的支持之下，就可以開始為執行盤查準備。當然，最重要的是要先建立相關的推動組織，特別是在第一次執行的企業來說，推動組織的成立是關乎到後續執行的狀況。將所需的職掌與人員確認清楚，確立分工，這樣在之後的執行上可以較為順利，也可以追蹤執行狀況。

- 高階主管參與

    在企業確認要執行溫盤下，藉由高階主管的參與，宣示與承諾此一作業，可以對整個盤查作業起到一個具有代表性或重要性的意義。在高階主管的帶領下，通常這樣的專案或是營運作業，也都會受到公司或組織內部門的支持，抗拒的心態也會比較少些，因此在推動這一作業時，也會比較有利。

執行階段

在執行階段是屬於要開始執行溫室氣體盤查的業務項目，主要需執行的項目有「**邊界設定**」、「**決定基準年**」、「**排放源鑑別**」、「**收集活動數據**」、「**排放係數選用**」及「**產生盤查清冊**」。

- 邊界設定

    盤查時，盤查邊界的設定可以分成**組織邊界**與**報告邊界**兩個。

▲ 圖 4.4　邊界設定的項目

+ 組織邊界

    組織邊界是依照盤查的目的與需求來設定範圍，這邊說的是最一般的情況，基於 ISO 14064-1 規範的盤查公司，若是受環境部跟金管會列管的企業則需要再

額外參照盤查指引設定邊界，像是環境部的話就是依照列管編號的地理邊界為組織邊界去盤。

企業可以集團、企業、單一廠址為盤查單位。以圖 4.5 辦公大樓單一地址為邊界，如紅框①。或 A 公司作為盤查邊界，如藍框②。甚至是若有 ABC 公司的集團，也可以一起盤。

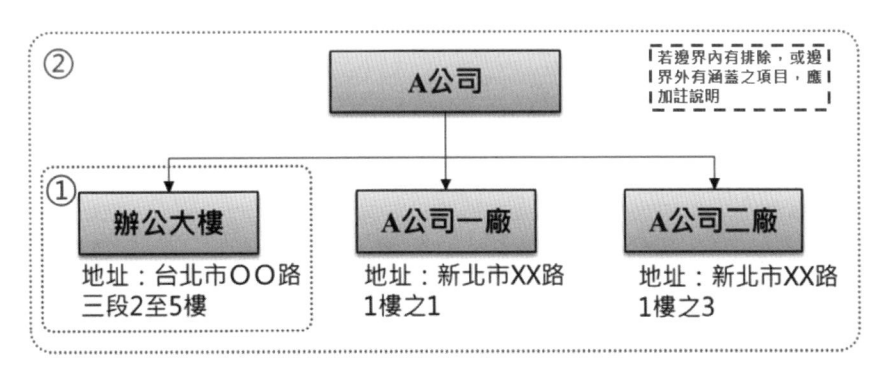

△ 圖 4.5　辦公大樓邊界設定

在選擇組織邊界設定方法上，也就是要怎麼劃分溫室氣體是歸屬哪個廠址或事業體呢？通常有兩種方式，分別為**股權持分法**與**控制權法**。其中，股權比例是最常使用的方式。

- **股權持分法**

    公司是依照對各事業體所持有的股權比例，來認列其溫室氣體的排放量。

- **控制權法**

    不考慮持股比率，以擁有該公司財務或營運控制權者就應 100% 認列其排放量，反之則為 0%。這種方式又可分成兩種：

    ▶ **營運控制**：若一家公司有完全的權力去主導並執行事業體的營運政策，就表示是擁有該事業體的營運控制權。

    ▶ **財務控制**：若一家公司有能力主導該事業體的財務與營運政策，則表示對該事業體享有財務控制。

若邊界內有排除，或邊界外有涵蓋之項目，應加註說明，最重要的是盤查要求的是證據，因此要記得留下地圖、地址、照片、廠區圖等等這些具效力的資料查證用。

另外有一些需要注意的事項可以參考：

- 當設施由多個組織擁有或控制時，這些組織應該採用相同的匯總方法，並應記錄並報告其採用的匯總方法為何。
- 對於所選用的方法改變時，要給予解釋說明。
- 於盤查清冊及報告中，應清楚表明組織邊界所涵蓋範圍及所使用方法。
- 組織邊界地理範圍中有涵蓋到其他設施非屬組織所有，就應清楚註明並可加以排除。若地理範圍外有屬於組織所擁有的，同樣也應該加以說明並註明。

✦ **報告邊界**

基本上，企業或組織的溫室氣體排放可分成**直接排放**與**間接排放**兩大類，在報告邊界的部分，以原 ISO 14064-1:2006 的內容中，是分成範疇一、範疇二及範疇三等三類。其中範疇一是屬於直接排放，範疇二及範疇三是屬於間接排放。每個範疇內所包含的主要排放源可以參考圖 4.6 的內容。

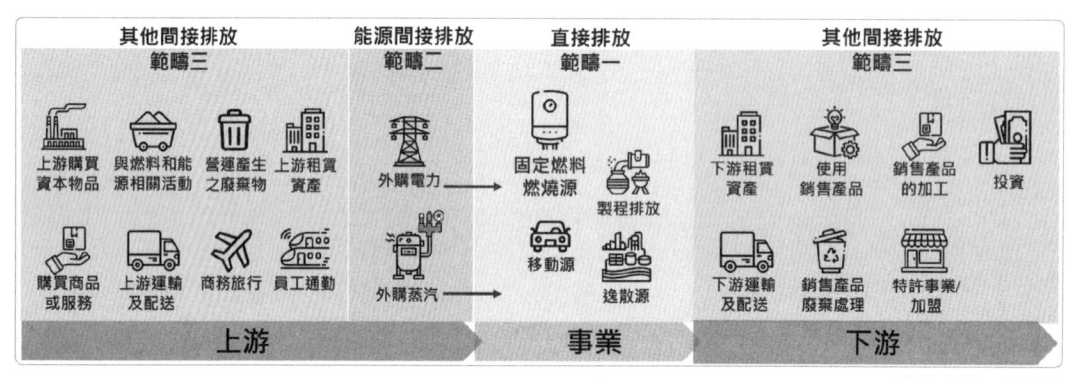

資料來源：環境部

△ 圖 4.6　ISO 14064-1:2006 版的報告邊界

從圖 4.6 中可以看出，**範疇一**直接排放主要為**固定燃料燃燒源**，**移動源**，**製程排放**、**逸散源**這四項（固、移、製、逸）為主。**範疇二**則是以能源為主，主要是**外購電力**及**外購蒸氣**的部分。至於**範疇三**就很廣泛，包括上下游及原料、差旅、通勤等其他間接排放項目。

對於企業或組織而，在報告邊界部分會以範疇一級範疇二為主要的盤查重點與範圍，至於範疇三由於內容較為廣泛，就看企業或組織是否有能力可以完成盤查。

前面是屬於先前的報告邊界內容，也是目前國內多數可以聽到的定義，但在 ISO 14064-1:2018 中，將報告邊界做了變更，更改成類別（Category）一到六，如圖 4.7。大類還是分成**直接**與**間接**，類別從原來的範疇一到三，改成類別一到六，在類別一（C1）還是對應到範疇一，類別二（C2）也還是對應到範疇二，而原有的範疇三則細分成類別三到六，分別是類別三（C3）運輸、類別四（C4）組織使用產品、類別五（C5）使用組織產品、類別六（C6）其他來源。

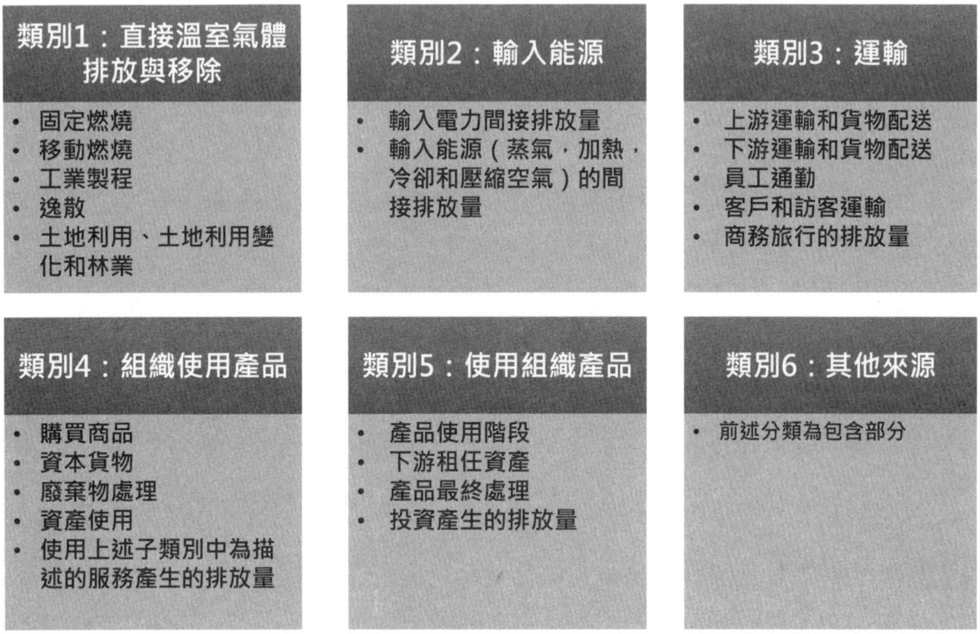

類別1：直接溫室氣體排放與移除
- 固定燃燒
- 移動燃燒
- 工業製程
- 逸散
- 土地利用、土地利用變化和林業

類別2：輸入能源
- 輸入電力間接排放量
- 輸入能源（蒸氣、加熱、冷卻和壓縮空氣）的間接排放量

類別3：運輸
- 上游運輸和貨物配送
- 下游運輸和貨物配送
- 員工通勤
- 客戶和訪客運輸
- 商務旅行的排放量

類別4：組織使用產品
- 購買商品
- 資本貨物
- 廢棄物處理
- 資產使用
- 使用上述子類別中為描述的服務產生的排放量

類別5：使用組織產品
- 產品使用階段
- 下游租任資產
- 產品最終處理
- 投資產生的排放量

類別6：其他來源
- 前述分類為包含部分

↑ 圖 4.7　ISO 14064-1:2018 版的報告邊界

在每個類別中的細項，可以從圖 4.7 中看出。在類別一中，除了原有的固、移、製、逸外，還包括土替利用即利用變化等內容。類別二的部分沒有太大的差別，而類別三是針對運輸的部分，包括上、下游運輸配送、員工通勤、訪客運輸、商務旅行等地排放都列入在其中。類別四可以看作是上游供應商相關的部分，包括所購買的商品、資產使用、資本貨物、廢棄物處理等都歸屬在此類別。至於類別五，就是下游相關的部分，包含產品使用階段、下游租賃資產、產品最終處理，還有投資所產生的排放量就都屬於這類別。最後類別六就是前面都沒有涵蓋到的就都歸屬於此類別中。

由此可知，在新版的標準中，將整個報告邊界定義的更完整及更細緻。

- **決定基準年**

    基準年的選擇上,可以有以下這幾種方式:

    ✦ **固定基準年**:選擇某一年度或數年平均值。

    ✦ **滾動基準年**:隨著時間推移更新基準。

    ✦ **多年平均值**:針對排放波動較大的企業,藉由取得多個年度進行平均。

    一般來說,都還是會以**固定基準年**的方式為主。

    在選擇基準年後,就會列入到盤查報告中,作為與盤查當年度的比較,以了解之間的差異,可做為日後改善的方向。但在某些情況下,會需要調整原先設定的基準年,這是可被允許的,但還是要在報告書中充分揭露相關的內容,包含變更的原因、變更的方式、採用的基準年為何等。

    當之後盤查時,發生下列條件變更的狀況,造成溫室氣體排放量顯著改變超過**顯著性門檻 3%** 時,則必須重新設定基準年:

    1. 報告邊界或組織邊界發生改變(如合併、併購、撤資)。
    2. 當排放源的所有權或控制權發生轉移時。
    3. 當溫室氣體量化方法(排放係數等)、不確定性改變時。

- **排放源識別**

    在邊界設定完成後,就會知道這次要盤查的實體範圍與報告範圍,接著就在這範圍內進行排放源的識別,識別出要盤查的排放項目。首先是要先確認盤查的對象,也就是溫室氣體的種類。在目前的規範中,是針對七種氣體(五大氣體及兩大類)要進行盤查,分別是二氧化碳(CO_2)、甲烷(CH_4)、氧化亞氮(N_2O)、三氟化氮(NF_3)、六氟化硫(SF_6)、氟氫碳化物(HFCs)、全氟碳化物(PFCs),圖 4.8 列出該七大氣體及相關的來源。

種類	溫室氣體來源
CO_2 二氧化碳	燃燒固體廢棄物、石化燃料、生質燃料、水泥製程（石灰石）、二氧化碳滅火器、土地利用變更
CH_4 甲烷	燃燒固體廢棄物、石化燃料、生質燃料、化糞池、儲煤場逸散、水稻種植、廢棄物掩埋分解
N_2O 氧化亞氮	燃燒固體廢棄物、石化燃料、生質燃料、化學肥料製成、廢水脫硝反應
NF_3 三氟化氮	半導體與光電製程用氣體
SF_6 六氟化硫	半導體與光電製程用氣體、高壓電力設備開關（GCB/GIS）
HFCs 氟氫碳化物	冷凍冷氣設備冷媒、半導體與光電製程用氣體、滅火器
PFCs 全氟碳化物	半導體與光電製程用氣體

∧ 圖 4.8 溫室氣體種類與來源

企業或組織應鑑別報告邊界所涵蓋的所有相關溫室氣體排放來源（源），並納入所有相關的溫室氣體。在盤查的溫室氣體排放量，應加總至組織層級以下各類別之中，各類別分別為：

類別 1：直接溫室氣體排放量予以儲量

類別 2：來自輸入能源的間接溫室氣體排放

類別 3：來自運輸的間接溫室氣體排放

類別 4：來自組織使用產品的間接溫室氣體排放（上游）

類別 5：來自使用組織產品有關的間接溫室氣體排放（下游）

類別 6：來自其他來源的間接溫室氣體排放

若量化的溫室氣體有移除時，需鑑別對其溫室氣體移除量有所貢獻的溫室氣體移除內容（匯）。可排除對溫室氣體排放無相關性的溫室氣體的排放，應要鑑別報告涵蓋的類別與任何細分類所排除的溫室氣體源，並說明理由。在每個類別中，應區分非生物源排放、人為生物源排放、非人為生物源排放（可參考 ISO 14064-1 附錄 D 的內容）。

以下以環境部所提供的一個有核發的「管制編號」的案例來說明，如圖 4.9。此案例的盤查邊界是涵蓋「管制編號」的地理邊界，將事業可控制運作之所有排放源納入。依照目前國內法規盤查都僅要類別一（C1，直接）及類別二（C2，能源輸入），而類別三到六（C3~6）則依照重大性評估原則決定哪些要納入，這部分由企業自行設計輔助表單建立原則，檢視對於企業來說哪些是屬於重大的間接溫室氣體

排放需要納入盤查,舉例來說,最簡單就是排放量的多寡、或是利害關係人更關注什麼項目、或是資訊是否能完整取得⋯等等。

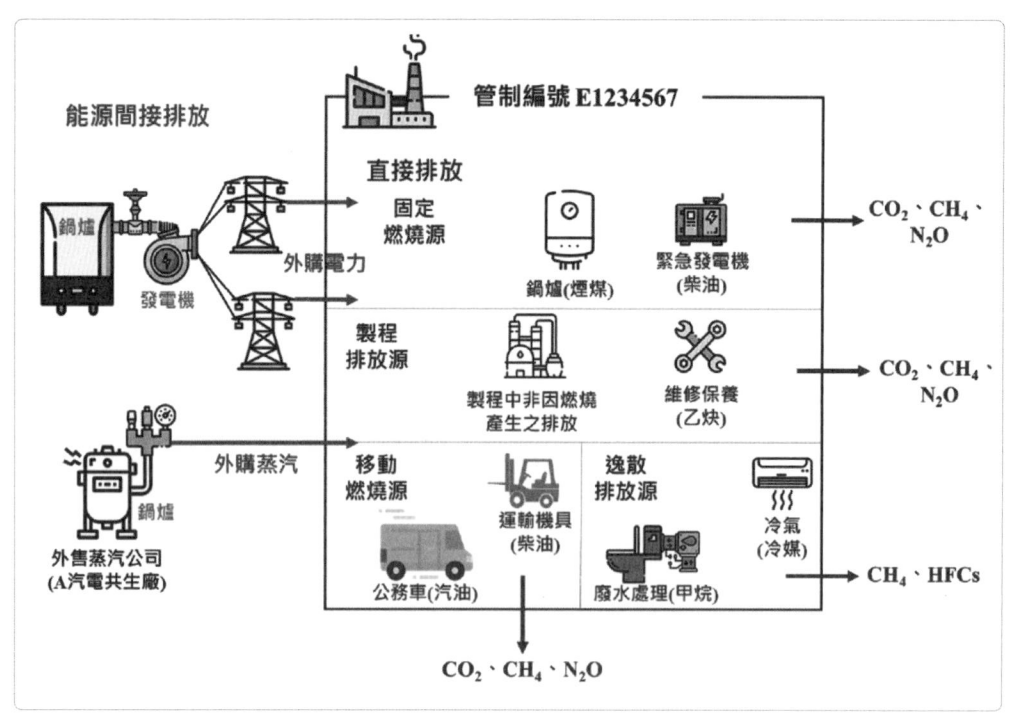

▲ 圖 4.9 具有管制編號案例

資料來源:環境部

在這張圖的案例中,主要描述的排放源鑑別是 C1、C2 兩部分,在方框內的基本上都是直接排放,因此要鑑別該活動應歸類到哪個類別中,及排放什麼溫室氣體。而方框外的就是屬於外購的部分,在此例中主要是看能源的排放。透過圖中的內容,就可知排放源鑑別就是在呈現這樣的內容。

依照標準,組織應建立並文件化其報告範圍,包括鑑別與組織營運相關的直接和間接溫室氣體之排放和移除,分成下列三項說明:

+ **直接溫室氣體排放(direct GHG emission)**:來自組織所擁有或控制的溫室氣體源之溫室氣體排放。

+ **間接溫室氣體排放(indirect GHG emission)**:由組織織營運與活動產生的溫室氣體排放,惟該排放係來自非屬組織所擁有或控制的溫室氣體源。

+ **顯著間接溫室氣體排放(significant indirect GHG emission)**:組織所量化並報告的間接溫室氣體排放量,符合組織設定的顯著準則。

ISO 14064-1 與溫室氣體盤查架構

針對顯著間接溫室氣體排放應用一種**評估方法**，來決定哪些間接排放要納入溫室氣體盤查清冊中，並予以文件化。在考量溫室氣體盤查清冊的預期用途，需界定與說明間接排放**重大性**準則。並應量化與報告此重大排放，如有排除重大間接排放時，應提出合理的說明。當無論報告的預期用途為何，皆不宜使用準則來排除大量間接排放的項目或是規避守規的義務。針對評估**重大性**的準則可以包括從排放級或體積、對源及匯的影響程度、資訊取得及相關數據的準確性來建立相關的準則，也可使用風險評估或其他程序來評估。這部分在標準的附錄 H 中也提供了相當的指引（圖 4.10），可以參考使用，企業或組織可以依照自身的評估條件來建立評估標準。最後，重大性評估準則是可定期修改，惟修改後要保存有關修正之文件化資訊。

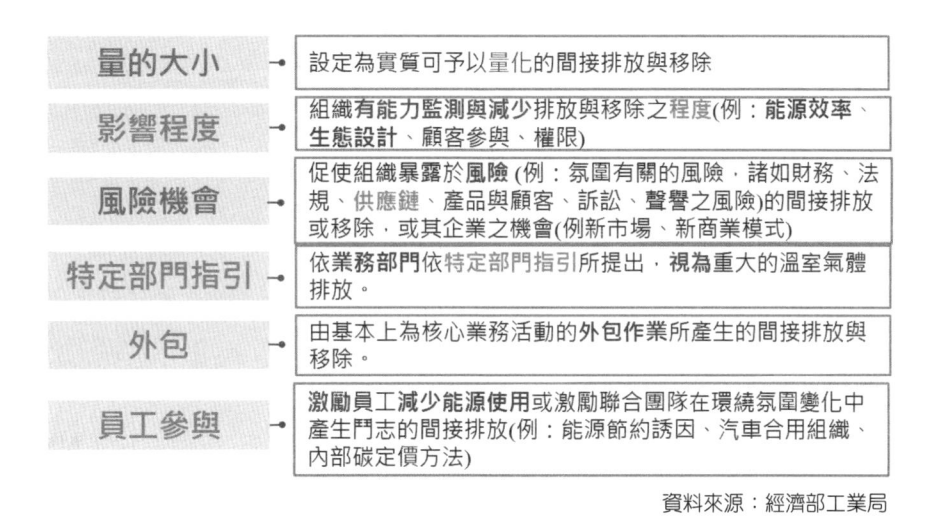

量的大小	設定為實質可予以量化的間接排放與移除
影響程度	組織有能力監測與減少排放與移除之程度(例：**能源效率**、**生態設計、顧客參與、權限**)
風險機會	促使組織暴露於**風險**(例：氛圍有關的風險，諸如財務、法規、供應鏈、產品與顧客、訴訟、**聲譽之風險**)的間接排放或移除，或其企業之機會(例新市場、新商業模式)
特定部門指引	依業**務部門**依特定部門指引所提出，視為重大的溫室氣體排放。
外包	由基本上為核心業務活動的**外包**作業所產生的間接排放與移除。
員工參與	激勵員工**減少能源使用**或激勵聯合團隊在環繞氛圍變化中產生鬥志的間接排放(例：能源節約誘因、汽車合用組織、內部碳定價方法)

資料來源：經濟部工業局

△ 圖 4.10 評估間接排放種大性之準則參考

- **排放量計算**

  在排放量的計算上主要有兩個活動項目要進行，分別是**收集活動數據**及**選用排放係數**。

- 在收集活動數據上，由於先前已經把相關排放源都鑑別完後，知道哪些需要被列入，那些可以不用列入，就針對需要被列入的活動項目進行活動數據的收集。收集方式上可以分為兩種，分別為：

  ✦ **集中式**：個別單位蒐集數據，由總公司彙整計算排放量。

  ✦ **分散式**：個別單位蒐集及計算排放量、向總公司報告數據。

另針對常見的活動數據來源整理成下表,分成直接與間接兩大範疇,在依照不同的排放形式,呈現主要的數據來源,透過這些來源來彙整相關活動數據,並也要確保相關數據的品質與正確性。

範疇	排放形式	活動數據來源
直接排放	固定燃料燃燒源	量測原(燃)物料及產品使用量 原(燃)物料及產品之採購單、進貨單、費用收據或庫存統計
	製程排放源	原物料或產品之採購單、進貨單、費用收據、庫存統計以及廢棄與廢棄物之分析量測數據等
	移動排放源	車輛總行駛里程數、燃料消耗量、採購紀錄(加油單據)等
	逸散排放源	採購紀錄、填充量、更換紀錄、廢棄物總量及生質燃料比例
間接排放	外購電力	電費單、電表紀錄、再生能源憑證
	外購蒸汽	繳費單、流量計紀表

資料來源:環境部

▲ 圖 4.11　常見的活動數據來源

在選用排放係數上,可依據該活動項目選用適當的排放係數。在使用選用係數上會從精確度高的優先選用直到低精確度項目,如圖 4.12 所呈現。這部分選用的結果也會影響到後續計算的結果,所以要謹慎選用。

- 量測/質能平衡所得係數
- 同製程/設備經驗係數
- 製造廠提供係數
- 區域排放係數
- 國家排放係數
- 國際排放係數等

高精確度
↓
低精確度

▲ 圖 4.12　排放係數依精確度排序

當企業或組織完成排放源鑑別、活動數據的蒐集及排放係數的決定之後,就可計算溫室氣體排放量,並且將先前所介紹不同種類的溫室氣體數量轉換成「**噸二氧化碳當量**」。目前在量化計算上有三種方式可以使用:

✦ **直接監測法**

　　直接監測排氣濃度和流率來量測溫室氣體排放量。此方法比較少見。

✦ **質量平衡法**

依照製程中物質質量及能量之進出、產生及消耗、轉換之平衡來計算。在某些製程排放可用質量平衡法。

✦ **排放係數法**

這是目前最常使用的計算方式。利用原料、物料、燃料之使用量或產品產量等數值乘上特定之排放係數所得排放量之方法。

由於**排放係數法**是目前使用的計算方式，因此在此介紹此方法的計算。排放係數法的計算，如圖 4.13，就是針對每個活動項所收集到的活動數據乘上該活動的排放係數，在乘上 GWP 值，轉換成相同質量二氧化碳，以共同單位來進行後續加總計算。

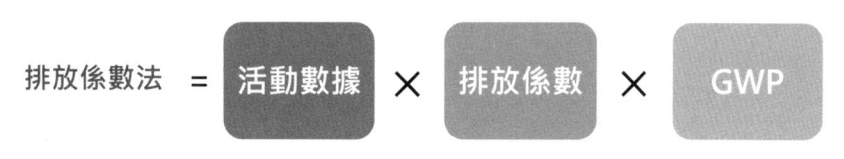

排放係數法 = 活動數據 × 排放係數 × GWP

△ 圖 4.13　排放係數法計算公式

在最後的彙總計算的部分，就可依照各類別分別加總計算，要注意不要重複計算，並且也要進行相關數據品質的確認與鑑定。透過這計算的結果就可以了解整個企業或組織在類別一到類別六各自的排放狀況，也為後續的減量奠下基礎。

計算的方式及係數的選用也可以參考後面第五章碳足跡盤查架構的內容，兩者的觀念與操作方式基本上是相互適用的。

● **建立盤查清冊**

在盤查清冊的部分，主要是要透過先前的內容來建立一個記錄公司或組織溫室氣體排放量和移除量的清單，清單中記錄每個活動項目的相關數據，以便追蹤和管理公司的碳排放量。內容有溫室氣體源與溫室氣體匯，及其量化的溫室氣體排放與溫室氣體移除之列表。在這份清冊中，也應包含基準年設定、盤查範圍、排放源、計算方法、數據來源等資訊，並且建議應保存至少六年，以供內部參考和外部查證使用。透過盤查清冊的建立，企業或組織可以更清楚地了解自身的碳排放的狀況，在後續，進而訂定有效的減排策略。

查證與溝通階段階段

- **盤查報告製作**

  依據先前所盤查結果與數據，進行相關報告書的製作。在報告內應當要包含組織及報告邊界、生物源排放量（公噸二氧化碳當量）、不確定性等內容。

- **內部稽核**

  公司內部針對查驗完的結果進行內部審查，完成審查報告。建立品質管理系統，定期審查數據完整性與準確性。確保排放源識別與量化方法的一致性。

- **第三者查證**

  經由第三方驗證機構，針對所完成的查證結果進行審查，確認相關的數據與文件話內容確保符合 ISO 14064-3 或 GHG Protocol 標準，即可出具相關查驗正聲明書。

  以上就是有關企業在執行溫室氣體盤查的基本架構內容。企業在執行完溫室氣體盤查，仍要持續監測與改善。

- **監測系統**
  - 建立即時監測系統，追蹤關鍵排放源。
  - 可使用物聯網（IoT）技術提升數據準確度。
  - 定期盤查與進行內部稽核。

- **改善計劃**
  - 制定減碳路徑圖，包含能源效率提升、再生能源採購及碳補償。
  - 設定短期與長期減排目標。
  - 引進碳捕捉與封存技術（CCS）及碳移除技術（CDR）來減少碳排放量。

  透過完整的架構規劃，企業能有效掌握碳排放現況，降低營運風險，並藉由盤查的結果，逐步進行改善或降低排放，以邁向淨零排放目標。

練習題

1. (　) 企業執行溫室氣體盤查時，在盤查邊界的設定可以分成組織邊界與下列何種？
   (A) 主要邊界
   (B) 相關邊界
   (C) 報告邊界
   (D) 人定邊界

2. (　) 盤查上相關的數據類型可分成哪三種類型？
   (A) 初級數據、場域數據、次級數據
   (B) 初級數據、場址特定數據、次級數據
   (C) 計算數據、特定數據、得到數據
   (D) 計算數據、場址特定數據、大數據

3. (　) 紀錄並報告所有相關的溫室氣體排放與移除量。邊界內，若有排除之項目應具合理理由是下列哪種原則？
   (A) 準確性
   (B) 一致性
   (C) 完整性（Completeness）
   (D) 相關性

4. (　) 下列何種階段主要就是針對要盤查的範圍進行排放源的識別與確認，並收集相關的活動數據進行計算，產生排放清冊？
   (A) 規劃階段
   (B) 執行階段
   (C) 啟動階段
   (D) 報告階段

5. (　) 充分揭露適當的溫室氣體相關資訊，使預期使用者做出合理可信之決策。適度註明引用之會計與計算方法出處是下列何種原則描述？
   (A) 準確性
   (B) 一致性
   (C) 完整性
   (D) 透明度（Transparency）

05

ISO 14067 與碳足跡盤查架構

- 了解 ISO 14067 基本概念與架構
- 生命週期評估與第三類產品環境宣告的認識
- 了解碳足跡盤查流程中相關的活動內容
- 了解碳足跡計算的方式與算法
- 了解碳足跡中數據品質管理的做法
- 了解國內碳標籤意涵與內容

　　在企業碳管理能力的碳揭露階段中,企業透過組織與產品兩個面向著手。從這章開始,將深入討論企業如何計算特定產品或服務的碳足跡。儘管目前國內對於產品碳足跡的揭露並非強制性要求,但隨著越來越多國家實施進出口產品的碳價稅和相關法規,如 CBAM 等,這除了對外出口廠商的產品需提報產品碳足跡的資訊外,也會影響甚至擴及到其供應鏈的部分,造成也得加入盤查的行列。另外,國內環境部未來也將強制要求特定產品,申請碳足跡標籤以提供產品碳足跡之資訊。因此,產品碳足跡也將是各企業與廠商未來所要面對的課題。

　　不論企業是自願性或是強制性的揭露產品碳足跡,目前都依循國際 ISO 14067 產品碳足跡的準則、規範、要求和指引。ISO 組織於 2018 年 8 月發布 ISO 14067:2018 產品碳足跡國際標準,取代了原先 ISO/TS 14067:2013 的技術規範,最關鍵的改變是為了強化對外溝通及加重量化,並納入多個標準架構流程。因此本書將以 ISO 14067:2018 產品碳足跡要求與指引做為參考標準,來說明揭露項目、盤查流程、碳足跡計算原則與最終碳足跡研究報告。

5.1 ISO 14067: 2018 產品碳足跡量化要求與指引相關內容

　　ISO 14067:2018 產品碳足跡量要求與指引，包含 8 個章節，5 個附錄。前四章說明產品碳足跡標準之目的、範圍、定義與專有名詞，第五章開始為計算上的要求與原則，但請注意，ISO 14067:2018 產品碳足跡量要求與指引中，並沒有提供計算的指引，因此本書將於碳足跡計算之章節另行說明。在標準的附錄 A 到 C 為強制性（normative）的內容，必須遵循，否則碳足跡計算結果可能不符合 ISO 14067:2018 的要求；附錄 D 與 E 提供回收再利用處理之可能程序以及農林產品溫室氣體排放與移除之量化指引，此為非強制性（informative）附加提供參考之內容。整個章節項目可參考圖 5.1 所示。

```
1. 適用範圍                      7. 報告
2. 引用標準                         7.1 溫室氣體數值
3. 用語、定義及縮寫                7.2 必要資訊
4. 應用                             7.3 選擇揭露
5. 原則                          8. 關鍵性審查
6. 量化方法                      附錄A. 產品碳足跡之限制
    6.1 一般                      附錄B. 不同產品的碳足跡之比較
    6.2 PCR產品類別規則之使用      附錄C. 產品碳足跡之系統化方法
    6.3 目標與範疇界定            附錄D. 產品碳足跡研究中回收再利用處理之可能程序
    6.4 生命週期盤查分析          附錄E. 關於農林產品溫室氣體排放與移除之量化指引
    6.5 生命週期衝擊評估
    6.6 碳足跡結果闡釋
```

參考來源：CNS 溫室氣體 - 產品碳足跡 - 量化之要求事項與指導綱要

▲ 圖 5.1　ISO 14067:2018 章節項目

　　ISO 14067:2018 的關鍵改變為連結多個標準架構流程，以加強對外溝通和加重量化（如圖 5.2），以下說明標準相關之關聯性：

- 產品碳足跡對外溝通準則、要求、指引已納入 ISO 14026、ISO14044

- 碳足跡查證過程準則、要求、指引已納入 ISO 14064-3

- 產品類別規則制定準則、要求、指引已納入 ISO/TS 14027

- 為便於闡釋，名詞定義修改與 ISO 14040 系列一致

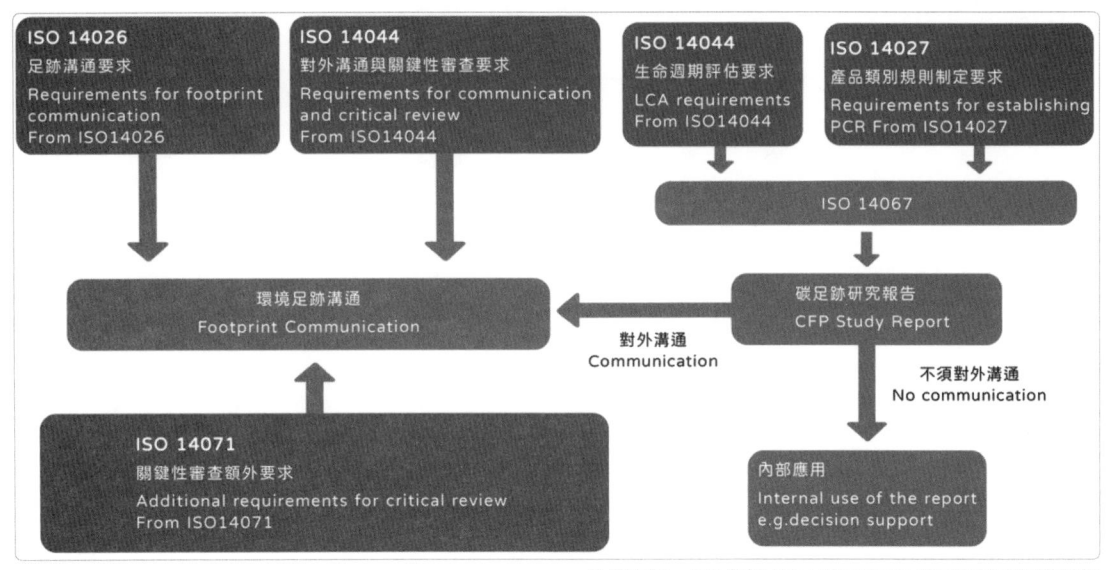

ISO 14067 與碳足跡盤查架構

圖 5.2　ISO 14067:2018 與其他國際標準之相關性 [1]

參考來源：BSI 新版 ISO14067:2018 碳足跡國際標準解析

考量環境衝擊的項目很多，不僅在碳足跡的議題上，為整併現有碎片化的各項議題標準，ISO 14067:2018 除強化量化相關內容之外，也納入其他標準架構流程，因此企業未來在參考 ISO 14067 時，須同步參考其他相關標準指引，以達報告之周全與一致性。

5.1.1 生命週期評估 LCA

生命週期評估（Life-cycle assessment, LCA）是透過計算一項產品或服務，從原物料採集、生產、配銷、使用到廢棄處置的完整生命週期中，評估各階段的投入與產出對環境造成的衝擊，衝擊指的是所有負面影響，舉凡對生態或環境破壞或能資源過度耗用等不同面向。如圖 5.3，產品的生命週期會用五個階段來看待，完整生命週期五階段中，從原料階段一直至廢棄處理階段，是屬於 B2C 的商業模式，在這其中包含了製造，產品的使用甚至到最後產品的最終處理（如焚化、回收等），在產品碳足跡中，稱之為搖籃到墳墓（Cradle-to-Grave）；而若僅有包含原料階段至製造階段這兩個階段的生命週期，就屬於 B2B 的商業模式，也稱為搖籃到大門（Cradle-to-Gate）。而如果企業所提供的是服務而非實際的產品，其完整生命週期僅會歷經**原料、服務、廢棄處理**三個階段，在此就沒有賦予其他特殊名稱。

1　參考來源：BSI 新版 ISO14067:2018 碳足跡國際標準解析 (https://www.bsigroup.com/LocalFiles/zh-tw/e-news/no177/iso-14067-2018-carbon-footprint-ivan-cheng.pdf)

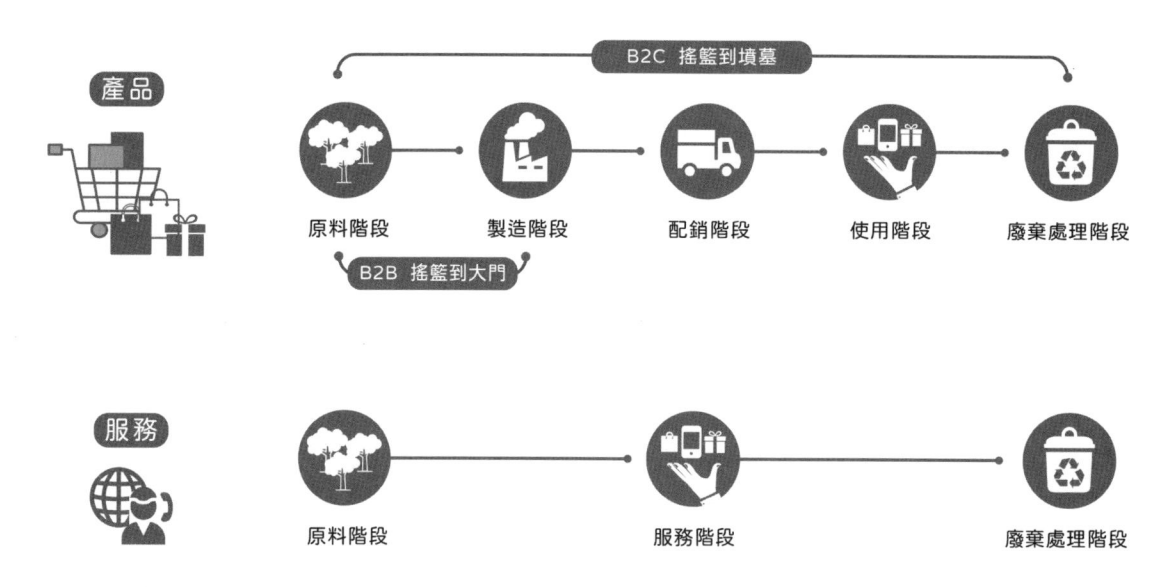

▲ 圖 5.3　產品與服務的完整生命週期

　　ISO 14067 產品碳足跡盤查的生命週期評估係根據 ISO 14040 與 ISO 14044 環境管理生命週期評估之原則與綱要架構的定義，從原物料取得至廢棄處理，在整個週期中的能源使用、資源耗用、污染排放等，以評估對於"氣候變遷"單一項環境指標的衝擊程度，並反覆確認達評估一致性（圖 5.4）。因此在參照 ISO 14067 時，可同步參考 ISO 14040 與 ISO 14044 生命週期評估要求指引。

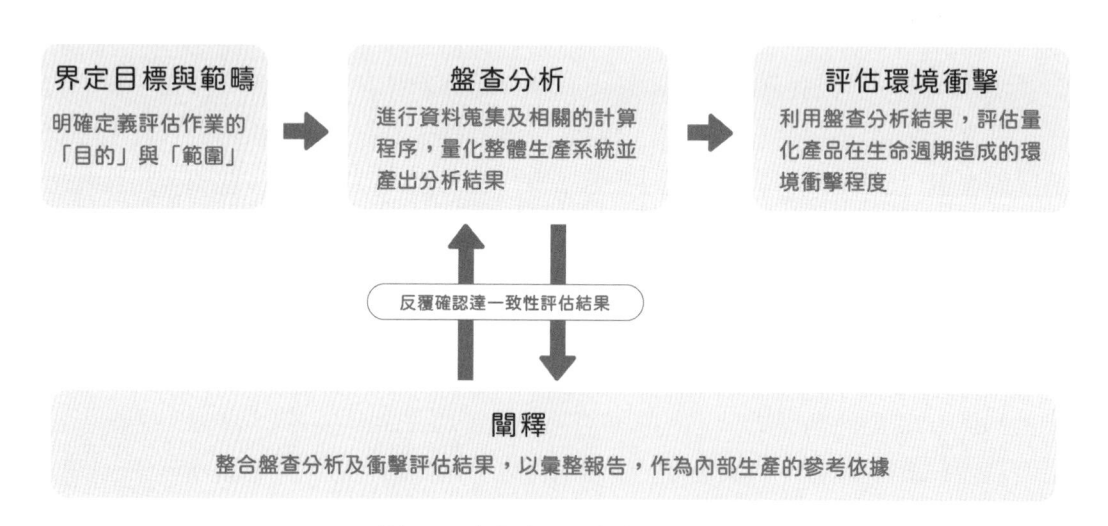

▲ 圖 5.4　產品碳足跡的生命週期評估

5.1.2 第三類產品環境宣告與產品類別規則

產品環境足跡（Product Environmental Footprint, PEF）[2] 是歐盟提出的專有名詞，其定義是與 ISO 14040:2006 生命週期評估（LCA）的原理一致，考量了生命週期的五個階段（**原料、製造、運輸、使用、棄置/回收**）。環境足跡與碳足跡不同的是，環境足跡不只衡量產品在整個生命週期中直接/間接造成的溫室氣體排放量對於氣候變遷單一項環境衝擊指標，而是包括多個環境衝擊指標，如水資源耗竭、土地使用、臭氧層破壞、生物多樣性等。

第三類產品環境宣告（Environmental Product Declarations, EPD）[3] 則是基於生命週期評估（LCA）的環境標籤，是 ISO 14025:2006 國際標準，旨在促進各國的環境標籤達成一致化。產品的環境足跡是第三類產品環境宣告的一個重要組成部分，可以幫助消費者了解產品的整個生命週期對環境的影響，並選擇對環境友好的產品。

產品類別規則（Product Category Rules, PCR），是包含特定產品類別的 EPD 所需的規則、要求和指南。PCR 是 EPD 的基礎，確保同一產品類別中進行 LCA 時，依據 PCR 作為系統邊界[4]，以獲得環境足跡數據達成形式上一致的評估和比較。舉例來說：當有鞋墊跟鮮牛乳兩項產品要進行環境足跡（包含碳足跡）比較時，因為兩項產品並非同一產品類別，因此為使計算出的數據能達到公平的比較，應該要予以不同的標準來衡量。圖 5.5 可以從生命週期圖看出，兩者的完整生命週期過程中，應考慮的系統邊界是不同的。

---

2 參考來源：經濟部產業發展署 - 產品環境足跡 (https://www.idbcfp.org.tw/ViewData.aspx?nnid=241)

3 參考來源：產品綠色驗證檢索平台 - EPD 第三類產品環境宣告 (https://cogp.greentrade.org.tw/ 驗證一覽/121)

4 系統邊界：進行產品環境足跡/碳足跡評估時所選擇的範疇和界定，可以包括產品的整個生命週期五個階段，也可以只包括其中的一部分。

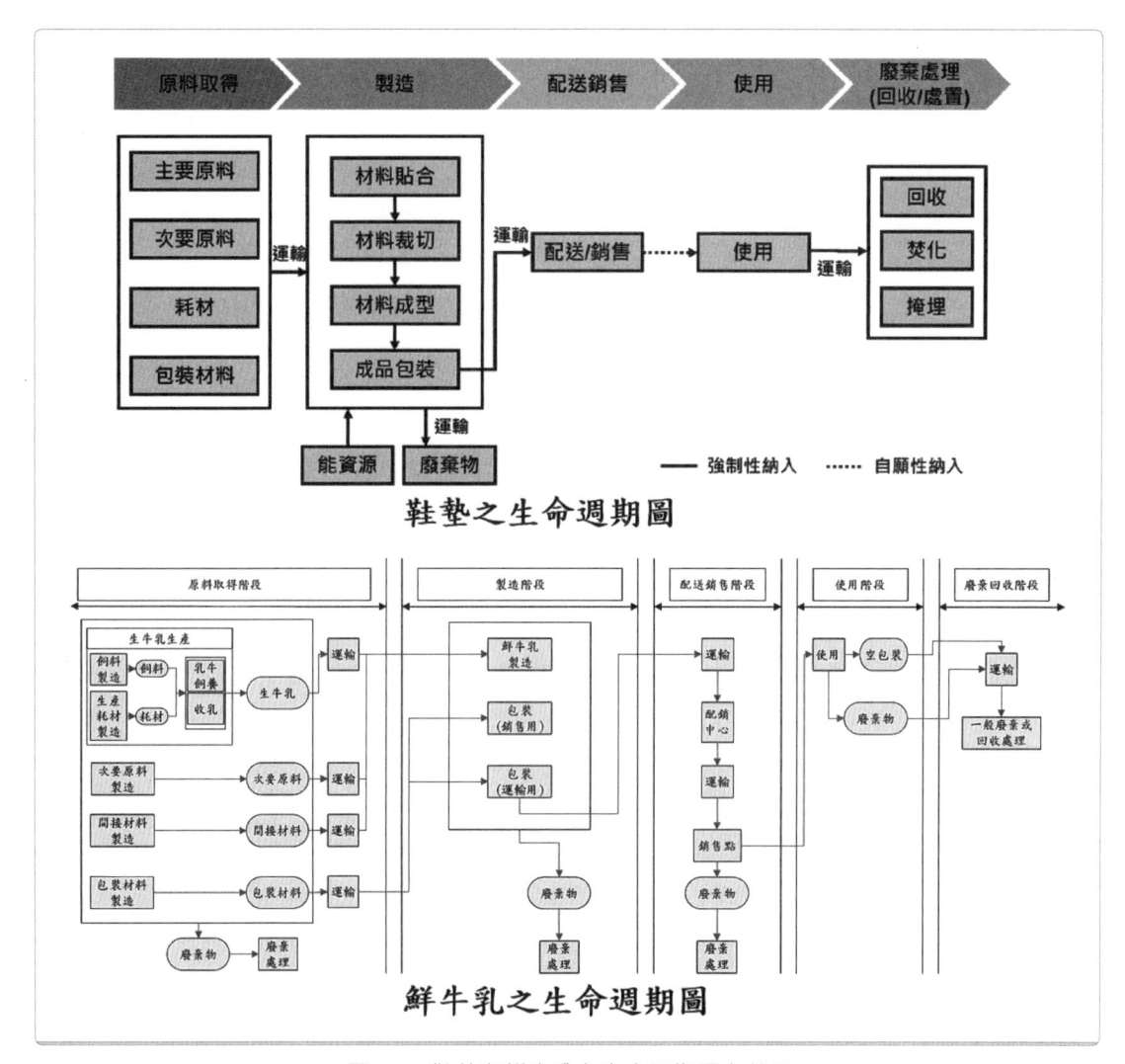

▲ 圖 5.5　鞋墊與鮮牛乳之生命週期圖之差異

　　不同種類的產品都有各自的產品類別規則，在規則內用以界定各產品之盤查範疇，說明哪些盤查項目屬於強致性納入，哪些屬於選擇性納入，產品功能單位及一些準則和規定，如截斷準則、分配規則等。因此，在產品類別規則 PCR 使用規範上，若有相關的 PCR 或特定用於碳足跡評估的標準文件 CFP-PCR 時，在盤查時就應採用，並在盤查最後產出的研究報告中要提供說明。

　　在國內，主要的 PCR 可以到環境部所提供的「產品碳足跡資訊網」中查找，但因為也沒有包含全部所有的商品類型，所以找不到的部分，可以利用國外提供的來參考，以下列舉 PCR 主要可以參考的來源：

- **環境部所提供的產品碳足跡資訊網**

  https://cfp-calculate.tw/

  ∧ 圖 5.6　產品碳足跡資訊網網站

- **國際 EPD 資料庫**

  https://www.environdec.com/pcr-library

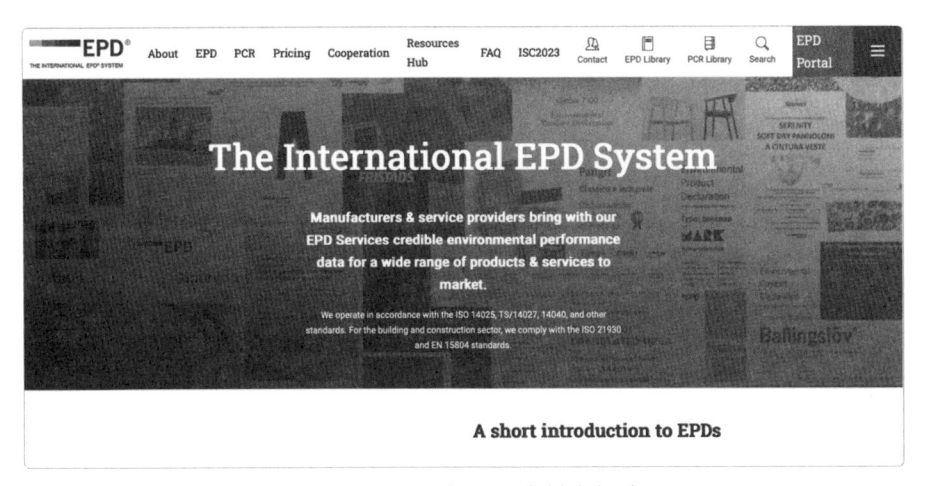

  ∧ 圖 5.7　國際 EPD 資料庫網站

　　由於目前 PCR 沒有全球共通，國內企業可參考的 PCR 可分為兩種：第一種是經濟部工業局提供的是國際間所使用的 EPD-PCR；第二種則是國內企業若要申請碳標籤，則會使用環境部提供的 CFP-PCR 為主。

若發生該產品無相關 CFP-PCR 可以參考時，則可參考其他為國際認可且與特定物料或產品類別相關之特定行業標準的要求事項與指引，但還是須符合 ISO 標準的要求事項且要由使用 ISO 標準的組織認定適當時，才予以使用。

在國內，PCR 的制定可以由個人、企業或是其他組織等來申請制定。根據環境部的相關規定，若要申請 PCR 制定相關的流程可參考「產品碳足跡資訊網」中「碳足跡標籤」頁面內的相關說明，依據該網站資訊，整體流程如圖 5.8 所示。

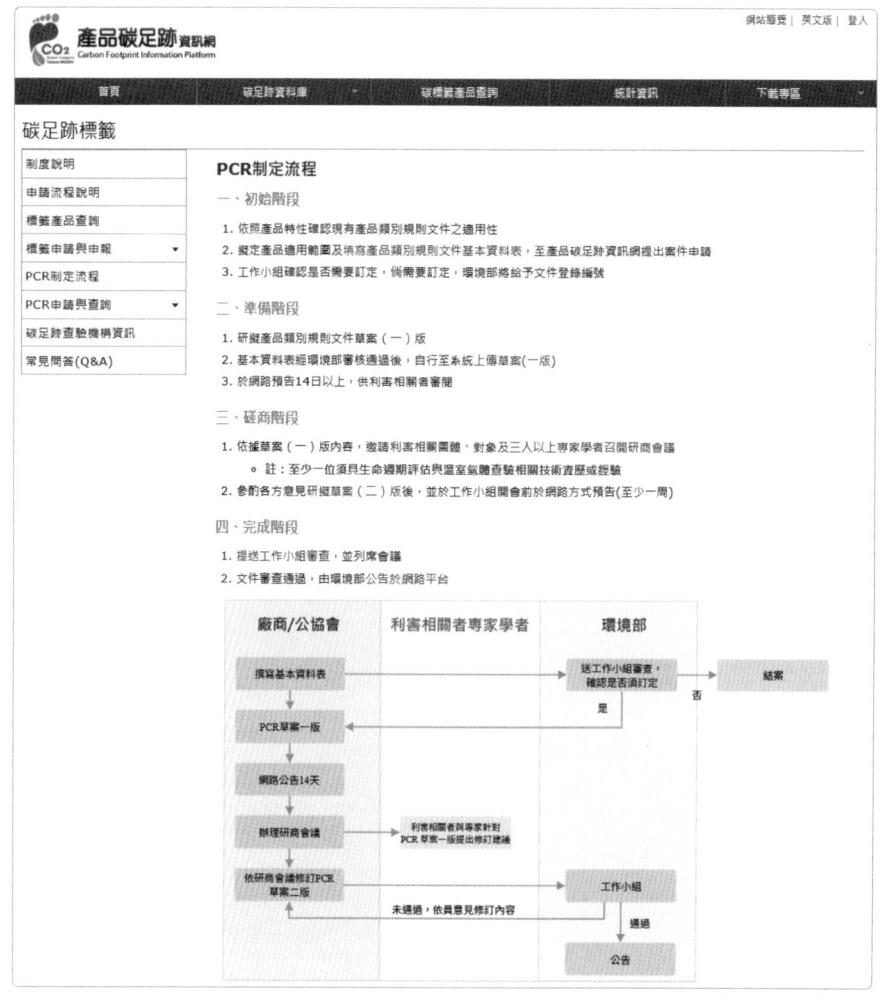

資料來源：環境部，產品碳足跡資訊網

圖 5.8　PCR 申請流程

PCR 制定主要分成四個階段，以下針對制定流程各階段簡單說明相關內容：

一、初始階段

- 對於現有產品類別規則文件之適用性進行確認。
- 填寫產品類別規則文件基本資料表，提出申請。
- 工作小組會進行確認，看是否需要訂定，確認要訂定，環境部會給予登錄編號來管理。

二、準備階段

- 擬定產品類別規則文件草案（一版），並於系統上傳該版本。
- 將會於於網路上預告 14 日以上，供審閱。

三、磋商階段

- 依據上傳的草案內容，邀請專家學者等專業人員召開協商會議。
- 根據各意見修正成草案（二版）後，於工作小組開會前以網路方式進時間預計為一週的預告。

四、完成階段

- 送工作小組審查，並參與會議。
- 文件審查通過後，由環境部公告於平台上就完成制定流程。
- 整體詳細階段內的項目，可參考該網站的說明[5]。

---

5 參考來源：PCR 制定流程 (https://cfp-calculate.tw/cfpc/Carbon/WebPage/PCRProcess.aspx)

🌐 5.1.3 ISO 14067:2018 新增名詞

ISO 14067:2018 於名詞定義上，相較 ISO 14067:2013 增加了一些名詞項目，同時也提供各名詞更具體的解釋，相關摘要如下：

- **產品碳足跡系統化方法（carbon footprint of a product systematic approach）**：CFP 系統化方式（CFP systematic approach）訂定一套程序，以促進同一組織的兩個或多個產品進行 CFP 量化。

- **全球溫度變化潛勢（Global temperature change potential, GTP）**：以量測溫室氣體排放在選定的時間點，相較於\其全球平均表面溫度的變化。除了參考在前面章節中所提到的全球暖化潛勢（GWP）外，亦可評估 GTP 的影響因子。

- **聯產品（co-product）**：該產品是任何來自同一單元過程或產品系統中的 2 個或 2 個以上的產品。

- **宣告單位（Declared unit）**：用來量化**部分碳足跡（partial CFP）**[6] 所用的參考單位之產品數量。

- **衝擊類別（impact category）**：表示所關切環境議題的種類，生命週期盤查分析之結果可依此歸類。（來自於 ISO 14040）

- **關注區域（Area of concern）**：對於社會所感興趣的自然環境、人體健康或能資源面向。

- **產品碳足跡之績效追蹤（carbon footprint of a product performance tracking）、CFP 績效追蹤（CFP performance tracking）**：針對在同一組織內的某一特定產品隨時間變化的產品碳足跡或部分產品碳足跡。

---

6 部分碳足跡（Partial CFP）：指產品系統中一個或多個選定過程的碳足跡，通常是指產品系統中的某個部分或子系統的碳足跡，也是生命週期中的特定階段或過程。

5.2 碳足跡實例

以下針對一個 WALKERS 洋芋片的範例（圖 5.9）來說明產品碳足跡。

參考資料：WALKERS 公司及商業週刊第 1149 期

△ 圖 5.9　WALKERS 洋芋片產品碳足跡

　　首先，在圖 5.10 的右邊顯示的是洋芋片的製程地圖，說明了洋芋片（60 克）從栽種馬鈴薯到製成洋芋片，包裝後配銷至消費者手中，消費者食用完畢後的廢棄物處理的流程，因為洋芋片是屬於 B2C 的產品，由廠商製造完成後銷售到終端消費者手上使用，因此也對應至先前所提到有關 B2C 產品的完整生命週期五階段，即搖籃到墳墓。

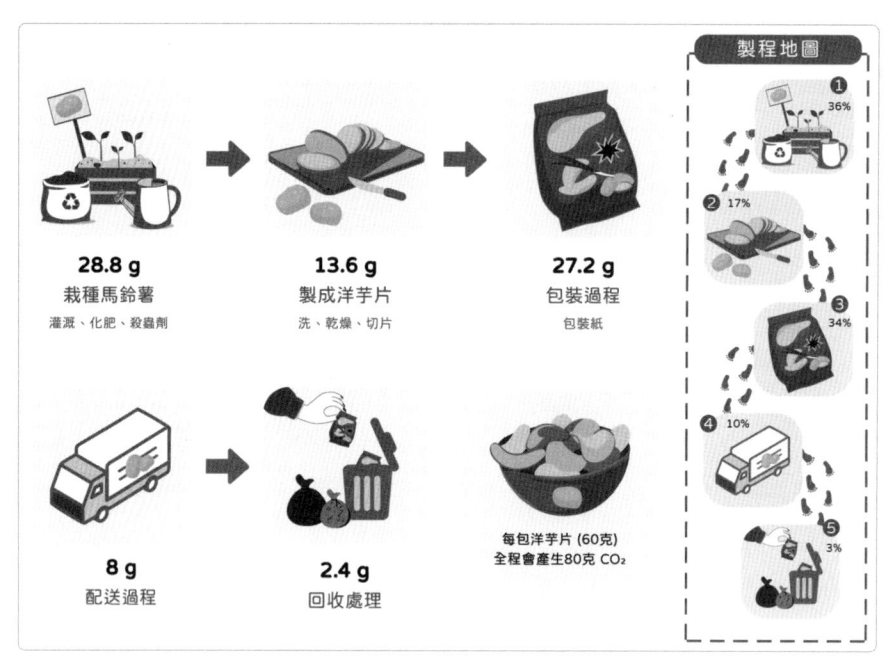

▲ 圖 5.10　WALKERS 洋芋片的製程地圖

　　從製程地圖中，可以將生命週期的各階段再解構成單元過程，也就是投入與產出的數據中可量化的最小單位，如圖 5.11。例如，在原料階段中的栽種馬鈴薯項目，需要（水）灌溉、化肥及殺蟲劑等單元活動項目。在製成洋芋片階段，就可以分成對馬鈴薯洗、乾燥、切片等單元過程。

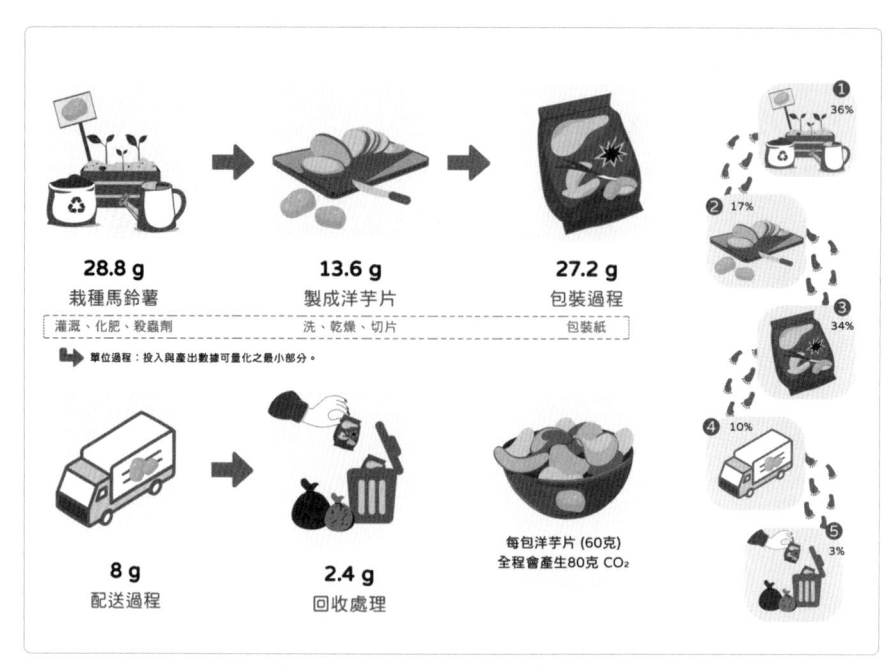

▲ 圖 5.11　WALKERS 洋芋片的單元過程

藉由可量化的單元過程，就可計算出生命週期各階段所產生的碳排放數據，最後在進行加總，把每個階段所計算的數據加總起來，加總後的結果就是這各產品的產品碳足跡量化結果。如圖 5.12，以洋芋片產品的功能或宣告單位[7]作為單位說明碳排放的總量，因此可以說，這一包 60 克的 WALKERS 洋芋片在完整的生命週期中會產生 80 克的 CO_2e。

▲ 圖 5.12　WALKERS 洋芋片（60 克）每包的碳排放

此外，透過產品生命週期中各階段計算出的碳足跡，可以看出碳排放量較高的階段，這些較高的階段就稱為**關鍵熱點**（hot spot）（圖 5.13），這些關鍵熱點在未來可成為企業優先減排的項目。以洋芋片這各例子來看，關鍵熱點是在栽種馬鈴薯階段與包裝過程階段這兩個是排碳量最多的階段，企業在未來的減碳上，就可以先針對這兩階段來調整，如栽種馬鈴薯時化肥的選擇上可以選擇更為低碳的化肥，或是栽種方式改變，選擇有機栽種的馬鈴薯之類的，這樣就可以讓這一階段的排碳量降低，最後在計算上，也會讓整體產品的碳排放也跟著降低，進而達到減碳效益。

7　功能單位 / 宣告單位：功能單位是可以量化產品功能並與不同產品比較碳足跡時所使用的單位，譬如燈泡的功能單位可以是 1,000 小時的照明；宣告單位通常是產品的實際物理量，例如，重量、體積或數量，因此燈泡的宣告單位可以是一顆。在 ISO 14067:2018 的版本中有更具體對於宣告單位的定義，詳見 3.1.4 ISO 14067:2018 新增名詞。

▲ 圖 5.13　WALKERS 洋芋片碳排放的關鍵熱點

5.3 碳足跡盤查架構

　　企業在執行產品碳足跡的計算和企業層級溫室氣體盤查（GHG Inventory）是基於不同的目的和範疇。產品碳足跡的計算則是採用了產品的生命週期觀點，這意味著它考慮了產品從生產開始到結束的整個過程中的碳排放對於氣候變遷此單一項指標的衝擊。

　　在一個產品的生命週期內（圖 5.14），可以分為五個主要階段：原料採購、生產製造、產品運輸、產品使用和廢棄物處理（包括回收）。每個階段都會產生碳排放，無論是透過資源採集、能源使用、運輸或產品使用階段。產品碳足跡計算就是針對這些階段，對相關的碳排放進行衡量與計算。最後，所有階段的計算結果會被加總，從而得出這個特定產品的碳足跡。

▲ 圖 5.14　產品生命週期

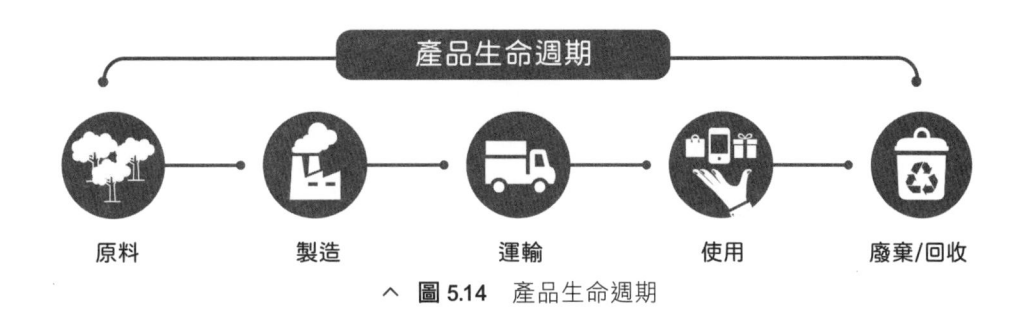

簡言之，產品的碳足跡反映了整個產品的生命週期中所有活動的碳排放。而這些活動涉及到與產品相關的各個環節和利益相關者，如供應鏈合作夥伴、消費者和政府機構等，因此，管理和減少產品的碳足跡不僅僅是單一企業或組織的責任，而是需要廣泛的協作和努力。

5.3.1　碳足跡盤查架構

企業或組織在執行產品碳足跡盤查時，通常可以分為三個階段進行，分別為**啟動、碳足跡計算、溝通或查證**。（圖 5.15）。

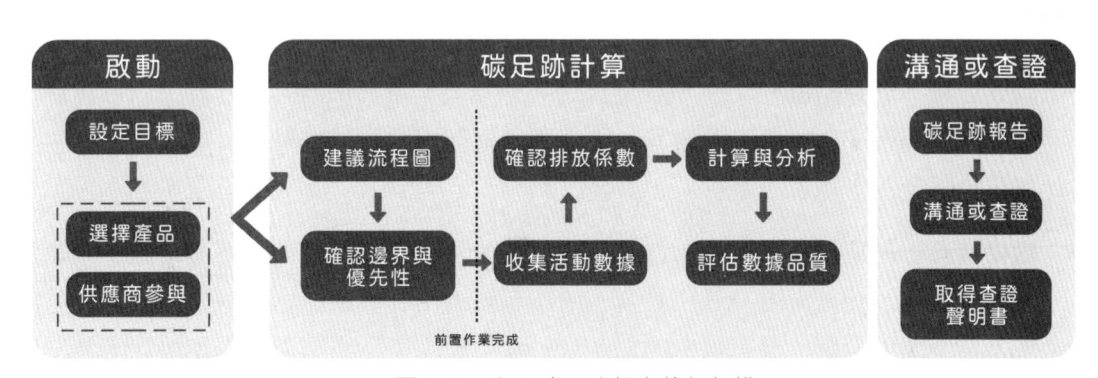

▲ 圖 5.15　產品碳足跡盤查執行架構

首先，在啟動階段，通常由產品製造商、企業或相關組織的高層管理層或主要決策者召開會議，因為在確定進行產品碳足跡評估之前，需要明確的盤查目標和計畫，同時確保所有利益相關者都理解並參與碳足跡評估的目的和流程，這是碳足跡盤查至關重要的起點。企業或組織在碳足跡盤查實務過程中，最常遇到的瓶頸就是供應商無法參與盤查，像是原物料生產地為國外之廠商，可能因為法規不同或資源成本考量，較難配合相關的盤查作業；另外，小型養殖或作物種植戶，如花生、米食等，可能會出現無法提供所需的數據，亦或者數據的品質不足以進行碳足跡盤查。因此在第一階段，除了設定明確盤查目標與範疇，亦應考慮相關供應鏈引用數據取得，或可配合盤查的可能性，以避免花費了時間與人力後，卻發現無法完成最後產品碳足跡的計算。

在第二階段，碳足跡的計算中，應先確立產品的製程流程圖和系統邊界，理論上是建立流程圖再進行邊界確認，但實務上也有先確認邊界後建立流程圖，或是於此兩步驟循環修改，這些都會依據實際盤查的狀況來調整。接著，進行活動數據與排放係數的蒐集與計算，同時確保數據的品質，這意味著需要反覆確認這些數據與碳足跡盤查的目標和範疇之間的一致性。

最後，在溝通或查證階段，根據企業所使用的產品碳足跡規範，完成碳足跡盤查和計算後，編寫碳足跡報告。此報告書揭露產品碳足跡的事實資料，以及盤查結果和對環境影響的闡釋。可經過外部第三方查驗機構的審查後，如果確定該報告符合相關的標準，則可獲得具保證等級的查證聲明書，以用於對外溝通碳足跡數據文件。

5.3.2 盤查流程詳細說明

依前一節所述，在執行產品碳足跡時，企業通常會依循盤查流程順序進行盤查作業，此小節將針對流程中，各階段中的每個項目提供更進一步的說明。

啟動階段

- **設定目標**：審視組織推動產品碳足跡的目的為何。舉凡法規要求、客戶、供應鏈需求，亦或是為了提升企業形象等，皆攸關後續盤查的範圍和目標，以及最終的產品碳足跡研究報告是否須進行外部查驗證。

- **選擇產品**：選擇要進行碳足跡盤查的產品。通常，初次進行碳足跡盤查時，不會盤查所有產品，而是挑選一個明星商品或具有減碳潛力的產品進行盤查。因為啟動盤查工作不僅可能增加現有員工的工作量，甚至需花上高昂的費用聘請顧問來執行，在考量資源的投入上，初期都會先以一個產品來進行碳足跡盤查作業，待後續執行上手後，就會依照需求或目標再增加要盤查的產品數量。

- **供應商參與**：確保供應商的參與是關鍵。因為產品碳足跡盤查可能需要供應商提供一些活動數據，如原物料生產的碳排放數據。如果供應商無法或不願意提供這些數據，那麼最終的盤查結果就會失真，則可能無法確保良好的數據品質。當然除了外部供應商外，整個公司內部的相關部門需要哪些單位來協助，也需要在啟動階段一併協調與確認，像是生產/研發部門、採購部門、行政部門、環安部門等，因為相關的活動數據、資料都是由各部門所掌握，需要各部門通力合作將相關數據彙整後，才能得到最終結果，因此可透過建立工作小組的方式，可以讓整個工作執行上可以順利推動，也可以讓相關的作業資訊可以透通。

碳足跡計算階段

- **建立流程圖**：在建立流程圖的作業中，若廠商要盤查的是產品，則列出此產品的生產步驟；若是服務，則列出此一服務執行的過程。在生產步驟上，也可以比對生產/品管用流程圖或廢清圖作為建立的依據。若沒有確切可參考的資料依據時，就透過實際走訪現場的方式來確認生產流程。

- **確認（系統）邊界與優先性**：產品生命週期分成五個階段，因此依據盤查目的及產品特性決定涵蓋生命週期的階段，藉此確定碳足跡盤查的系統邊界。這系統邊界可以是完整的生命週期五階段（搖籃到墳墓），也可以是兩階段搖籃到大門，甚至可以只針對生命週期的某一階段（大門到大門）。無論選擇何種範圍，皆應依循產品類別規則（PCR/CFP-PCR）作為指引，形成產品的系統邊界，最後於報告文件中提出合理說明。

- **收集活動數據**：根據確定的系統邊界，收集相關的活動數據。可利用現有的資訊系統，如 ERP（企業資源規劃系統）、MES（製造執行系統）、EMS（能源管理系統）等，或是實體單據、收據、發票等來彙整相關數據內容。相關收集內容可參考後續章節說明。

- **確認排放係數**：確定活動數據相對應的排放係數。排放係數的使用會影響到數據品質，一般來說，會以自廠發展係數/質量平衡所得係數/同製程或設備經驗係數為優先使用；如果前項無法取得，就參考製造商提供係數/區域排放係數；最後，才參考國家排放係數/國際排放係數，譬如環境部之產品碳足跡資訊網等各類資料庫。相關內容將於後續章節說明。

- **計算與分析**：在碳足跡的計算上有三種方式可以使用：

    - **直接監測法**：直接監測排氣濃度和流率來量測溫室氣體排放量。
    - **質量平衡法**：依照製程中物質質量及能量之進出、產生及消耗、轉換之平衡來計算。
    - **排放係數法**：利用原料、物料、燃料之使用量或產品產量等數值乘上特定之排放係數所得排放量之方法。這是目前最常使用的計算方式。

- **評估數據品質**：針對活動數據和排放係數的使用品質進行評估。這包括確保數據的準確性、可靠性和一致性，若為低品質的數據，將可能無法取得理想的查證聲明書。相關內容可參考後續章節說明。

溝通與查證階段

- **碳足跡報告**：根據所有收集的數據與計算的結果，編寫碳足跡研究報告。報告書所要呈現的內容應該是要包含 ISO 14067 之要求項目。

- **溝通與查證**：完成報告書後，就可依照當初企業規劃的目的來決定該報告書僅用於內部使用，還是需要透過第三方查驗證機構來進行查驗證。如果沒有特定的需求或被要求，可以僅用於內部使用，藉此可以讓內部相關部門了解公司產品碳足跡的狀況，也可以作為後續減碳的參考方向。如果有需要對外使用，就需要第三方查驗證機構來確認該報告書的內容是否符合要求。

- **取得查證聲明書**：經由第三方查驗證機構經過相關程序完成查驗證程序後，就可以取得查證聲明書。企業就可依後續用途，使用該聲明書。

最後要注意的是，在建立流程圖、確認邊界與優先性、收集活動數據等重要流程中，有一個關鍵性的指引，即「產品類別規則（PCR/CFP-PCR）」。這是為確保產品碳足跡盤查的一致性和可比性而制定的規則，因此在進行產品選擇時，應首先檢查是否存在與所盤查產品相關的產品類別規則可以參考。然而，若缺乏相關的產品類別規則，則應在確立碳足跡盤查的執行流程，如包括碳足跡計算的範圍、方法和數據收集程序等，得遵循 ISO 14067 標準或國內主管機關的相關規定。

⊕ 5.3.3 產品碳足跡盤查原則

在 ISO 14067 第五章的部分，說明了標準內所要求事項之基礎，也就是盤查的原則。這些原則都是在執行盤查時的參考依據，不論是採用的研究方法、計算方式、數據取用等，皆須依循這些原則來進行。此外，在最終的產品碳足跡研究報告，也應基於原則提供合理解釋，如參考文獻及引用、單位設定、避免重複計算等。

在標準中所列的原則有：

- **生命週期觀點（Life cycle perspective）**：產品碳足跡的量化應考慮整個產品的生命週期，包括從原料提取、生產、運輸、使用到處理（包括回收）的所有階段，以確保全面性。

- **方法與功能或宣告單位（Relative approach and functional or declared unit）**：碳足跡計算方法應與產品或服務的功能或宣告單位相關聯，以反映碳排放與實際使用相關。

- **反覆方式（Iterative approach）**：在碳足跡盤查過程中，需反覆確認數據與盤查的目標和範疇之間的一致性，以提高碳足跡數據的可靠性。
- **科學方法之優先性（Priority of scientific approach）**：產品碳足跡評估的決定最好依據自然科學；第二順位為依據其他科學與國際慣例；最後順位為依據價值選擇。
- **相關性（Relevance）**：選擇適合於產品碳足跡研究系統所產生之溫室氣體排放源、數據與方法之評估。
- **完整性（Completeness）**：納入所有對評估產品溫室氣體排放具有重大貢獻的指定排放源，包含生命週期內容，如原料、製造、運輸、使用、棄置等。重大性程度依截斷準則決定。
- **一致性（Consistency）**：假設、方法與數據皆用相同方式應用於整個碳足跡研究中，已達成符合目標與範圍邊界之結論。
- **連貫性（Coherence）**：使用取得國際認可且為該產品類別所用的方法、標準及指引文件，以增進產品類別內各項像碳足跡的可比較性。
- **準確性（Accuracy）**：儘可能依據實務減少偏差與不確定性。如進行直接量測、可靠推估或實際比例分配等。
- **透明度（Transparency）**：充分揭露適當的碳足跡相關資訊，包括詳細記錄和報告所有數據和方法，使預期使用者能夠理解和評估計算過程，做出合理可信之決策。
- **避免重複計算（Avoidance of double-counting）**：若不同產品的產品系統擁有共同製程，應確認此製程的排放採用合適的分配規則，以避免溫室氣體排放重複計算。

5.3.4 分配原則

分配原則（allocation principle），是在 ISO 14067 第六章一個重要的量化原則。分配原則的定義是－輸入和輸出應按照明確規定和合理的分配程序分配給不同的產品。簡言之，因為許多活動數據是來自全廠或共同製程產線，為避免產品之間的碳足跡重複計算，因此需要透過分配原則將碳排放量分配至特定產品上，以確保真實反映產品的碳足跡。

在分配原則情境中（圖 5.16），大致可以分為三種情況：若產品的數據來源是單一數據，即不須進行分配程序；其二，若是與其他產品擁有共同製程，譬如蛋糕與餅乾都使用到奶製品的產線，則需進行分配程序；第三，若是有來自全廠的數據，譬如全廠的電力，也應合理分配至單位產品中。

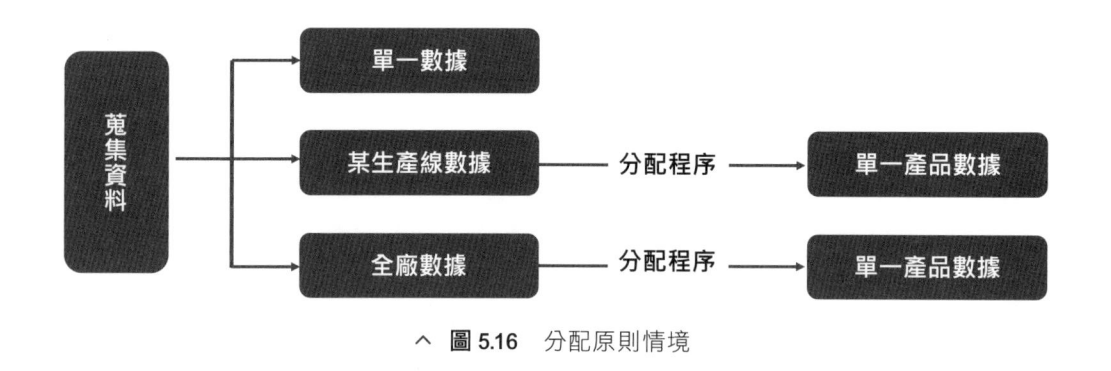

▲ 圖 5.16　分配原則情境

其中，分配程序的分配準則優先順序如下：

1. 基本物理關係，依據產品的物理特徵來進行分配條件，譬如：重量，數量等。

2. 非物理但可反映產品或功能間的物理關係，譬如：工時率、面積比，或是也可以使用國際慣例。

3. 經濟價值比例，在前面的關係無法很有效的表現出分配的合理性時，也可考慮從產品的經濟價值來進行分配，譬如：產量比、產值比。

若要引用以上基本的分配程序方法之外的其他參數時，作為分配的條件，就須說明採用之依據，並完整的寫入研究報告中。

分配原則也強調應降低數據分配時的不確定性。因此有兩個分配程序的核心概念需要注意：

概念 1：盡可能避免分割單元過程以減少複雜性。降低將待分配之單元過程，分割成兩個以上的個別子過程，並搜集與此等子過程有關的投入與產出數據，或擴大產品系統使其包含有關聯產品的附加功能。

概念 2：留意分配時的透明性和合理性。如無法避免分配時，應當使用足以反映投入與產出之間基本實質關係之方式，將碳排放分配至不同產品或功能之間。

5.3.5 數據收集期間與地點設定

在進行產品碳足跡評估時，通常需要考慮一個關鍵問題，那就是評估的時間範圍。這個時間範圍是指在多長時間內應考慮產品的碳排放和對環境影響。一般情況下，如果產品具有持續供應的性質，評估的時間範圍應至少為**一年**，但不限以一個財務或會計年度（1/1~12/31）的方式進行。

數據收集期間的設定會是基於多個因素考量。首先，產品的銷售可能會受到季節性和週期性的波動，因此需要考慮全年的變化，以充分反映產品在不同季節和銷售高峰期的表現。利用評估一個整年的數據是有助於理解產品的整體碳足跡的狀況。

然而，對於一些具有季節性產品或臨時產品，例如特定季節的服裝或限時推出的商品，評估時間範圍可能會限縮到特定的生產期。這樣才有助於更準確地確定產品在這段特定時間內的環境影響。

此外，某些產品的特性可能不適合以年為單位的時間範圍。例如，保健品或藥品通常是按批次生產的，每個批次都可以視為獨立的產品。在這種情況下，資料收集的時間範圍應與每個批次的生產時間一致。

數據收集期間的設定，除了考量產品的性質、銷售週期和季節性，也應注意與產品類別規則（PCR/CFP-PCR）的一致性，若於產品類別規則（PCR/CFP-PCR）中有特別規範，則須依照該內容來執行資料收集。數據的準確性和合理性對於產品碳足跡評估至關重要，應根據產品的具體情況和相應規定來確定時間範圍。

除了數據收集時間之外，另外有關標的產品的生產地點也是要被確認，基本上會是以在調查期間內標的產品生產所在工廠的位置為主。但是如果遇到同時有多個生產地點的狀況時，可以考慮其代表性。相同的產品下，在不同的地方或區域生產，所盤查出來的數據會有一些差異，像是在能資源的數據資料部分，因為不同國家的電力係數不同，所以最後計算出來的結果也會受到影響。

5.3.6 使用階段情境設定

依照完整產品生命週期，會從原料取得、製造、運輸、使用及到廢棄回收處理這五個階段來進行碳足跡的資料收集與計算，其中在使用階段，因為實際產品的使用情境不同，因此在碳足跡研究報告中需要以假設的方式來設定情境，這樣的假設情境，應該參

考已經發表或出版的技術資訊,像是 CFP-PCR、已公布的國際標準或指導綱要、已公布的產業指引或工業指導綱要及基於在預期使用的市場中,已被文件化之產品使用模式等。

如果都沒有上述可以引用的參考資料,企業可以自行建立,但是需要將相關的假設予以文件化,且如果使用階段假設對於產品碳足跡研究的結果有重要意義時,要做敏感性分析。總歸來說,使用階段的假設還是要依照 PCR 裡的內容進行闡述與計算。

⊕ 5.3.7 廢棄回收階段情境設定

在廢棄回收階段中,也會要進行情境上的假設,依照 ISO 14067 或 CNS 14067 的內容,相關的假設需要考量到包含基於目前最佳的可用資訊、市場可用的技術,並要在碳足跡研究報告中予以文件化。在這部分所要收集的數據資料會要包括廢棄物產品、包裝的重量、處理的方式(如焚化、掩埋還是回收等),如果是透過運輸方式,相關的清運距離等,這些數據都要被確認與收集,再做後續評估計算。

5.4 碳足跡計算

產品碳足跡計算,如同前面所說明的,常見的三種方式分別是:**直接監測法、質量平衡法、排放係數法**。以**排放係數法**為目前最常使用的方法,因為可得性高且容易計算。排放係數法係是利用活動數據與排放係數進行計算。計算公式如下:

活動項目碳足跡 = 活動數據 × 排放係數

活動數據指的是生產特定產品時涉及的各種資源的使用。這些資源包括原料、輔助材料、能源和排放數據。在產品的整個生命週期內,需要考慮所有這些相關數據。每個活動項目都有與之相關的排放係數數據,這些數據被用來衡量產品的碳足跡。

在進行計算時,針對每個活動項目,根據其使用量(活動量)乘以與之相關的排放係數,就可以獲得該活動項目的碳足跡資料。計算完成後,所有這些數據通常都會轉換成以**二氧化碳當量**作為最終單位。透過使用統一的單位,才能夠使不同活動的排放可以在同一尺度下進行產品碳足跡的比較。

5.4.1 活動數據來源

活動數據的類型,基本分成以下三種,如圖 5.17:

- **初級數據或稱一級數據(primary data)**:透過直接量測或基於直接量測的計算所獲得的量化值,有數據、單據佐證或是實際統計值。以能資源來說,像是台電提供的電費帳單,或是由人工抄寫獨立電錶之紀錄;以原物料用量的數據來說,像是 ERP 系統中登載的原物料使用量。

- **場址特定數據(site-specific data)**:在該產品系統中所獲得的初級數據。可以簡單理解為,是初級資料的一部分,但它們與特定場址或地點相關。代表數據是針對特定地點或場所所搜集到的數據,通常用於計算特定產品或製程的碳足跡,如特定工廠的電力消耗。

- **次級數據或稱二級數據(secondary data)**:初級數據以外的來源所獲得的數據。包含國內外文獻與數據庫、國家盤查之預設排放係數、計算 / 估算數據、其他具代表性並由主管機關確證之數據。

▲ 圖 5.17 活動數據類型

初級數據的收集優先程度是優於次級數據的收集,具體蒐集與使用初級數據或次級數據之時機,要參考碳足跡產品類別規則的說明,以碳足跡產品類別規則為主。除了參考以外,還必須要符合規則內的要求,如有不一致的部分,也要於報告書中說明清楚,不一致的原因與處理方式。以下圖 5.18,整理出原料、能資源以及汙染排放這三個類別的常見的活動項目其數據收集可能來源的參考。

分類	項目	數據項目	資料來源參考
原料	主料	種類與用量	生產的相關報表 製造程序之相關流程圖
	輔料	種類與用量	
	包材	種類與用量	
	耗材	種類與用量	
能資源	水	用量	相關繳費的單據或收據 已進行組織溫室氣體盤查，可參考盤查後之清冊
	電	用量	
	化石燃料，包括天然氣、液化石油氣、汽柴油、重油等	種類與用量	
	再生能源	種類與用量	
	公用設施、維護或產線用電	種類與用量，須採分配原則	
污染排放	固體或異體之廢棄物清除	處理數量及清運方式與距離	清運聯單或相關單據 製造程序之相關流程圖 廢水處理之流程圖
	廢棄物處理之耗材、物料或藥劑	種類與用量	
	廢水處理之耗材、物料或藥劑	種類與用量	

△ 圖 5.18　活動數據蒐集與來源參考

5.4.2 碳排放係數

　　碳排放係數主要是用來衡量特定產品或活動項目所釋放的二氧化碳量之單位。在碳排放係數的使用上有其優先順序，相關的使用順序如下：

1. 自廠發展係數 / 質量平衡所得係數 / 同製程或設備經驗係數
2. 製造商（供應商）提供係數 / 區域排放係數
3. 國家排放係數 / 國際排放係數

　　在國內，通常會以政府單位提供的數據為主要參考來源。譬如：

- 環境部產品碳足跡資訊網（網址：https://cfp-calculate.tw），在該網站中的係數資料庫提供了免費的排放係數供參考使用。

- 環境部資料開放平台（https://data.moenv.gov.tw/dataset/detail/CFP_P_02），以 CSV、JSON、XML 等不同格式提供排放係數，滿足使用者不同取用需求。但在使用上要注意該數據的時間是否有過舊的問題。

- 環境部事業溫室氣體排放資訊平台，其中包括溫室氣體排放係數管理表（溫室氣體排放係數管理表 6.0.4 版），適用於進行溫室氣體排放盤查，但相關數據也可作為產品碳足跡計算時重要參考。

- 台灣能源局,每年提供台灣電力的電力排碳係數,是計算相關電力數據時重要的參考來源。
- 國際上使用的排放係數資料庫,如 SimaPro、IPCC Arx 等,可以作為參考來源,但這些可能會涉及費用問題,因此在使用時需要謹慎考慮。國內的工研院也有相關的資料庫 DoITPro,使用上也可能會有費用問題,所以可以看自身的需求再與相關單位洽詢。

5.5 數據品質管理

在計算出產品碳足跡數據後,要針對這些數據進行數據品質的評估。在 ISO 14067:2018 中,針對數據品質有相對性的說明,除了對數據品質應描述定量與定性兩方面特性外,也應該要涵蓋下列項目[8]:

- **時間涵蓋面**:收集數據的年代與收集數據經歷的最短時段。
- **地理涵蓋面**:從單元過程搜集的地理區域數據須符合碳足跡研究的目標。
- **技術涵蓋面**:特定技術或技術組合內容。
- **精密度**:可量測每個數據值所表現的變異性。
- **完整性**:可量測或估算的總流(total flow)之百分比。
- **代表性**:定性評估其數據組合能反映到真實之群體程度。
- **一致性**:定性評估其研究方法能被應用到進行敏感度分析的不同組合上。
- **再現性**:定性評估其有關方法與數據值資訊,能夠重現碳足跡研究報告結果之程度。

為使讀者能在數據品質評估的指標上有更具體的理解,可同步參考環境部在「產品碳足跡資訊網」中提供的《碳足跡數據品質評估手冊》,作為數據品質評估的說明,這部分會於實作的章節中提供實作之範例。

---

[8] 資料來源:ISO 14067:2018, International Organization for Standardization(ISO)及 CNS 14067:2021,國家標準(CNS)

在《碳足跡數據品質評估手冊》中，關數據品質指標是參考國際間常用之數據品質指標評估（系譜矩陣）方式，使用 "可靠性"、"完整性"、"時間相關性"、"地理相關性" 和 "技術相關性" 等五個品質指標。每個指標又分為 5 個等級，分別從最優質的 1 分到最低的 5 分，具體列於圖 5.19。在圖 5.19 中，每個指標的第一列可視為該指標所要確認的問題項，透過每個等級的問題內容來判斷相關數據是屬於哪一個等級。隨後，透過資料品質指標計算出一個資料組的整體資料質量，並根據最終的計算結果將資料品質分為 "高品質"、"基本品質" 和 "初估資料" 等三個等級，藉此可以來判斷相關數據的品質等級。

指標 \ 等級	1	2	3	4	5
可靠性(Re)	基於量測之查證過的數據	部分基於假設之查證過的數據，或基於量測之未查證過的數據	部分基於假設之未查證過的數據	合格的估算值(例如經由產業專家之估計值)	不合格的估算值或來源未知之數據
	・查證過之量測的數據 ・經過查證之統計數據	・程序模擬產生之數據(此模擬程序需包含所有必要之參數) ・產業關聯分析產生之數據	・依據化學反應和專利資料為基礎所做成之數據，且已設定能資源耗損並假設產率、污染排放	・以統計資料或個別數據為基礎之產業專家推估值 ・僅從理論的計算基礎資訊所做成之數據，且未充份設定產率、能耗和污染物排放	・從類似製程所推估之數據(無理論基礎) ・研究中與製造設計有關之能源/主要原物料投入資訊所做成之數據
完整性(Co)	來自場址之足夠的數據，且為經過一段時間得以穩定常態波動之具有代表性的數據	來自場址之較少數目但是為適當期間之具有代表性的數據	來自場址之適當數目，但來自較短期間之具有代表性的數據	來自場址之較少數目且較短期間之具有代表性的數據，或來自場址之適當數目和期間之不完整數據	代表性未知，或來自場址較少數目和/或較短期間之不完整的數據
	・來自所有相關製程場址(100%)、延續一段適當的時間間隔以彌平常態變動之具有代表性的數據 ・針對目標產品之生產量，蒐集100%的數據 ・整體環境衝擊>=95%	・來自超過 50%場址、一段適當的時間間隔而足以彌平常態變動之具有代表性的數據 ・針對目標產品之生產量，收集 50 %以上的數據 ・整體環境衝擊介於 85%~ 95%之間	・來自低於 50%場址、一段適當的時間間隔而足以彌平常態變動之數據，或是來自超過 50%場址但是較短時間間隔之具有代表性的數據 ・對個別場址而言，為目標產品之製造廠商有限之多個設備的平均數據 ・整體環境衝擊介於 75%~ 85%之間	・單一場址具代表性的數據，或是多個場址在短期間的數據 ・對個別數據而言，為目標產品之製造廠商有限之多個設備的數據 ・調查期間短、非年平均之數據(調查期足以涵蓋產品生產期者除外) ・整體環境衝擊介於 50%~ 75%之間	・代表性未知之數據 ・從少數場址、短期間得來的數據 ・整體環境衝擊低於 50%
時間的相關性(Ti)[5]	與研究年差距低於 3 年	差距低於 6 年	差距低於 10 年	差距低於 15 年	年代未知或差距超過 15 年
	・2009～2012 年的數據	・2006～2008 年的數據	・2002～2005 年的數據	・1997～2001 年的數據	・1996 年以前的數據或年代不知的數據
地理相關性(Ge)	來自研究區域的數據	來自包含研究區域的更大區域的平均數據	來自具有類似之生產條件區域的數據	來自稍微類似之生產條件區域的數據	來自未知地區之數據，或來自生產條件非常不同之地區的數據
	・來自研究範疇內特定區域(位置/地點)之數據	・來自本國之國家平均值、有相同生產條件之亞洲平均值或世界平均值	・來自有類似生產條件之亞洲國家的平均值數據	・來自稍微類似之生產條件之亞洲或其他國家/大陸之數據	・數據來源不知，或是生產條件明顯不同的數據。例如，北美替代中東，OECD-歐洲替代俄羅斯
技術相關性(Te)	來自研究中之企業、製程和材料之數據	來自研究中之製程和材料，但來自不同企業之數據	來自研究中之製程和材料、不同技術的數據	來自相關的製程或材料，但是相同技術的數據	來自未知相關技術之數據，或與製程或材料有關但來自不同技術之數據
	・來自生產該標的產品之企業使用之技術(包括製程和材料)所做成之數據	・來自以相同技術(包括相同製程和材料)之不同企業的數據	・來自相同製程和材料，不同技術的數據 ・在市場性、適用性之技術中，使用部分類似技術的替代	・來自相同技術，但使用來自相關製程或材料的數據 ・沒有市場、適用性的數據	・相關之技術屬性不知 ・來自相關製程之實驗室規模的數據，或是來自不同技術的數據

資料來源：碳足跡數據品質評估手冊

▲ 圖 5.19　碳足跡數據品質指標系譜矩陣

5.6 碳研究報告

在執行完活動項目資料收集、計算與數據品質驗證後,就可以進行碳研究報告的撰寫。碳足跡研究報告的種類有以下幾種[9]:

- **碳足跡研究報告**:依據 ISO 14067 的規定,提供產品碳足跡研究的量化結果,包含盤查專案所定義的目標、邊界等內容。
- **碳足跡揭露報告**:用於支持組織或企業將碳足跡研究結果在不透過第三方查證下對外公告。
- **外部溝通報告**:擷取碳足跡揭露報告的內容,作為外部溝通使用。
- **效追蹤報告**:同一企業或組織的特定產品,比較過去某段時間碳足跡計算結果。

另外在碳足跡研究報告中,依據 ISO 14067:2018 在「7.3 CFP 研究報告要求之資訊」中所列明的,一定要有的內容如下:

1. 功能單位與參考流
2. 系統界限
3. 重要單元過程清單
4. 數據蒐集資訊,包括數據來源
5. 納入考量之溫室氣體清單
6. 選定之特徵化因子
7. 選定之截斷準則與截斷點
8. 選定的分配方法
9. 適用時溫室氣體排放量與移除量之時間期間
10. 針對數據之說明
11. 敏感度分析與不確定性評估之結果

---

9 資料來源:經濟部工業局製造業碳盤查暨碳足跡講習會 - 碳足跡課程簡報資料

12. 針對電力之處理

13. 生命週期闡釋結果

14. CFP 研究的決策背景下所做出價值選擇的披露與其理由

15. 範圍與修改範圍（如適用時）與理由證明和排除部分

16. 生命週期階段的描述，包括適用針對所選使用概覽與廢棄處理情境的描述

17. 評估替代使用概覽與廢棄處理情境對最終結果的影響

18. 針對 CFP 具有代表性的時間期間

19. 針對所使用 PCR 或研究中使用其他補充要求事項之參照

必要項目共 19 項內容，另外像是一些研究結果的圖形表示，也是可以考慮列於報告中呈現。

此外在 ISO 14067:2018 在「7.2 CFP 研究報告中溫室氣體數值」中特別有說明，下列的溫室氣體值應分別記錄於產品碳足跡研究報告中：

1. 與每個主要生命週期階段連結之 GHG 排放量與移除量，包括針對每個生命週期階段之絕對與相對貢獻
2. 源自化石之淨 GHG 排放量與移除量
3. 源自生物之淨 GHG 排放量與移除量
4. 來自 dLUC 之 GHG 排放量
5. 來自飛機運輸之 GHG 排放量

5.7 查驗證

在完成產品碳足跡的計算後，依照相關的標準和規定，撰寫產品碳足跡研究報告是非常重要的。一旦完成了研究報告，企業可以根據最初的盤查目的來決定是否需要將其提交給第三方查驗機構或是國內的關鍵性審查以進行查證。需注意的是，並不是所有企業都需要第三方查證。第三方查證的主要目的是協助企業審查相關數據的準確性和合理性，提高研究報告的可信度以對外溝通。

查驗證機構在執行查證作業上，一般會分成三個階段，分別為文件審查、第一階段查證、第二階段查證（圖 5.20）。而企業在要送查證前也有內部的相關作業需要進行，包含選擇查證機構、查證範圍的確認、預期保證等級結果等。透過確認查證機構後，進行查證申請，經查證機構接案後，就會開始進行各個階段的作業。

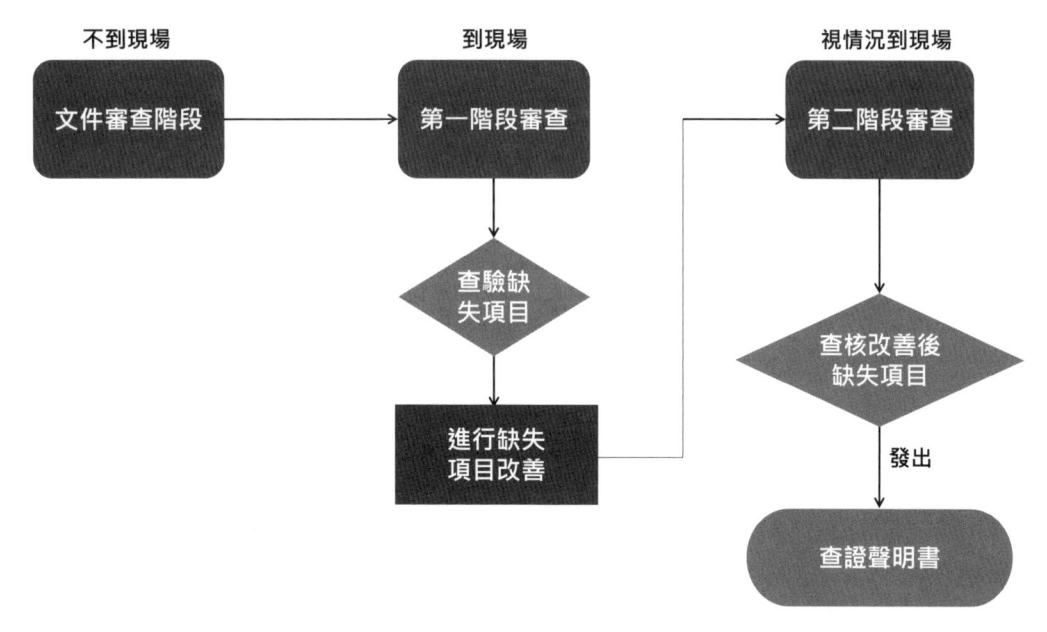

```
不到現場              到現場              視情況到現場
文件審查階段  →  第一階段審查    →    第二階段審查
                    ↓                       ↓
                查驗缺失項目            查核改善後缺失項目
                    ↓                       ↓ 發出
                進行缺失項目改善 ──→   查證聲明書
```

∧ 圖 5.20　執行查證流程階段

在文件審查階段，主要是針對碳足跡研究報告與盤查清冊，也包含了相關計算的方式內容、係數的來源等文件資料進行相關的檢視與審閱，這過程通常都還沒有到受查者的現場進行查證，所以溝通上多是利用電子郵件或是電話等方式進行相關內容的確認。接下來就會依照排定的時間到受查者現場進行查證作業。在第一階段查證中，主要針對盤查的內容與邊界進行相關的確認與檢視，也會針對在研究報告中所提到的假設合理性進行確認，過程中會有一些問題或是待討論的事項，就由受查單位的主要負責人員協同相關人員與查證人員進行說明與溝通，查證機構會提出相關缺失事項與需要補充說明事項，受查單位確認後就針對相關內容進行後續修正與補充。到了第二階段查證，主要針對缺失事項進行矯正確認，這時查證人員不一定會到現場，如果受查方所提供的相關文件完整，就有可能就在查驗證機構內部完成確認，如果缺失事項需要到現場再行確認，就會安排時間到受查方進行確認作業，確認無虞後，依照查證的結果，發出查證聲明書，於聲明書中說明保證等級。在查證階段中的查證重點如圖 5.21 所示。

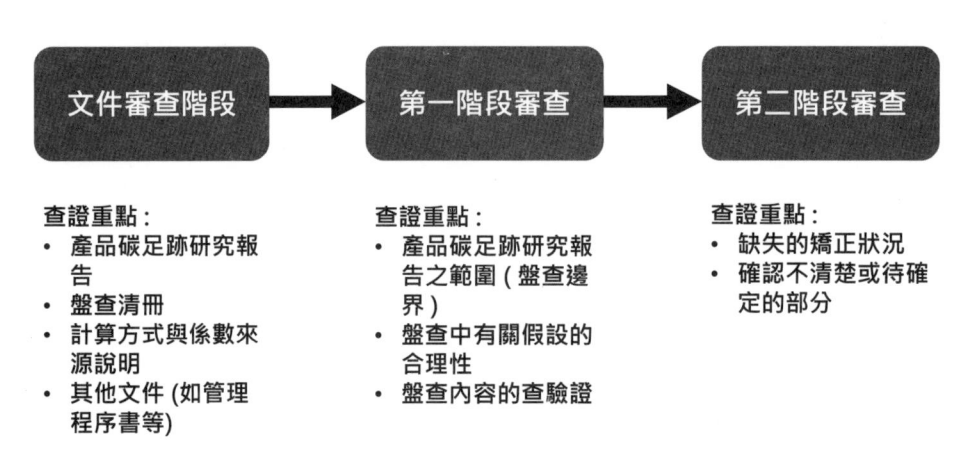

```
┌─────────────┐      ┌─────────────┐      ┌─────────────┐
│ 文件審查階段 │ ───► │ 第一階段審查 │ ───► │ 第二階段審查 │
└─────────────┘      └─────────────┘      └─────────────┘
```

查證重點：
- 產品碳足跡研究報告
- 盤查清冊
- 計算方式與係數來源說明
- 其他文件 (如管理程序書等)

查證重點：
- 產品碳足跡研究報告之範圍 (盤查邊界)
- 盤查中有關假設的合理性
- 盤查內容的查驗證

查證重點：
- 缺失的矯正狀況
- 確認不清楚或待確定的部分

△ 圖 5.21　各查證階段重點

經查驗機構進行查證後，將取得一份查證聲明書。這份聲明書是根據盤查過程的嚴謹性、在查證過程中的發現，分為兩種保證等級：

- **合理保證等級**：表示根據驗證者所執行的過程，溫室氣體查證聲明及主張為實質正確且公正呈現溫室氣體數據與資訊，並依符合國際標準或國家標準。

- **有限保證等級**：表示根據驗證者所執行的過程，溫室氣體查證聲明及主張不具有實質正確性以及公正呈現溫室氣體數據與資訊，並未根據合國際標準或國家標準。

第三方查驗機構的資格，依國內環境部公告之氣候變遷因應法，合規的第三方查驗機構應符合國際標準化組織（International Organization for Standardization, ISO）之查驗證 ISO 14064-3 規範及國際電工委員會（International Electrotechnical Commission, IEC）共同發行之 ISO／IEC 17011 建立及實施查驗機構認證評鑑制度之資格，並應符合下列條件之一：

1. 國際認證論壇（International Accreditation Forum, IAF）會員。
2. 已簽訂國際溫室氣體多邊相關承認協議。
3. 其他經中央主管機關認可之國際或區域性驗證機構認證組織之會員或附屬會員。

企業可以參考環境部官網中持續更新合規的第三方查驗機構之名單（https://ghgregistry.moenv.gov.tw/epa_ghg/VerificationMgt/InspectionAgency.aspx）或是財團法人全國認證基金會（TAF）中的資訊，譬如台灣德國萊茵技術監督有限公司、香港商英國標準協會太平洋有限公司台灣分公司、台灣衛理國際品質驗證股份有限公司、台灣檢驗科

技股份有限公司等等。這邊也要特別注意，國內的環境部關鍵性審查是委由法人團體協助查證，但關鍵性審查之結果在國際間不一定認可。因此，目前若要在國際上對外溝通則建議選用國際機構之第三方查證服務。

另外根據環境部的「產品與服務碳足跡計算指引」中在「10 查證與符合性聲明查證」中提到，在國內依照指引所得之結論有效期最多以三年為限，但如果該產品在溫室氣體排放評估中的生命週期有所改變時，則有效性就會終止。並依照不同的狀況下，需要重新進行產品溫室氣體排放評估。像是沒有經過計畫而改變產品生命週期的，造成排放評估變動量超過 10% 且時間長達三個月以上，或是經過計畫而改變產品生命週期，但造成排放變動量超過 5% 或是時間持續超過三個月以上，這些都需要重新進行排放評估[10]。

5.8 碳標籤

碳標籤（Carbon Label），又稱為碳足跡標籤（Carbon Footprint Label）或碳排放標籤（Carbon Emission Label），是一種用於展示公司、生產流程、產品（包括服務）以及個人碳排放量的標識。它通常涵蓋了一個產品從原料採集，經過工廠製造、配送銷售、消費者使用到最終廢棄回收等生命週期各階段所產生的溫室氣體排放，經過換算成二氧化碳當量的總和。

碳標籤的概念最早由英國於 2001 年成立的 Carbon Trust 提出，並於 2006 年推出了碳減量標籤（Carbon Reduction Label），這是全球最早引入碳標籤概念的先驅。然而，目前各國在發展產品碳標籤制度及相關配套措施方面並沒有國際統一的規範，導致不同地區可能採用不同的標準與方法。目前各國碳標籤的樣式可參考圖 5.22 所示。

---

10 可參閱環境部「產品與服務碳足跡計算指引」說明。

▲ 圖 5.22　各國碳標籤的樣式

　　自 2009 年起，台灣開始研討碳標籤制度，旨在透過我國的碳標籤政策，強化低碳產品在市場上的競爭力，並提升消費者對碳標籤產品的購買意識，實現低碳經濟的可持續消費和生產模式（圖 5.23）。在申請環境部的碳標籤時，企業需要計算產品在完整生命週期過程中各階段所產生的排放量。換句話說，如果產品的碳足跡只計算從搖籃到大門的部分，是無法取得碳標籤的。

　　此外，要取得碳標籤，還需要經過第三方的驗證。在計算碳足跡時，必須以環境部認可的碳足跡產品類別規則（Carbon Footprint Product Category Rules, CFP-PCR）作為確定計算範圍的依據。正因如此，如果企業要申請碳標籤的產品沒有可參考的碳足跡產品類別規則（CFP-PCR），就必須先完成這些規則，並經過核准通過後，才能進行後續的碳標籤申請流程。

資料來源：產品碳足跡資訊網

▲ 圖 5.23　台灣的碳標籤的設計說明

除了推行碳標籤制度外，政府為鼓勵企業透明揭露產品的碳排放訊息，希望透過產品的製造過程和供應鏈找到減少溫室氣體排放的機會。政府甚至鼓勵實施產品綠色設計，以在使用和廢棄階段進一步減少消費者造成的溫室氣體排放量，進而實現實質的減排效果。有鑑於此，在 2014 年，當時的環境部啟動了碳足跡減量標籤（Carbon Footprint Reduction Label），又稱為減碳標籤（Carbon Reduction Label）計畫。

企業申請減碳標籤的產品，以該產品取得的碳標籤之數值作為減碳基線，提出具體減碳承諾與實施方法，必須在五年內碳足跡減量達到 3% 以上，並經環境部審查通過，方可獲得減碳標籤的使用權。減碳標籤的推行使得消費者透過購買標示減碳標籤的產品，在關注產品需求和價格等因素的同時，也能為減緩全球暖化和氣候變遷議題出一份力。減碳標籤樣式說明可參閱圖 5.24。

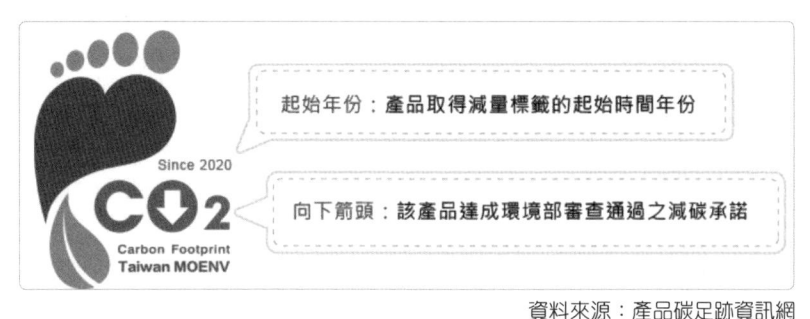

起始年份：產品取得減量標籤的起始時間年份

向下箭頭：該產品達成環境部審查通過之減碳承諾

資料來源：產品碳足跡資訊網

▲ 圖 5.24　台灣使用的減碳標章說明

練習題

1. (　) 溫室氣體查證保證等級分為兩等級，何者為其中一項保證等級？
   (A) 拒絕保證
   (B) 無保證
   (C) 合理保證
   (D) 高級保證

2. (　) ISO 14067 產品碳足跡概念說明何者為非？
   (A) 僅衡量"氣候變遷"單一指標對環境的衝擊
   (B) 依據 ISO 14067: 2018 進行產品碳足跡（CFP）之量化與報告的原則、要求事項及指引
   (C) ISO 14067 產品碳足跡不包含服務
   (D) 計算標的物在整個生命週期過程中所排放的二氧化碳當量 CO_2e

3. (　) 透過製程地圖的每個步驟，查看哪些環節的碳排放較高，我們稱此環節為什麼，依據此結果作為未來企業實行減排策略？
   (A) 關鍵係數
   (B) 重要碳排點
   (C) 關鍵熱點
   (D) 高碳排點

4. (　) 產品類別規則英文縮寫為何？
   (A) TCFD
   (B) PCR
   (C) EPD
   (D) ETS

5. (　) 關於產品碳足跡中排放係數，下列敘述何者錯誤？
   (A) 排放係數以聯合國 IPCC 國際排放係數為最優先採用之數據
   (B) 自廠發展係數／質量平衡所得係數為最優先採用之數據
   (C) 上游製造商提供係數／區域排放係數是第二順位之採用數據
   (D) 同製程或設備經驗係數為最優先採用之數據。

06 產品碳足跡盤查實作案例

- 在執行盤查時,了解有哪些工具可以提供協助或參考
- 透過案例了解如何進行碳足跡的計算
- 了解數據品質評估如何執行與計算

在了解企業碳管理的重要性與碳足跡盤查架構後,知道執行一個碳足跡從一開始啟動到資料搜集與計算及最後報告的產出,這過程會經過不同的步驟與作業。接下來就會針對如何計算一個產品的碳足跡來進行說明。在本章節中,將利用案例[1]來說明相關的計算流程,透過計算後的數據,找出排放熱點,以便可作為後續減量或其他管理方面的使用。

---

1 案例來源感謝大昇化工股份有限公司提供範例資料,經部分調整數據內容後成為本實作之虛擬公司案例。

6.1 盤查工具

在實際執行盤查作業時,有一些標準、指引或工具可作為盤查作業時重要參考依據,利用這些工具可以協助在盤查前建立一些觀念和作法,也可有助於在進行盤查的作業進行。以下將針對這些標準、指引或工具進行說明。

標準

- **ISO 14067:2018**

  這是在執行產品碳足跡盤查時很重要的參考標準。特別是如果是要透過第三方的查證機構取得相關的查證聲明,就需要依據這份標準內的相關規定與原則來完成盤查作業,而盤查後所產出的文件內容,也需要符合標準所要求的,這樣在進行驗證時,才可以取得合理保證等級。

- **CNS 14067:2021**

  這是國家標準局(CNS)將 ISO 14067:2018 翻譯後的文件,也是作為盤查時的重要參考標準。該標準可以到 CNS 的網站進行購買來取得。

- **產品類別規則(PCR / CFP-PCR)**

  產品類別規則是針對特定的一個產品或一產品群進行環境宣告之生命週期範疇進行界定的作業文件。因為在「產品類別規則(PCR)」中說明的是產品對於整體環境之影響,但在進行產品碳足跡的盤查作業,主要是針對碳這個相關的內容,所以會要參考的是「碳足跡產品類別規則(CFP-PCR)」這份文件。這份文件也是在執行碳足跡盤查作業時很重要的參考文件。因為文件中會針對標定產品的生命週期各階段項目及數據種類的要求等相關的內容進行說明,因此在執行盤查作業上也都是要符合該文件中要求的項目或內容。

參考指引

- **產品與服務碳足跡計算指引（環境部 2021）**

  國內執行碳足跡盤查的參考文件。國內對於碳足跡的要求不見得與 ISO14067 的規定完全相同，因此如果僅是要符合國內相關規定時，這份文件就是可做為參考指引。文件中針對計算方法、注意事項等都有很明確的說明，在執行碳足跡前，是很值得閱讀與理解的。

- **行政院環境保護署推動產品碳足跡管理要點**

  環境部為鼓勵廠商核算產品碳足跡及持續減碳，特訂定相關管理要點，並也針對產品碳足跡標籤及產品碳足跡減量標籤等標示，說明相關內容。對於要取得相關標籤的企業，可做為參考使用。

- **國際鏈結之企業碳足跡指引（經濟部 2021）**

  主要是針對歐盟碳邊境調整機制（CBAM）草案公布後的內容，也包含碳足跡的基本概念與的計算等。而隨著 CBAM 的調整與正式實施（2023 年 10 月正式實施），相關新的規範與內容，建議還是要參考其他最新的相關文件來做參考使用。

  上述標準或參考指引，會因為負責單位不定期的更新內容，如有更新，就可參酌最新的內容來做為盤查時的參考依據。

網站

- **產品碳足跡資訊網**

  環境部針對產品碳足跡相內容，於該網站（https://cfp-calculate.tw/cfpc/WebPage/index.aspx）中（圖 6.1）提供資訊，該網站由工業技術研究院維護。使用時需先註冊成為會員，才能使用網站上全部的功能。在網站中的「碳足跡資料庫」，是排放係數很重要的參考來源之一。另外有關 PCR 的部分，在網站中也有提供，可以作為參考。

資料來源：https://cfp-calculate.tw/cfpc/WebPage/index.aspx

圖 6.1　產品碳足跡資訊網網站

● **產業節能減碳資訊網**

經濟部工業局所提供有關節能減碳資訊，網站（https://ghg.tgpf.org.tw/）中的內容比較針對製造業。除此之外，網站內也有提供一些盤查工具及會議、教育訓練的簡報資料，這些資料提供對於減碳或是碳盤查相關，提供有關的資訊都可以參考，並藉此也可以建立一些觀念並了解目前政府相關的政策與方案。

資料來源：https://ghg.tgpf.org.tw/

圖 6.2　產業節能減碳資訊網網站

當然除了這些工具外，市面上也有一些廠商提供現成的系統或工具可以在執行盤查作業上提供相對應的功能或服務。但在執行碳足跡盤查上，還是要以上述標準（ISO 14067（2018）、CNS 14067（2021））、參考指引為最優先參考項目，相關資訊上面也可以透過上述兩個網站內所提供的資料，來對碳足跡或是組織溫盤有初步的概念與理解，這些都會有助於執行盤查作業的部分。

6.2 產品碳足跡盤查案例

在此將利用一個虛擬公司的資料來進行產品碳足跡盤查實作，並使用環境部於「產品碳足跡資訊網」中所提供的「平台專用盤查清冊」Excel 檔案當作計算的工具，在使用上有調整一些內容，並更名為「碳足跡盤查清冊」來與原檔案進行區別。希望藉由這樣的實作來了解，當公司把相關資料收集完成後，可以如何來計算一個產品的碳足跡。

在本案例中，因產品的特性及公司銷售的對象是屬於 B2B 的模式，因此整個產品碳足跡盤查計算作業將分成三個部分，分別為：

1. **產品基本資料**：收集公司基本資料，如公司名稱、工廠位置、生產的產品項目、盤查標的產品資訊等。將本次要盤查的標的產品與公司基本資料作完整揭露。

2. **原料取得階段**：收集產品生產的原物料及輔料資料，也包含相關原物料運輸的資料，另外在水資源投入部分，也會在這一階段進行相關資料搜集及搜集後的計算。

3. **製造 / 服務階段**：這階段要收集公司在製造階段中所用到的能源，如電、燃料等之資料，另外在製造過程中之污染物產生與處理情形也要搜集與計算，像是廢棄物、廢氣、廢水、冷媒的溢散及化糞池排放等項目，這些也都會要在這一階段涵蓋進來。

各部分內容整理如圖 6.3 所示。接下來將針對各部分計算的內容進行說明。

1 產品基本資料
包含公司基本資料、生產產品項目、計算標的產品資訊等

2 原料取得階段
包含投入的原物料項目資料、其他輔助生產資料等

3 製造/服務階段
包含生產過程所需要的能源，生產製程中有關污染物產生與處理情形

∧ 圖 6.3　本案例碳盤查的三大部分

6.2.1 產品基本資料

本案例的虛擬公司為 ERP 學會化工股份有限公司，該公司於 2002 年設立，位於桃園市中壢區中大路 300 號，生產產品的工廠位於台中后里區域（后里廠），該廠主要生產的產品是以鞋墊為主。

本次盤查作業的目的是在揭露公司所生產的 **A 款鞋墊**產品碳足跡排放資訊，盤查**範圍從原料取得到製造**所產生之碳排放量，希望藉由盤查過程與結果以確實掌握本公司產品碳足跡排放狀況，並提供給內部人員及客戶等利害關係人了解，期望未來能致力於溫室氣體管理及減量工作，對全球暖化趨勢之減緩，善盡身為地球村一份子的責任。

公司因應此次盤查作業，成立盤查工作小組，由各部門指派專人為盤查工作小組成員，並以總經理為盤查工作小組的召集人，以永續部門的主管劉小益為主要負責人員及聯絡人，相關的聯絡資訊如表 6.1。

表 6.1　負責人員聯絡資訊

聯絡人	電話	電子信箱	手機
劉小益	03-4264248	liuxx@cerps.org.tw	0920000111

在盤查的數據蒐集區間部分，經過工作小組成員討論後，決定訂定在 2021 年 01 月 01 日至 2021 年 12 月 31 日這完整之一年度之數據資料為準，以這段期間的資料來進行搜集及使用計算。另外在工廠中有關生活廢棄物的部分，因產生的量非常少，在會議討論中，依標準內的截斷原則，因此決議列入排除項目，不進行計算。

另外考量到可能會有些資料是屬於全廠性的數據，如果全部都計算在標的產品上是不太合理的，因此利用一個分配方式來將全廠性的數據進行分配，經過工作小組討論後，將利用**產品的重量**作為分配的比例。後續計算上如有需要進行分配，將利用此一分配原則進行相關分配計算。

生產部門從公司 ERP 系統中取得在 2021 年度各項產品相關的產量資訊，並彙整成表 6.2 的內容。在 2021 年，公司主要生產是以 A、B、C 三種形式的鞋墊為主要產品，其他非 A、B、C 這三種的鞋墊為客製化項目，因總類眾多，不一一細分，因此全部列為其他鞋墊。

表 6.2　2021 年公司生產品生產資訊

產品	總產量（雙）	總重量（kg）	單件裸裝重量（kg）	重量佔比
A 款鞋墊	3,000,000	90,000	0.030	6.62%
B 款鞋墊	600,000	21,000	0.035	1.54%
C 款鞋墊	700,000	23,800	0.034	1.75%
其他鞋墊	35,000,000	1,225,000	0.035	90.09%
總計	39,300,000	1,359,800	-	100.0%

有了公司基本資料與產品資訊，就可以將相關內容填入到「碳足跡盤查清冊」Excel 檔案中的上半部分。在此部分要填入的欄位資料有「公司名稱」、「標的產品製造地點」、「生命週期範疇」、「標的產品名稱」、「數據盤查起迄時間」、「排除項目」、「標的產品」、「公司其他產品」、「聯繫資訊」、「數據分配原則」這幾個欄位內容，填入後結果如圖 6.4 所示。

本標的產品的各項投入產出數據資料

廠家/公司名稱	ERP學會化工股份有限公司								
標的產品製造地點	ERP學會化工后里廠								
生命週期範疇	搖籃到大門								
標的產品名稱	A款鞋墊		標示單位	雙	功能單位	公斤(kg)			
數據盤查起迄時間	2021年01月01日~2021年12月31日							製程技術	製程地圖
排除項目	生活廢棄物								

標的產品	產品名稱	總產量	計量單位	單件裸裝重量(不含包裝, kg)	產品總重量(不含包裝, 單位:kg)	標的產品佔全廠所有產品的比例	分配比例計算依據(如:個數、面積、長度、重量、體積、工時...等)	備註/佐證文件說明
	A款鞋墊	3,000,000.0000	雙	0.0300	90000.0000	6.6200%	重量	ERP

公司其他產品	產品名稱	總產量	計量單位	單件裸裝重量(不含包裝, kg)	產品總重量(不含包裝, 單位:kg)	其他產品佔全廠所有產品的比例	分配比例計算依據(如:個數、面積、長度、重量、體積、工時...等)	備註/佐證文件說明
	B款鞋墊	600,000.00	雙	0.0350	21000.0000	1.5400%	重量	ERP
	C款鞋墊	700,000.00	雙	0.0340	23800.0000	1.7500%	重量	ERP
	其他鞋墊	35,000,000.00	雙	0.0350	1225000.0000	90.0900%	重量	ERP

聯繫資訊	姓名	電話	電子信箱	手機
	劉小益	03-4264248	liuxx@cerps.org.tw	920000111

投入產出質量平衡檢驗			
投入/產出項目	數值	單位	備註/佐證文件說明
總投入量			總投入為鞋墊主要+次要原料的加總；總產出量為產品重(不含包材)及邊角廢棄物重量的加總
總產出量			
(總投入-總產出)/總投入			

數據分配原則				
名稱	分配比例(請直接填入數值)	分配比例計算公式說明	分配比例計算依據(如:個數、面積、長度、重量、體積、工時...等)	備註
分配原則1	6.6186%	G9/(SUM($G$9, $G$11:$G$14))	重量	
分配原則2				
分配原則3				

↑ 圖 6.4 產品基本階段填寫的內容

以下針對部分欄位進行說明:

- **「生命週期範疇」**:在盤查目的中有說明,此次盤查的生命週期範疇為原料取得到製造階段這兩階段,這也是因為本產品主要銷售的對象為其他鞋商,是 B2B 的商業模式,所以也就是搖籃到大門這兩階段為主,因此所填入的內容為"搖籃到大門"。

- **「標示單位」**:表示產品系統銷售或提供服務時的最小基本單位。因公司生產的是鞋墊,銷售時是以雙為單位,因此這裡就填入"雙"。

- **「功能單位」**:表示產品系統碳足跡量化的參考單位。在進行碳量化時是以"公斤"為主要的單位,因此這裡就填入"公斤(kg)"。

- **「數據分配原則」**:在本案例是利用重量作為分配的比例,因此依照公司所生產的所有產品中,A款鞋墊佔全廠生產的重量比重為 6.62%(90,000/(90,000 + 21000 + 23800 + 1225000)),因此在「數據分配原則」欄位上就填入該數值作為分配比例。在實務上,分配原則是可以多個的,但這些在最後產出的碳足跡研究報告中要寫明分配計算的依據、如何計算及如有多個的分配原則時,什麼情況是用第一個分配原則,什麼情況是用第二個分配原則等,這些都需要在碳足跡研究報告中完整及清楚的說明。

至於投入產出質量平衡檢驗這一個區塊，就先留到最後再來填寫。

6.2.2 原料取得階段

工作小組從「產品碳足跡資訊網」中取得鞋墊的 CFP-PCR 文件，依照 CFP-PCR 中所呈現的產品生命週期的內容如圖 6.5 所示。其中在鞋墊製造的原料取得階段中需要有主要原料、次要原料、耗材、包裝材料這幾個項目。這些項目的內容都必須納入盤查範圍內，進行計算。

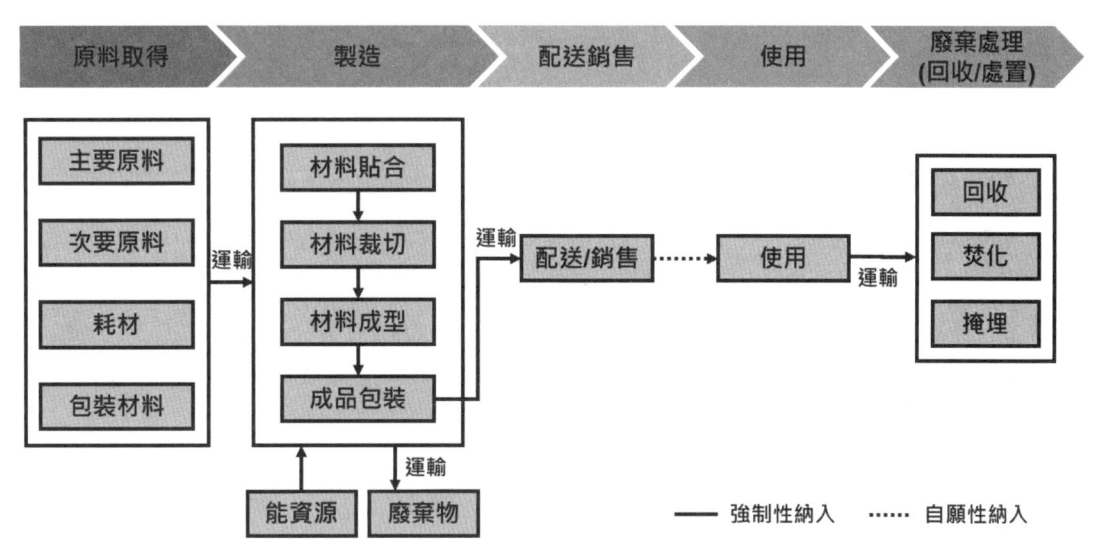

資料來源：產品環境足跡類別規則 Product Environmental Footprint Category Rules 鞋墊（Sockliner/Insole）V1.0 版

▲ 圖 6.5　鞋墊產品生命週期

在「碳足跡盤查清冊」Excel 檔案中，原料取得階段主要分成兩大項目，分別為**主要原物料 & 輔料投入**及**資源投入**這兩部分。

A. 主要原物料 & 輔料投入

生產部門從 ERP 的領料單中可以得知，A 款鞋墊生產時會使用到的主要原物料為天然橡膠（乳膠）、乙烯醋酸乙烯酯共聚物（EVA）、聚氯乙烯（PVC），輔料為膠水、化學劑，再加上一些耗材與包裝材料。表 6.3 為 2021 年主要原物料、輔助原料、耗材及包裝材之使用量統計結果。

表 6.3　2021 年 A 款鞋墊的主原物料及輔助原料（包裝材）之項目與使用量

類別	項目名稱	使用量	單位
主要原料	天然橡膠（乳膠）	70,000	公斤（kg）
	乙烯-醋酸乙烯酯共聚物（EVA）	40,000	公斤（kg）
	聚氯乙烯（PVC）	3,000	公斤（kg）
輔助原料	膠水、化學劑	20,000	公斤（kg）
耗材	耗材	10,000	公斤（kg）
包裝材	包裝材	15,000	公斤（kg）

　　每個主原物料或輔助原料（含包裝材）等項目，都是透過上游供應商所購買取得，並從供應商工廠以陸運方式運送到后里廠，因此針對每個主原物料及輔助原料（含包裝材）相關的運輸資料整理如表 6.4 所示。

表 6.4　2021 年 A 款鞋墊生產製造之物料運輸資料

項目名稱	供應商運輸起點	運輸方式	單趟距離	運輸單位
天然橡膠（乳膠）	台中港	陸運	50	公里（km）
乙烯-醋酸乙烯酯共聚物（EVA）	台灣台南地址	陸運	40	公里（km）
聚氯乙烯（PVC）	台灣桃園地址	陸運	60	公里（km）
輔料	台灣新竹地址	陸運	40	公里（km）
耗材	台灣台中地址	陸運	10	公里（km）
包裝材	台灣台中地址	陸運	10	公里（km）

　　有了上述的資訊後，就可以將相關內容填入到「碳足跡盤查清冊」Excel 檔案中的「原料取得階段」內的「A、主要原物料 & 輔助物料投入」的部分。在此部分要填入的欄位資料有「項目名稱」、「數值」、「單位」、「運輸起點」、「運輸方式」（可用下拉選擇）、「每單趟運輸距離」、「運輸的單位」（可用下拉選擇）、「備註/佐證文件說明」、「使用比例」這幾個欄位內容，填入後結果如圖 6.6 所示。

產品碳足跡盤查實作案例 **06**

項目名稱	數值	單位	運輸起點(如:地址或港口名稱)	運輸方式(下拉式選單)	每單趟運輸距離	運輸的單位(下拉式選單)	備註/佐證文件說明(如為化學品,請提供濃度 & CAS)	使用比例(請直接填入數值)	每1單位 標的產品之物料投入量	原物料投入量單位	來料運輸-陸運(TKM)
天然橡膠(乳膠)	70,000.0000	公斤(kg)	台中港	陸運	50.0000	公里(km)	ERP-領料單	100.0000%	0.0233	公斤(kg)	0.0012
乙烯醯酸乙烯酯共聚物(EVA)	40,000.0000	公斤(kg)	台灣台南地址	陸運	40.0000	公里(km)	ERP-領料單	100.0000%	0.0133	公斤(kg)	0.0005
聚氯乙烯(PVC)	3,000.0000	公斤(kg)	台灣桃園地址	陸運	60.0000	公里(km)	ERP-領料單	100.0000%	0.0010	公斤(kg)	0.0001
輔料	20,000.0000	公斤(kg)	台灣新竹地址	陸運	40.0000	公里(km)	ERP-領料單	100.0000%	0.0067	公斤(kg)	0.0003
耗材	10,000.0000	公斤(kg)	台灣台中地址	陸運	10.0000	公里(km)	ERP-領料單	100.0000%	0.0033	公斤(kg)	0.0000
包材	15,000.0000	公斤(kg)	台灣台中地址	陸運	10.0000	公里(km)	ERP-領料單	100.0000%	0.0050	公斤(kg)	0.0001

∧ 圖 6.6 主要原物料 & 輔助物料投入填寫的內容

以下針對部分欄位進行說明：

- 「**單位**」：主要是要確認之後計算時，是否與排放係數的單位一致，如有不一致的部分就要進行單位轉換，所以單位內容要確實填寫。

- 「**使用比例**」：若該項是全廠都會使用的項目，就要透過使用比例來進行分配。在此例中，因為主要原物料及輔助原料的投入，都是全部為 A 款鞋墊所使用，因此在此部分都只要填入 100% 即可。

- 「**每 1 單位標的產品之物料投入量**」：這是轉換成生產每一個單位產品時，相關物料投入的量為多少。以主要原料天然橡膠（乳膠）為例，可以視為生產每一雙 A 款鞋墊時，天然橡膠（乳膠）的投入量為 0.0233 公斤（kg）。因在 Excel 檔案中已經設有公式，因此只要把前面資料填入，就自動會進行計算。計算公式說明如下：

$$(70,000 \times 100\%) / 3,000,000 = 0.0233$$

- 天然橡膠（乳膠）的使用量：70,000 公斤（kg）
- 使用比例：100%
- 標的產品的總產量：3,000,000 雙

- 「**來料運輸**」：因原物料（包含輔料等）都是透過上游供應商所提供，因此從供應商端要送到工廠進行生產的這段運輸過程，要算作是因為生產所產生的碳排放，因此這部分在進行計算時，也要納入計算。依照不同的運輸方式，填入到不同的來料運輸項目，如陸運、海運、空運等。而這欄位的單位要特別注意是以 TKM（噸公里）來呈現，因此如果前面物料的數值單位不是噸，就要記得進行轉換。因在 Excel 檔案中有設定公式，因此只要將相關資料填入後，就會自動進行計算。在此說明計算公式如下：

$$（50 \times 0.0233）/ 1,000 = 0.0012$$

- 天然橡膠（乳膠）的運輸距離：50 公里（km）

- 每 1 單位標的產品之物料投入量：0.0233 公斤（kg）

- 公斤轉換成公噸：1,000

在實務上，如果運輸的部分是由上游供應商所負擔，也就是相關運輸成本部分是由上游供應商來自行支付處理，原則上是可以不用納入到此產品碳足跡的計算範圍。這在供應商如要進行盤查時，要自行納入計算的範圍內。所以實務上還是要看實際與供應商的交易狀況來決定。

另外在取得距離資料上，主要是分成陸運、海運、空運這幾種運輸方式，如果無法很明確地取得精確的運輸距離時，以下提供可以取得數據資料的方式。

- **陸運**：使用 Google 地圖上的數據來作為相關距離的數據。例如圖 6.7 所示，在 Google 地圖上輸入起點與終點地址，假設起點與終點的位置如圖內容，輸入後在 Google 地圖上就會顯示其距離，因會顯示多個路徑情況，選擇適合的路徑當作該距離即可，如圖，選擇所顯示的距離為 23.8 公里，將此數據作為運輸距離的數據使用。

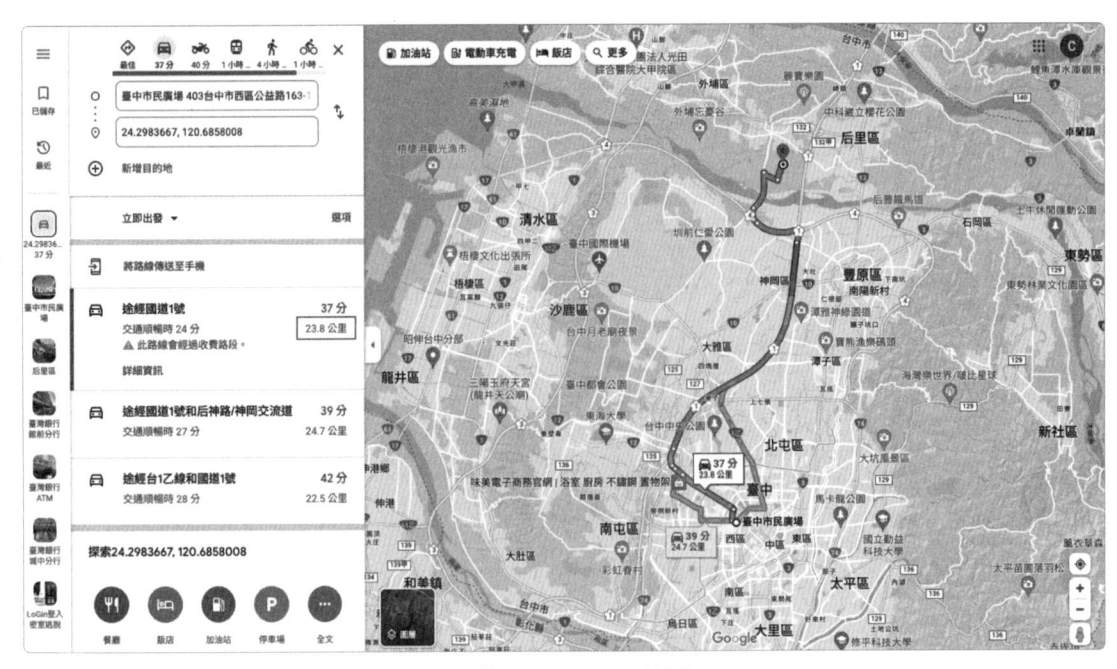

圖 6.7　Google 地圖

- **海運**：searates 網站（https://www.searates.com/services/distances-time/），如圖 6.8，提供全球蠻完整的港口資訊，可以透過該網站利用起運地港口及到貨港口估算運送距離，取得距離數據。

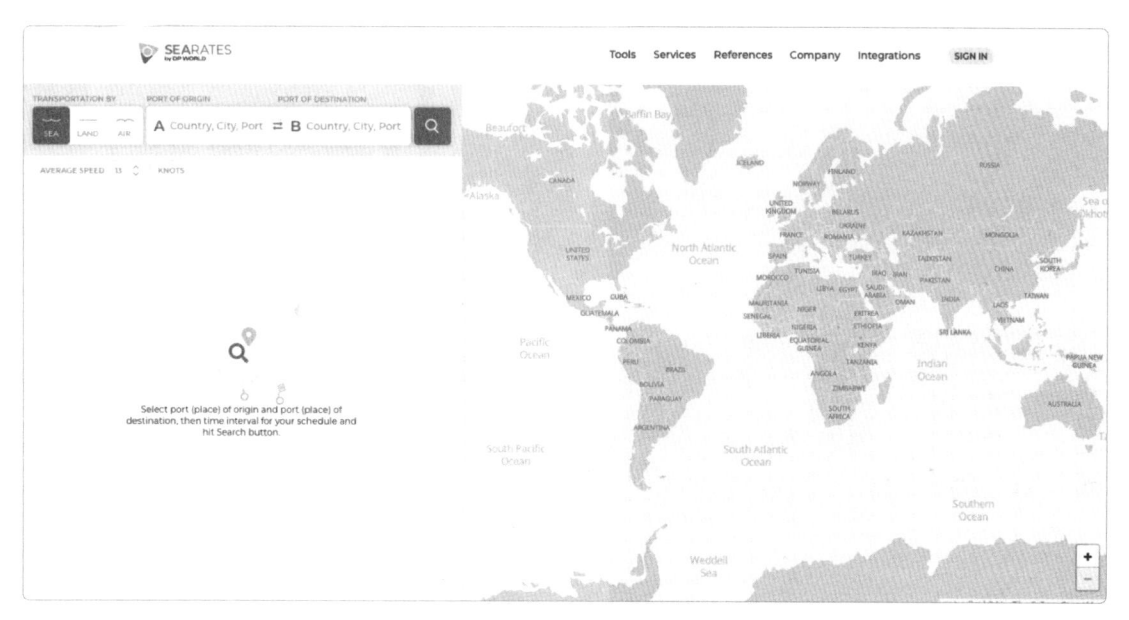

△ 圖 6.8　searate 網站

- **空運**：可使用 world airport codes 網站，如圖 6.9。輸入起運地機場及到貨機場來取得估算的運輸距離。

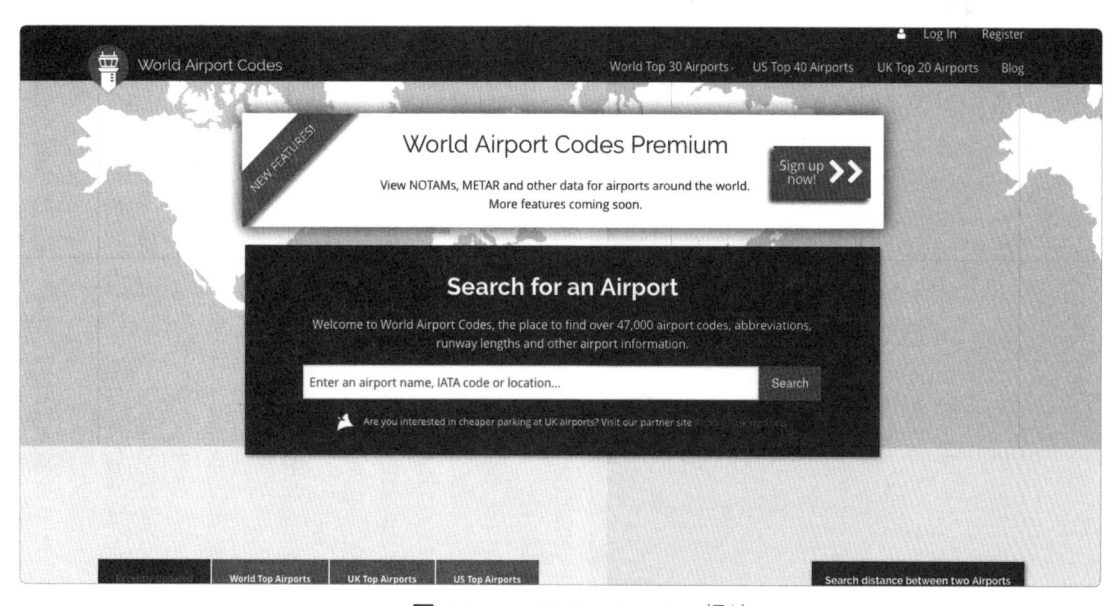

△ 圖 6.9　world airport codes 網站

B. 資源投入

后里廠在 2021 年期間,從 EMS 系統中彙整出每兩個月的用水量資料,總計為 30,000 立方公尺,相關用水量如表 6.5 所示。

表 6.5 2021 年相關用水量統計

鞋墊製程用水量							
用水量 (立方公尺 m^3)	2月	4月	6月	8月	10月	12月	總計
	5,500	5,000	3,000	5,000	6,000	5,500	30,000

有了資料後,可以將相關內容填入到「碳足跡盤查清冊」Excel 檔案中「原料取得階段」內的「B、資料投入」的部分。在此部分要填入的欄位資料有「項目名稱」、「數值」、「單位」、「運輸方式」(可用下拉選擇)、「備註/佐證文件說明」、「使用比例」這幾個欄位內容,填入後結果如圖 6.10 所示。

B、資源 投入 (請依水源方式,如自來水、地下水、井水等 ...進行填)
(提醒: 1. 若有廠內循環用水,請務必先扣除循環用水量; 2. 若有使用蒸氣鍋爐,請務必先扣除蒸氣鍋用水量)

項目名稱	數值	單位	運輸起點 (如: 地址或港口名稱)	運輸方式 (下拉式選單)	每單趟運輸距離	運輸的單位 (下拉式選單)	備註/佐證文件說明	使用比例(請直接填入數值)	每1單位 標的產品之資源投入量	資源投入量 單位
自來水	30,000.0000	立方公尺(m3)		管線			EMS系統	6.6186%	0.0007	立方公尺(m3)

▲ **圖 6.10** 資源投入填寫的內容

以下針對部分欄位進行說明:

- **「運輸方式」**:因為使用的資源自來水是利用管線取得,因此在此欄位以下方始選擇「管線」。也因為是利用管線,因此不需要填寫相關的運輸起點與距離等資料。如果水是利用水車所載來工廠的話,就要把相關運輸的數據填入。

- **「使用比例」**:由於水資源是在製造任何款鞋墊時都會使用的部分,是屬於全廠的數據,無法有很明確的數量可以歸到標的產品,因此會使用分配比例來進行分配。在此欄位上參考先前所建立的分配原則 1 的 6.62% 作為輸入的數值。

- **「每 1 單位標的產品之物料投入量」**:這是把數據轉換成生產每一個單位產品時,相關物料投入的量為多少。概念上同前面「A、主要原物料 & 輔助物料投入」這部分的內容。在此的計算公式說明如下:

$$（30,000 \times 6.62\%）/ 3,000,000 = 0.0233$$

- 自來水的使用量：30,000 公斤（kg）
- 使用比例：6.62%
- 標的產品的總產量：3,000,000 雙

將前面兩項「A、主要原物料 & 輔助物料投入」及「B. 資源投入」這兩個部分完成後，基本上在原料取得階段的計算算是已經完成，如圖 6.11。接著，就可以進到製造 / 服務階段的計算了。

▲ 圖 6.11　原料取得階段填寫的內容

6.2.3 製造 / 服務階段

在製造 / 服務階段主要分成以下幾個內容來計算：

1. **標的物生產製程之能耗資訊**，包含電力使用、其他燃料使用等之計算。
2. **標的物生產製程之污染物產生與處理情形**，包含廢氣處理程序與排放、廢水處理程序與排放、在製程與非製程時的廢棄物處理、冷媒洩漏逸散量。
3. **化糞池排放源**，計算化糞池排放源逸散項目。

以下分別針對這幾個內容來說明。

1. 標的物生產製程之能耗資訊

在「標的物生產製程之能耗資訊」中，主要分成「**A、電力使用**」及「**B、其他燃料使用**」這兩部分需要來計算。

電力使用部分可以參考電費單據上的數據，作為填入全廠區總用電量的依據。而多數企業生產的產品品項不止一項，且也不見得擁有獨立電錶來區分各產品的用電量，因此就會利用分配原則來將電力分配到標的產品上，作為該產品的使用量。若工廠有配置獨立電錶或是其他可區分出製程與公共所使用的電量時，在填寫計算上，就盡可能區分填寫清楚，之後在盤查完產品碳足跡後便可得知產品的排碳量的熱點是發生於何處。

在燃料部分，分成是鍋爐設備使用，還是非鍋爐使用兩種。若是使用鍋爐設備，且是用在不同產品製程的話，若可明確區分出標的產品的話，就可依實際作業的情況來作為該使用量，若無法明確區分則以分配原則進行分配。至於像是在工廠中堆高機所使用的燃油或是廠內運輸所使用的汽、柴油等燃油，這些則是都屬於非鍋爐使用燃料的範圍內來計算。

A. 電力使用（總用電量＝製程用電＋公共用電）

后里廠從 2021 年度所整理出的電費單中統計出來全廠區整年度總用電量為 3,000,000 度。

先將上述內容填入到「碳足跡盤查清冊」Excel 檔案中的「該標的物生產製製程能耗資訊」項目內的「A、電力使用」的「全場區總用電量」部分。在此部分要填入的欄位資料有「項目名稱」、「數值」、「單位」、「備註/佐證文件說明」這幾個欄位內容。針對標的產品的用電量部分，則填寫至「A、電力使用」的「標的物總用電量」部分，在此部分要填入的欄位資料有「項目名稱」、「分配比例」、「分配比利計算依據」、「數值」、「單位」、「備註/佐證文件說明」這幾個欄位內容。將相關數據分別填入後，其結果如圖 6.12 所示。

A、電力使用 (總用電量=製程用電+公共用電)							
全廠區總用電量							
項目名稱	數值		單位	備註/佐證文件說明			
全廠用電	3,000,000.0000		度(kwh)	電費單			
標的物總用電量 (註:若可將製程與公共用電區分,請盡量拆開填寫;若無法合併也可)							
項目名稱	分配比例(請直接填入數值)	分配比例計算依據(如:個數、面積、長度、重量、體積、工時…等)	數值	單位	備註/佐證文件說明	每1單位 標的產品之電力使用量	電力使用量單位
A款鞋墊分配用電	6.6186%	重量	198,558.6116	度(kwh)	電費單	0.0662	度(kwh)

▲ 圖 6.12　電力使用填寫的內容

以下針對部分欄位進行說明:

全廠區總用電量

- 「**數值**」:所填入的數值為全廠於盤查期間內的所有電力使用數據,包含製程用電及公共用電的總和。

標的物總用電量

- 「**分配比例**」:因案例工廠並沒有特別針對 A 款鞋墊在製造過程中設立獨立電錶來記錄用電狀況,僅只有全廠的用電數據,因此在此需要進行分配。故在此欄位上參考先前分配原則 1 的 6.62% 作為輸入的數值。

- 「**數值**」:因考慮到分配比例,因此就將全場用電數值乘上分配比例(3,000,000×6.62%)作為此欄位的數值。

- 「**每 1 單位標的產品之電力使用量**」:這是將先前數值轉換成從以生產每一個單位產品時,電力的使用量為多少的方式。就如同前面部分的內容一樣。在此的計算公式說明如下:

$$(198,600,000) / 3,000,000 = 0.0662$$

- 標的產品的用電使用量:198,600,000 度(kwh)

- 使用比例:6.62%

- 標的產品的總產量:3,000,000 雙

B. 其他燃料使用

因生產製程中沒有使用鍋爐燃燒，因此在鍋爐使用的燃料部分不用計算。假如生產中有使用鍋爐，且過程中使用水，那除了鍋爐使用的燃料要填寫外，連同用水的部分也需填入於「B-1、鍋爐使用的燃料」內。

而其他燃料部分，總務部門透過加油單據及購買單據統計後，在 2021 年度所使用的柴油總量為 20,050 公升，相關使用明細項目如表 6.6 所示。

表 6.6　燃料使用明細項目

品項	投入量	單位
柴油（貨車）	20,000	公升（L）
柴油（堆高機）	50	公升（L）

將上述內容填入到「碳足跡盤查清冊」Excel 檔案中的「該標的物生產製程之能耗資訊」項目內的「B、其他燃料使用」的「B-2、其他非鍋爐使用的燃料」上。在此部分要填入的欄位資料有「項目名稱」、「數值」、「單位」、「分配比例」、「分配比例計算依據」這幾個欄位內容。將相關數據分別填入後，其結果如圖 6.13 所示。

B-2、其他非鍋爐使用的燃料 (如：推高機、緊急發電機等設備使用之燃料、公務車的汽柴油使用) (欄位不足，請自行增添)

項目名稱	數值	單位	運輸起點 (如: 地址或港口名稱)	運輸方式 (下拉式選單)	每單趟運輸距離	運輸的單位 (下拉式選單)	使用比例 (請直接填入數值)	分配比例計算依據(如:個數、面積、長度、重量、體積、工時...等)	每1單位 標的產品之 燃料投入量	燃料投入量 單位	來料運輸-陸運(TKM)
貨車(柴油)	20,000.0000	公升(L)					6.6186%	重量	0.0004	公升(L)	
堆高機(柴油)	50.0000	公升(L)					6.6186%	重量	0.0000	公升(L)	

^ **圖 6.13**　燃料使用填寫的內容

以下針對部分欄位進行說明：

- **「分配比例」**：因堆高機及貨車運輸的使用都是在製造鞋墊時都會使用的部分，因此使用分配原則來確認歸於 A 款鞋墊的數據。在此欄位上參考分配原則 1 的 6.62% 作為輸入的數值。
- **「每 1 單位標的產品之燃料投入量」**：將前面數值轉換成生產每一個單位產品時，相關燃料所要投入的量。以貨車（柴油）這個項目為例，計算公式說明如下：

$$(20{,}000 \times 6.62\%) / 3{,}000{,}000 = 0.0004$$

- 標的產品的堆高機（柴油）使用量：20,000 公升（L）
- 使用比例：6.62%
- 標的產品的總產量：3,000,000 雙

將「其他燃料使用」填寫及計算完後，連同前面的「電力使用」，整個製造／服務階段中的「該標的物生產製程之能耗資訊」這部分算是已經完成，如圖 6.14。接著就進到下一個有關在生產過程中的污染物的產出與處理的填寫與計算。

▲ 圖 6.14　標的物生產製程之能耗資訊填寫的內容

2. 標的物生產製程之污染產生與處理情況

在「標的物生產製程之污染產生與處理情況」中，主要分成「**A、廢氣處理程序與排放**」、「**B、廢水處理程序與排放**」、「**C、廢棄物 - 製程與非製成**」及「**D、冷媒洩漏逸散量**」這四個部分來填寫與計算。

在廢棄與廢水部分，針對有關標的產品所有關的廢棄與廢水排放項目，依照排放許可證等佐證文件，將相關的排放數據填入於表格內，若數據屬於全廠時，則依照分配原則進行分配，以便區分出屬於標的產品所需盤查的數據。

若廢氣或廢水是於廠內進行處理的，就需要提供購入處理的化學藥劑項目及數值資料，如果購入的方式採用運輸方式（如陸運、海運或空運）也要一併納入計算。若是委外由代處理業者來進行處理，也需彙整出請運輸地點及運輸方式和運輸距離的資料，以便填入於相關表格內。

在廢棄物的部分，要區分出製程與非製程兩方面來進行盤查。在標的產品生產過程中直接產生的，就屬於製程之廢棄物，如果在製成過程中沒有直接相關的，就歸屬於非製成廢棄物。依照盤查的廢棄物項目與產生量分別填寫至表格內，如果是屬於全廠數據，就依照分配原則進行分配。另外有關廢棄物的處理方式，如焚化、掩埋、回收等，還有運輸方式及運輸距離等數據，也需要進行記錄，並填入與相關欄位中。

A、廢氣處理程序與排放

本例工廠在製造過程中沒有相關廢氣的排放不需要處理，因此在此部分不用填寫及計算。

B、廢水處理程序與排放

經由汙水費單中可知，后里廠在 2021 年於生產製程時的廢污水處理量為 10,000 立方公尺。在廢水的處理上沒有使用任何化學藥劑進行處理，是採直接排放方式進到污水管道內。

將上述內容填入到「碳足跡盤查清冊」Excel 檔案中的「該標的物生產製程之污染物產生與處理情況」項目內的「B、廢水處理程序與排放」。在此部分要填入的欄位資料有「項目名稱」、「數值」、「單位」、「備註/佐證文件說明」、「分配比例」這幾個欄位內容。將相關數據分別填入後，其結果如圖 6.15 所示。

B、廢水處理程序與排放							
項目名稱	數值	單位	備註/佐證文件說明	分配比例(調直接填入數值)	每 1 單位 標的產品之廢水產出量	廢水產出量單位	出廠運輸-陸運(TKM)
廢汙水處理	10,000.0000	立方公尺(m3)	汙水費單	6.6186%	0.0002	立方公尺(m3)	

∧ 圖 6.15　廢水處理程序與排放填寫的內容

以下針對部分欄位進行說明：

- 「**分配比例**」：因廢水的數據為全廠數據，因此使用分配原則來確認歸於標的產品的數據。在此欄位上參考分配原則 1 的 6.62% 作為輸入的數值。

由於廢水的排放上沒有使用化學藥劑來處理，直接進到污水管道內。因此在「B-1、廢水處理化學藥劑投入量」不用填寫相關數據，但在「B-2、廢水排放階段」這一區塊，需要填寫的欄位資料有「項目名稱」、「數值」、「單位」、「備註/佐證文件說明」、「分配比例」這幾個欄位內容。將相關數據分別填入後，其結果如圖 6.16 所示。

B-2、廢水排放階段						
項目名稱	數值	單位	備註/佐證文件說明	分配比例(請直接填入數值)	每1單位 標的產品之排放量	排放量 單位
廢汙水處理	10,000.0000	立方公尺(m3)	汙水費單	6.6186%	0.0002	立方公尺(m3)

△ 圖 6.16　廢水排放階段填寫的內容

以下針對部分欄位進行說明：

- 「**數值**」：因廢水的排放是全廠數據，因此在此填入的是 10,000，單位為立方公尺（m3）。

- 「**分配比例**」：因數據為全廠數據，因此使用分配原則來確認屬於標的產品的數據。在此欄位上參考分配原則 1 的 6.62% 作為輸入的數值。

- 「**每 1 單位標的產品之排放量**」：就如同前面的一樣，是將前面數值轉換成生產每一個單位產品時，所產生的排放量。

當排放階段的內容填寫並計算後，屬於「B、廢水處理程序與排放」這部分的內容就算完成了，如圖 6.17。接著就可以填寫與計算有關在製程與非製程階所產生的廢棄物。

B、廢水處理程序與排放

項目名稱	數值	單位	備註/佐證文件說明	分配比例(請直接填入數值)	每1單位 標的產品之廢水產出量	廢水產出量單位	出廠運輸-陸運(TKM)
廢汙水處理	10,000.0000	立方公尺(m3)	汙水費單	6.6186%	0.0002	立方公尺(m3)	

B-1、廢水處理化學藥劑投入量

項目名稱	數值	單位	運輸起點(如:地址或港口名稱)	運輸方式(下拉式選單)	每單趟運輸距離	運輸的單位(下拉式選單)	備註/佐證文件說明(如為化學品，請提供濃度 & CAS)	分配比例(請直接填入數值)	每1單位 標的產品之化學藥劑投入量	化學藥劑投入量單位	來料運輸-陸運(TKM)

B-2、廢水排放階段

項目名稱	數值	單位	備註/佐證文件說明	分配比例(請直接填入數值)	每1單位 標的產品之排放量	排放量單位
廢汙水處理	10,000.0000	立方公尺(m3)	汙水費單	6.6186%	0.0002	立方公尺(m3)

▲ 圖 6.17　廢水處理程序與排放填寫的內容

C、廢棄物 - 製程 & 非製程

在製造階段中生產過程所產生的製程廢棄物，依據公司統計報表中揭示在 2021 年共委託清運公司，清運了 600,000 公斤的邊角料及 40,000 公斤的其他廢棄物到苗栗焚化廠（台灣苗栗地址，距離為 12.1Km）進行焚化處理。

將上面相關數據，填寫在「C、廢棄物 - 製程 & 非製程」中的「C-1、標的物生產製程之廢棄物」表格內，需要填寫的欄位資料有「項目名稱」、「數值」、「單位」、「運輸終點」、「運輸方式」（可用下拉選擇）、「每單趟運輸距離」、「運輸的單位」（可用下拉選擇）、「處理方式」（可用下拉選擇）、「分配比例」。將相關數據分別填入後，其結果如圖 6.18 所示。

C-1、標的物生產製程之廢棄物

項目名稱	數值	單位	運輸終點(如:地址或港口名稱)	運輸方式(下拉式選單)	每單趟運輸距離	運輸的單位(下拉式選單)	處理方式(如:焚化、掩埋、固化、回收再利用等)	分配比例(請直接填入數值)	每1單位 標的產品之廢棄物產出量	廢棄物產出量單位	出廠運輸-陸運(TKM)
邊角料	600000.0000	公斤(kg)	台灣苗栗地址	陸運	12.1000	公里(km)	焚化	6.6186%	0.0132	公斤(kg)	0.0002
其他廢棄物	40000.0000	公斤(kg)	台灣苗栗地址	陸運	12.1000	公里(km)	焚化	6.6186%	0.0009	公斤(kg)	0.000011

▲ 圖 6.18　製程之廢棄物填寫的內容

以下針對部分欄位進行說明：

- 「分配比例」：因產生的廢棄物數量與處理數據為全廠數據，因此使用分配原則來確認屬於標的產品的數據。在此欄位上參考分配原則 1 的 6.62% 作為輸入的數值。

- 「處理方式」：因廢棄物使交由清運公司載至焚化廠進行焚化處理，因此在此欄位透過下拉選單選擇焚化。

至於人員生活垃圾雖屬於非製程廢棄物，但在盤查初期規劃時，工作小組討論後就已經列入排除項目，因此有關非製程廢棄物這部分就不用填寫與計算。這樣在「C、廢棄物 - 製程 & 非製程」也就完成了。結果如圖 6.19 所示。

C、廢棄物 - 製程 & 非製程										
C-1、標的物生產製程之廢棄物										
項目名稱	數值	單位	運輸終點(如:地址或港口名稱)	運輸方式(下拉式選單)	每單趟運輸距離	運輸的單位(下拉式選單)	處理方式(如:焚化、掩埋、固化、回收再利用等)	分配比例(請直接填入數值)	每1單位 標的產品之廢棄物產出量	廢棄物產出量單位	出廠運輸-陸運(TKM)
邊角料	600000.0000	公斤(kg)	台灣苗栗地址	陸運	12.1100	公里(km)	焚化	6.6186%	0.0132	公斤(kg)	0.0002
其他廢棄物	40000.0000	公斤(kg)	台灣苗栗地址	陸運	12.1100	公里(km)	焚化	6.6186%	0.0009	公斤(kg)	0.000011
C-2、非製程廢棄物(整廠性資料)										
項目名稱	數值	單位	運輸終點(如:地址或港口名稱)	運輸方式(下拉式選單)	每單趟運輸距離	運輸的單位(下拉式選單)	處理方式(如:焚化、掩埋、固化、回收再利用等)	分配比例(請直接填入數值)	每1單位 標的產品之廢棄物產出量	廢棄物產出量單位	出廠運輸-陸運(TKM)

▲ 圖 6.19　廢棄物製程與非製程填寫的內容

D、冷媒溢漏逸散量

廠區使用冷氣設備，根據總務單位的填充收據資料顯示，在 2021 年冷媒漏逸散量共 4 公斤。

將逸散量數據，填寫在「D、冷媒洩漏逸散量」表格內，需要填寫的欄位資料有「項目名稱」、「數值」、「單位」、「備註 / 佐證文件說明」、「分配比例」。將相關數據分別填入後，其結果如圖 6.20 所示。

D、冷媒洩漏逸散量						
項目名稱	數值	單位	備註/佐證文件說明	分配比例(請直接填入數值)	每1單位 標的產品之 冷媒排放量	冷媒排放量單位
冷氣冷媒	4.0000	公斤(kg)	填充收據	6.6186%	0.0000	公斤(kg)

▲ 圖 6.20　冷媒洩漏逸散量填寫的內容

以下針對部分欄位進行說明：

- 「**數值**」：是指與標的產品有關的項目活動數據。
- 「**分配比例**」：因這部數據大多數為全廠數據，因此會使用分配原則來確認歸屬於標的產品的數據。在此欄位上參考分配原則 1 的 6.62% 作為輸入的數值。

3. 化糞池排放源

化糞池逸散排放源主要計算人均甲烷（CH4）排放量 = 總人天 ***k***× 人均天時 BOD 排放量 ×BOD 排放因子 ***i***。這部分的資料主要是要提供與製造標的產品相關廠內員工人數、盤查期間內工作天數及每人每天工作時間（小時）。而在 Excel 檔案中（圖 6.21），相關排放係數已預先設定於表格中，因此只需要填入「員工人數」、「工作天數」及「每人每天工作時間（小時）」，就可以產出每 1 單位標的產品之產出量，單位是 $kgCO_2e$。

透過人事部門統計出，2021 年度在該廠中共計有 500 位員工，每人每日工作 10.36 小時，整年總工作天數共 250 天。

四、化糞池排放源 (化糞池排放源逸散計算填表說明：請依廠內員工/工時資料型態填寫，僅需填寫下方綠色區塊的3個欄位資訊即可。)											
廠內員工數(人)	排放係數考量參數						排放係數	溫室氣體排放量		備註	每 1單位 標的產品之投入與產出量(kgCO2e/單位)
	BOD排放因子(公噸CH_4/公噸-BOD)	平均污水濃度(mg/L)	工作天數(天)	每人每天工作時間(小時)	每人每小時廢水量(公升/小時)	化糞池處理效率(%)	CH_4排放係數(公噸/人-年)	CH_4(公噸/年)	總溫室氣體(公噸CO_2e/年)	HR系統	0.002
550	0.6	200.0	250	10.36	15.6	85.0	0.004128	2.270297	63.57		

^ **圖 6.21** 化糞池逸散量填寫的內容

以下針對部分欄位進行說明：

- **「每 1 單位標的產品之投入與產出量」**：此處所計算出來的每一個單位的排放量結果，其單位已經轉換成 $kgCO_2e$，因此在之後計算此項的排放量，就不需要再乘上項目係數，就直接使用前面所計算出的結果當作是此項的排放數據。

當化糞池排放源也完成，整個在製造 / 服務階段算是告一個段落，整個階段的數據如圖 6.22 所示（完整內容可參考書本所附的 pdf 檔）。

── 產品碳足跡盤查實作案例 **06**

製造/服務階段

二、該標的物生產製程之能耗資訊 (欄位不足，請自行增添)

A、電力使用 (總用電量＝製程用電＋公共用電)

全廠區總用電量

項目名稱	數值	單位	備註/佐證文件說明
全廠用電	3,000,000.0000	度(kwh)	電費單

標的物總用電量 (註：若可將製程與公共用電區分，請盡量拆開填寫；若無法合併也可)

項目名稱	分配比例(請直接填入數值)	備註(如：個數、面積、長度、重量、體積、工時…等)	數值	單位	備註/佐證文件說明	每1單位 標的產品之電力使用量	電力使用量單位
A 款鞋墊分配用電	6.6186%	重量	198,558.6116	度(kwh)	電費單	0.0662	度(kwh)

B、其他燃料使用 (如燃油鍋爐/鍋爐蒸氣鍋爐所使用之重油、天然氣等燃料，並註明 燃料種類 & 熱值轉換單位) (提醒：若是蒸氣鍋爐，請務必填寫蒸氣鍋爐用水的資訊)

B-1、鍋爐使用的燃料 -如：燃油鍋爐/鍋爐蒸氣 …等程序 (欄位不足，請自行增添)

項目名稱	數值	單位	運輸起點(如：地址或港口名稱)	運輸方式(下拉式選單)	每單趟運輸距離	運輸的單位(下拉式選單)	使用比例(請直接填入數值)	分配比例計算依據(如：個數、面積、長度、重量、體積、工時…等)	每1單位 標的產品之燃料投入量	燃料投入量單位	來料運輸-陸運(TKM)

B-2、其他非鍋爐使用的燃料 (如：堆高機、緊急發電機等設備使用之燃料、公務車的汽柴油使用) (欄位不足，請自行增添)

項目名稱	數值	單位	運輸起點(如：地址或港口名稱)	運輸方式(下拉式選單)	每單趟運輸距離	運輸的單位(下拉式選單)	使用比例(請直接填入數值)	分配比例計算依據(如：個數、面積、長度、重量、體積、工時…等)	每1單位 標的產品之燃料投入量	燃料投入量單位	來料運輸-陸運(TKM)
貨車(柴油)	20,000.0000	公升(L)					6.6186%	重量	0.0004	公升(L)	
堆高機(柴油)	50.0000	公升(L)					6.6186%	重量	0.0000	公升(L)	

三、該標的物生產製程之污染物產生與處理情形 (欄位不足，請自行增添)

A、廢氣處理程序與排放

A-1、廢氣排放

項目名稱	污染物排放總量 & 單位	單位	備註/佐證文件說明	分配比例(請直接填入數值)	每1單位 標的產品之廢氣排放量	廢氣排放量單位

A-2、廢氣處理化學藥劑投入量

項目名稱	數值	單位	運輸起點(如：地址或港口名稱)	運輸方式(下拉式選單)	每單趟運輸距離	運輸的單位(下拉式選單)	備註/佐證文件說明(如為化學品，請提供濃度 & CAS)	分配比例(請直接填入數值)	每1單位 標的產品之化學藥劑投入量	化學藥劑投入量單位	來料運輸-陸運(TKM)

B、廢水處理程序與排放

項目名稱	數值	單位	備註/佐證文件說明	分配比例(請直接填入數值)	每1單位 標的產品之廢水產出量	廢水產出量單位	出廠運輸-陸運(TKM)
廢汙水處理	10,000.0000	立方公尺(m3)	汙水費單	6.6186%	0.0002	立方公尺(m3)	

B-1、廢水處理化學藥劑投入量

項目名稱	數值	單位	運輸起點(如：地址或港口名稱)	運輸方式(下拉式選單)	每單趟運輸距離	運輸的單位(下拉式選單)	備註/佐證文件說明(如為化學品，請提供濃度 & CAS)	分配比例(請直接填入數值)	每1單位 標的產品之化學藥劑投入量	化學藥劑投入量單位	來料運輸-陸運(TKM)

B-2、廢水排放階段

項目名稱	數值	單位	備註/佐證文件說明	分配比例(請直接填入數值)	每1單位 標的產品之排放量	排放量單位
廢汙水處理	10,000.0000	立方公尺(m3)	汙水費單	6.6186%	0.0002	立方公尺(m3)

C、廢棄物-製程 & 非製程

C-1、標的物生產製程之廢棄物

項目名稱	數值	單位	運輸終點(如：地址或港口名稱)	運輸方式(下拉式選單)	每單趟運輸距離	運輸的單位(下拉式選單)	處理方式(如：焚化、掩埋、固化、回收再利用等)	分配比例(請直接填入數值)	每1單位 標的產品之廢棄物產出量	廢棄物產出量單位	出廠運輸-陸運(TKM)
邊角料	600000.0000	公斤(kg)	台灣苗栗地址	陸運	12.1000	公里(km)	焚化	6.6186%	0.0132	公斤(kg)	0.0002
其他廢棄物	40000.0000	公斤(kg)	台灣苗栗地址	陸運	12.1000	公里(km)	焚化	6.6186%	0.0009	公斤(kg)	0.000011

C-2、非製程廢棄物 (整廠性資料)

項目名稱	數值	單位	運輸終點(如：地址或港口名稱)	運輸方式(下拉式選單)	每單趟運輸距離	運輸的單位(下拉式選單)	處理方式(如：焚化、掩埋、固化、回收再利用等)	分配比例(請直接填入數值)	每1單位 標的產品之廢棄物產出量	廢棄物產出量單位	出廠運輸-陸運(TKM)

D、冷媒洩漏逸散量

項目名稱	數值	單位	備註/佐證文件說明	分配比例(請直接填入數值)	每1單位 標的產品之冷媒排放量	冷媒排放量單位
冷氣冷媒	4.0000	公斤(kg)	填充紀錄	6.6186%	0.0000	公斤(kg)

四、化糞池排放源 (化糞池排放源換散計算填表說明：請依廠內員工/工時資料型態填寫，僅需填寫下方綠色區塊的3個欄位資訊即可。)

廠內員工數(人)	排放係數考量參數					排放係數		溫室氣體排放量		備註	每1單位 標的產品之投入與產出量(kgCO2e/單位)
	BOD排放因子(公噸CH₄/公噸-BOD)	平均污水濃度(mg/L)	工作天數(天)	每人每天工作時間(小時)	每人每小時廢水量(公升/小時)	化糞池處理效率(%)	CH₄排放係數(公噸/人·年)	CH₄(公噸/年)	總溫室氣體(公噸CO₂e/年)	HR系統	
550	0.6	200.0	250	10.36	15.6	85.0	0.004128	2.270297	63.57		0.002

↑ 圖 6.22　製造 / 服務階段填寫的內容

　　因為此次盤查設定的範圍再加上產品特性，只針對搖籃到大門（B2B）兩階段進行盤查，因此配銷階段、使用階段、廢棄處理階段等這幾個階段不進行計算。

　　實際盤查時，如果盤查的項目有比較多，如在原料取得階段中的主要原物料＆輔料投入項目超過原檔案中的列數，就可自行再透過新增列的功能來增加以方便填寫。一切

6-25

填寫的內容，都依照實際盤查時所搜集與整理出來的資料來作為填寫的依據，不夠的部分就都可自行添加。

先前在產品基本資料的部分，先跳過了質量平衡計算的部分，現在可以回過頭去利用質量平衡的計算，來確認一下在總投入與總產出之間是否有異常。

質量平衡的概念可以用以下例子來說明，假設今天投入小麥 1000 公斤，經過生產後，會產出麵粉、家畜飼料、小麥胚芽及其他廢棄物，這些的產出量，在不考慮生產過程中的耗損或其他狀況，應該可以分別產出 750 公斤、200 公斤、40 公斤、10 公斤的產出量，如圖 6.23 所示。這些的產出量加總起來，應該會要等於原來小麥的投入量。就是希望透過這樣的一個概念，利用質量平行檢驗，來確認所填入的原料資料與產出資料上是否差異過大，以便確認填入的輸入與產出是否有遺漏或是單位不正確導致差異過大之類。

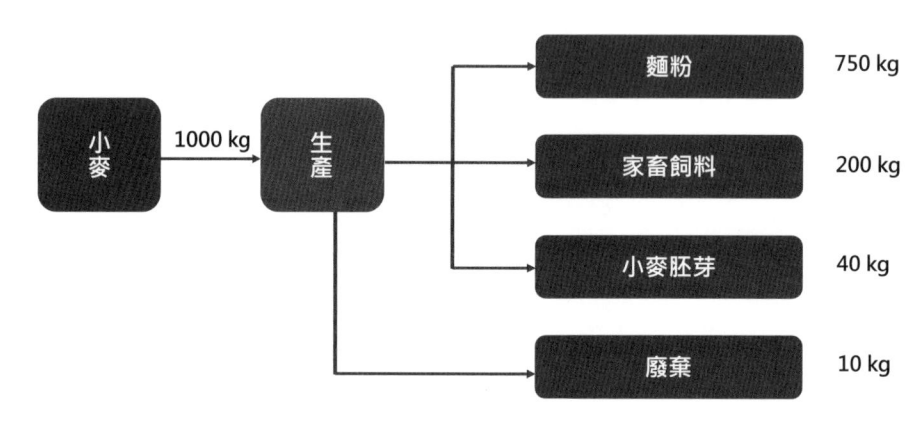

▲ 圖 6.23　投入與產出的範例

在 A 款鞋墊的案例中，總投入為 A 款鞋墊主要原料（天然橡膠（乳膠）、乙烯醋酸乙烯酯共聚物（EVA）、聚氯乙烯（PVC））及輔助原料的加總，也就是在「原料取得階段」中「一、該標的物生產製程之物料投入數據」內「A、主要原物料 & 輔助物料投入」那幾個項目（圖 6.24）的數據加總。

原料取得階段

一、該標的物生產製程之物料投入數據 (欄位不足，請自行增列)

數據蒐集時間	2021年01月01日~2021年12月31日
原料取得階段是否有原料供應商一同參與盤查	□無，Ｖ有
	若填寫，請說明參加之方式：Ｖ盤查表，○清理計算當M級，○其他中程資料，或○其他(請以文字說明)
於生產製程是否有使用回收原料或再利用品作為原物料或輔助項投入	Ｖ無，□有
	若填有，請說明 _____

A、主要原物料&輔助物料投入(輔助物料如：化學藥劑、添加劑、催化劑、包裝材(紙箱、紙盒、膠帶)、設備耗材、冷媒...等) 投入 (欄位不足，請自行增列)

項目名稱	數值	單位	運輸起點(如：地址或港口名稱)	運輸方式(下拉式選單)	每單趟運輸距離	運輸的單位(下拉式選單)	備註/佐證文件說明(如為化學品，請提供濃度及CAS)	使用比例(請直接填入數值)	每1單位標的產品之物料投入量	原物料投入量 單位	來料運輸-陸運(TKM)	來料運輸-海運(TKM)	來料運輸-空運(TKM)
天然橡膠(乳膠)	70,000.00	公斤(kg)	台中港	陸運	50.00	公里(km)	ERP-領料單	100%	0.0233	公斤(kg)	0.0012		
乙烯醋酸乙烯酯共聚物(EVA)	40,000.00	公斤(kg)	台灣台南地址	陸運	40.00	公里(km)	ERP-領料單	100%	0.0133	公斤(kg)	0.0005		
聚氯乙烯(PVC)	3,000.00	公斤(kg)	台灣桃園地址	陸運	60.00	公里(km)	ERP-領料單	100%	0.0010	公斤(kg)	0.0001		
輔料	20,000.00	公斤(kg)	台灣新竹地址	陸運	40.00	公里(km)	ERP-領料單	100%	0.0067	公斤(kg)	0.0003		

△ 圖 6.24　總投入的項目

在總產出的部分，就會包括在「產品基本資料」中的「產品重（不含包材）」以及在製造/服務階段中「C-1、標的物生產製程之廢棄物」內的邊角廢棄物重量的加總（圖 6.25）。

標的產品	產品名稱	總產量	計量單位	單件裸裝重量(不含包裝，kg)	產品總重量(不含包裝，單位:kg)
	A款鞋墊	3,000,000.0000	雙	0.0300	90000.0000

C-1、標的物生產製程之廢棄物

項目名稱	數值	單位
邊角料	600000.0000	公斤(kg)

△ 圖 6.25　總產出的項目

填入總投入與總產出相關的數據後，就可以進行計算，計算的方式就是將總投入減去總產出後，再除上總投入乘上100%，這會產生一個百分比的數值。一般會以10%作為一個門檻值，若差異大於10%就是異常，這時應回頭檢視製程步驟中是否有遺漏的項目或是有重複填入、單位的使用沒有正確的使用、高低估、分配方法不適用、資料期間是否一致等問題。在本例中的結果如圖 6.26 所示。經過計算後其比例為 2.5%，在 10% 以內，表示是合理的結果。

投入產出質量平衡檢驗			
投入/產出項目	數值	單位	備註/佐證文件說明
總投入量	133,000	kg	總投入為鞋墊主要+次要原料的加總；總產出量為產品重(不含包材)及邊角廢棄物重量的加總
總產出量	129,600	kg	
(總投入-總產出)/總投入	2.6%		

△ 圖 6.26　投入與產出質量平衡檢驗結果

6.2.4 平台匯入表（盤查清冊）

在完成盤查表頁籤內的填寫與計算後，就可在「碳足跡盤查清冊」Excel 檔中下方的第二個頁籤 - **平台匯入表**檢視相關的內容，並自行來計算標的產品的碳足跡。

在表中有部分欄位事先有設定好 Excel 公式，因此只要在盤查表頁籤中有填寫的資料，就會依照相對應的位置抓取在盤查表頁籤內的資料，填入於該欄位中。特別提醒，如果在盤查表頁籤中因填寫資料上有自行增加列的部分，在平台匯入表頁籤中，就需要自行調整對應的公式，以免資料抓取錯誤，造成後面的計算產生問題。另外，針對各項原物料及燃料、廢棄物等的運輸數據已先設定，實際盤查時再依狀況自行調整。

在平台匯入表頁籤主要分成幾個部分：

1. 活動數據

這部分的內容主要是從前一個盤查表頁籤所來的，欄位的說明如下：

可透過下拉選單來調整。

- **群組**：顯示這個項目名稱在群組是屬於哪一類的。群組共有：能源、資源、原物料、輔助項、產品、聯產品、排放、殘留物這幾個選項，可透過下拉選單來選擇，就依照項目的特性來選擇。
- **項目名稱**：項目名稱就是與標的產品有關的活動項目，也就是作為計算標的產品碳足跡的活動依據。這部分已經有設定好公式，因此只要在盤查表有填寫的，就會自動帶入。
- **總活動量**：此活動項目經過搜集計算後所得到的活動數據。這部分已經有設定好公式，因此只要在盤查表有填寫的，就會自動帶入。
- **單位**：顯示總活動量數據的單位。這部分已經有設定好公式，因此只要在盤查表有填寫的，就會自動帶入。
- **每單位數量**：將總活動量轉換成一個標的產品單位的活動數據。這部分已經有設定好公式，因此只要在盤查表有填寫的，就會自動帶入。
- **單位**：顯示每單位數量數據的單位。這部分已經有設定好公式，因此只要在盤查表有填寫的，就會自動帶入。

延續先前盤查表中所填寫的內容，在平台匯入表中活動數據的內容如表 6.7 所示。

表 6.7 活動數據內容

生命週期階段	群組	項目名稱	總活動量	單位	每單位數量	單位
原料取得階段	原物料	天然橡膠（乳膠）	70,000.00	公斤（kg）	0.02333333	公斤（kg）
原料取得階段	原物料	乙烯醋酸乙烯酯共聚物（EVA）	40,000.00	公斤（kg）	0.01333333	公斤（kg）
原料取得階段	原物料	聚氯乙烯（PVC）	3,000.00	公斤（kg）	0.00100000	公斤（kg）
原料取得階段	原物料	輔料	20,000.00	公斤（kg）	0.00666667	公斤（kg）
原料取得階段	原物料	耗材	10,000.00	公斤（kg）	0.00333333	公斤（kg）
原料取得階段	原物料	包材	15,000.00	公斤（kg）	0.00500000	公斤（kg）
原料取得階段	資源	自來水	30,000.00	立方公尺（m3）	0.00066200	立方公尺（m³）
原料取得階段	輔助項	原料階段物料運輸-陸運（TKM）	210.00	公里（km）	0.00211000	延噸公里（tkm）
製造生產階段	能源	A 款鞋墊分配用電	198,600.00	度（kwh）	0.06620000	度（kwh）
製造生產階段	能源	貨車（柴油）	20,000.00	公升（L）	0.00044133	公升（L）
製造生產階段	能源	堆高機（柴油）	50.00	公升（L）	0.00000110	公升（L）
製造生產階段	排放	廢汙水處理	10,000.00	立方公尺（m3）	0.00022067	立方公尺（m³）
製造生產階段	殘留物	邊角料	600,000.00	公斤（kg）	0.01324000	公斤（kg）
製造生產階段	殘留物	其他廢棄物	40,000.00	公斤（kg）	0.00088267	公斤（kg）
製造生產階段	殘留物	冷氣冷媒	4.00	公斤（kg）	0.00000009	公斤（kg）

生命週期階段	群組	項目名稱	總活動量	單位	每單位數量	單位
製造生產階段	排放	化糞池逸散			0.00161751	kg CO$_2$e
製造生產階段	輔助項	製造階段廢棄物出廠運輸－陸運（TKM）	24.20	公里（km）	0.00017088	延噸公里（tkm）

2. 排放係數

針對每一個活動項目的排放係數進行填寫。排放係數的取用如同先前所介紹的參考多個不同的來源來取用，在國內，可優先參考「產品碳足跡資訊網」中的碳足跡資料庫來作為填寫依據。特別要注意的是在數據單位的部分，在資料庫內排放係數的數值多以"kgCO$_2$e"為單位，但有少部分不是（如以"gCO$_2$e"為單位），所以填寫時遇到單位不同時，就須將單位轉換一致，以免產生問題。相關係數的取用，可以參考前面章節的內容說明。

排放係數區塊的欄位說明如下：

- **項目名稱**：項目名稱就是與標的產品有關的活動項目，也就是作為計算標的產品碳足跡的活動依據。這部分已經有設定好公式，因此只要在盤查表有填寫的，就會自動帶入。
- **數值**：填入所參考的來源中有關該活動項目的排放係數數值內容。
- **單位**：顯示排放係數數值的單位。
- **數據來源**：填入數值的參考來源，一般多為產品碳足跡資訊網或是。
- **備註**：如果此活動項目的排放係數數值是由兩個或兩個以上的排放係數所組成，就於此欄位進行說明，以作為後續查驗證的依據。

在此以環境部提供的「產品碳足跡資訊網」為例，說明如果要使用國家所提供的二級數據資料時，可以如何使用。

首先，先於「產品碳足跡資訊網」進行登入，如圖 6.27，登入後就可以使用該網站上的所有服務與功能。

▲ 圖 6.27　登入產品碳足跡資訊網

接著點選上方「碳足資料庫」的選項，選擇第一個「平台資料庫」的選項。如圖 6.28 所示。

▲ 圖 6.28　點選平台資料庫選項

進入到平台資料庫內，可以發現有不同的類別，每個類別內都有各自的小類別，小類別內才會是相關係數資料。在上方提供了類別與小類別的下拉選單功能，方便透過選單方式直接查詢所需要的資料，另外也提供了關鍵字查找功能，利用關鍵字也可以查詢到所需要的資料內容（圖 6.29）。

▲ 圖 6.29　平台資料庫內之類別

在此,以先前鞋墊的例子為例,假設所要找的項目是原料物中「天然橡膠(乳膠)」這個項目的排放係數,該項目是屬於「橡膠原料」的類別,因此點選「橡膠原料」後,可以在畫面中的「天然橡膠(乳膠)」的小類別內有個「天然橡膠(乳膠)」的項目,該項目就是要查詢的項目(圖 6.30)。

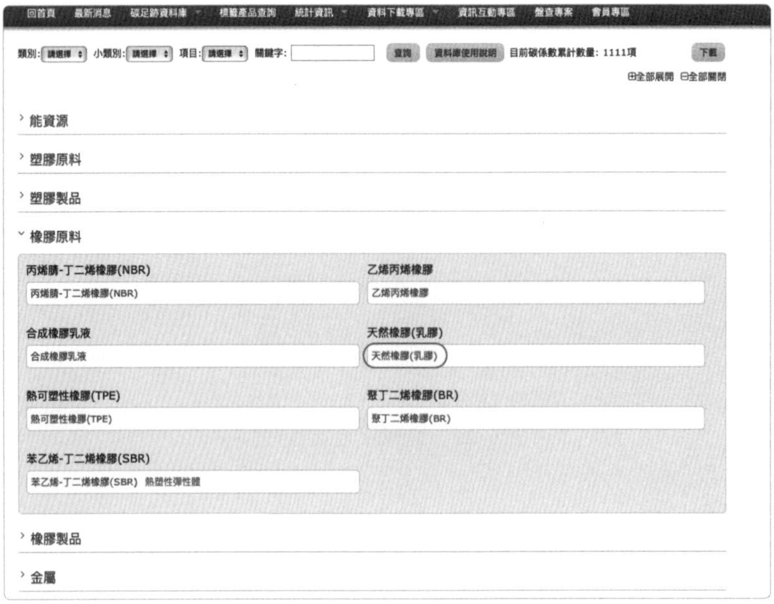

▲ 圖 6.30　天然橡膠(乳膠)項目

直接針對該項目進行點選就會看到該項目的相關資料，包含生產區域名稱、數值、宣告單位、公告年份等資訊（圖 6.31），其中數值欄位的數據資料，就是要填入到「平台匯入表」中該項目的「數值」欄位。另外在「平台匯入表」中「單位」的欄位部分，就填入在圖 6.31 畫面中的宣告單位，填入後也順便和前面該項目的活動數據中的單位來進行確認，要確保兩個數據的單位是符合一致的，如果有不一致的狀況，要進行單位換算，才不為造成數據上的錯誤。

▲ 圖 6.31 天然橡膠（乳膠）排放係數

在某些項目的查詢上，可能會發現出現多筆的狀況，主要是因為公告年份不同的關係，所以在數據的取用上，原則上，是要以最新的一年為主要使用的資料來源，如果是特定原因不使用最新的數據，要在研究報告中詳細說明該原因，但這部分的規定還是得要遵照 CFP-PCR 中所規定的進行資料使用。

在圖 6.31 中碳係數名稱的項目名稱，可以再行點選，就會進到該項目詳細的排放資訊頁面，如圖 6.32 所示。在該頁面中可以看到該係數數據的揭露項目內容，像是生命抽齊範疇（系統邊界）、排放係數來源、數據品質等級等資料。對於想要清楚了解該數據的背景，可以提供相關的參考資訊。

▲ 圖 6.32　天然橡膠（乳膠）排放係數詳細內容

在實務上，要依照實際參考的排放係數來源出處進行說明，這在碳足跡的研究報告中也是要說明清楚有關排放係數來源或出處。在此案例中相關的排放係數假設都是從「產品碳足跡資訊網」所取得的[2]。填寫後的內容如表 6.8 所示。

2　實際上，有些係數數值是自行杜撰的，在此提出來特別說明。

表 6.8 排放係數內容

項目名稱	數值（kgCO₂e/單位）	單位	數據來源	備註
天然橡膠（乳膠）	2.71	公斤（kg）	台灣環境部產品碳足跡資訊網	
乙烯醋酸乙烯酯共聚物（EVA）	3.27	公斤（kg）	台灣環境部產品碳足跡資訊網	
聚氯乙烯（PVC）	3.02	公斤（kg）	台灣環境部產品碳足跡資訊網	
輔助料	2.24	公斤（kg）	台灣環境部產品碳足跡資訊網	
聚醯胺接著劑	3.61	公斤（kg）	台灣環境部產品碳足跡資訊網	
牛皮紙包裝材	1.08	公斤（kg）	台灣環境部產品碳足跡資訊網	
自來水	0.233	立方公尺（m³）	台灣環境部產品碳足跡資訊網	
營業小貨車（汽油）	0.683	延噸公里（tkm）	台灣環境部產品碳足跡資訊網	
電力係數	0.593	度（kwh）	台灣環境部產品碳足跡資訊網	
自用小貨車（柴油）	0.693	公升（L）	台灣環境部產品碳足跡資訊網	
柴油（移動源使用）	3.38	公升（L）	台灣環境部產品碳足跡資訊網	
汙水係數	0.45	立方公尺（m³）	台灣環境部產品碳足跡資訊網	
廢棄物焚化處理服務（苗栗縣垃圾焚化廠）	340	公噸（mt）	台灣環境部產品碳足跡資訊網	
廢棄物焚化處理服務（苗栗縣垃圾焚化廠）	340	公噸（mt）	台灣環境部產品碳足跡資訊網	
HFC-32	677	公斤（kg）	台灣環境部產品碳足跡資訊網	
化糞池 CO2 排放	1	kg CO₂e	台灣環境部產品碳足跡資訊網	
以柴油動力垃圾車清除運輸一般廢棄物	1.31	延噸公里（tkm）	台灣環境部產品碳足跡資訊網	

3. 活動項目貢獻的碳足跡

有了每個活動項目單一排放量的活動數據，以及每個活動項目的排放係數，就可以利用前面介紹碳足跡計算的方法（排放係數法），來計算出每一個活動項目碳的排放量，計算的公式如圖 6.33。在平台匯入表中，已經有設定好公式，因此只要前面兩項數值有輸入，活動項目貢獻的碳足跡的欄位就會自動計算。

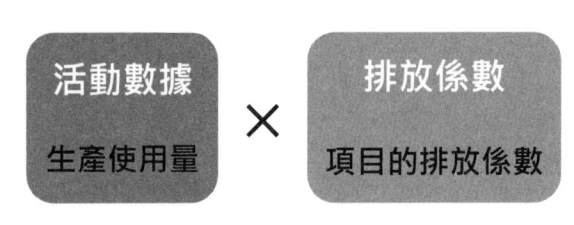

$$\boxed{\begin{array}{c}\text{活動數據}\\\text{生產使用量}\end{array}} \times \boxed{\begin{array}{c}\text{排放係數}\\\text{項目的排放係數}\end{array}}$$

△ 圖 6.33　產品碳足跡計算公式

當每個活動項目都計算出碳排放量後，最後就將全部活動項目的碳排放量加總起來，就是這個標的產品的碳足跡，並以 $kgCO_2e$（公斤二氧化碳當量）為單位。

$$\textit{產品碳足跡} = \Sigma \textit{活動項目貢獻的碳足跡}$$

4. 貢獻百分比

主要顯示每一個活動項目所產生的碳排放，在所有活動項目總和中所佔的比例。相關的計算公式如下：

$$\textit{該活動項目的貢獻百分比} = \frac{\textit{該項目活動貢獻的碳足跡}}{\Sigma \textit{項目活動貢獻的碳足跡}}$$

在**平台匯入表**中，已經有設定好公式，因此只要活動項目貢獻的碳足跡的數值都有，每個活動項目的貢獻百分比就會自動計算。

透過先前在**盤查表**中所輸入的數據資料後，在**平台匯入表**中所呈現的內容就如圖 6.34 顯示的，有每個活動項目的相關數據，包含活動數據、排放係數、所貢獻的碳足跡、貢獻百分比以及最後所計算出標的產品 -A 款鞋墊的碳足跡為 $0.2180\ kgCO_2e$。

生命週期階段	類型	項目名稱	總送數量	單位	每單位數量	單位	項目名稱	數值(kgCO2e/單位)	單位	數據來源	備註	該活動項目造成的碳足跡(kgCO2e)	貢獻百分比
原料取得階段	原物料	天然橡膠(乳膠)	70,000.0000	公斤(kg)	0.0233	公斤(kg)	天然橡膠(乳膠)	2.7100000000	公斤(kg)	台灣環保署產品碳足跡資訊網		0.0632	24.25%
原料取得階段	原物料	乙烯醋酸乙烯酸共聚物(EVA)	40,000.0000	公斤(kg)	0.0133	公斤(kg)	乙烯醋酸乙烯酸共聚物(EVA)	3.2700000000	公斤(kg)	台灣環保署產品碳足跡資訊網		0.0436	16.72%
原料取得階段	原物料	聚氯乙烯(PVC)	3,000.0000	公斤(kg)	0.0010	公斤(kg)	聚氯乙烯(PVC)	3.0200000000	公斤(kg)	台灣環保署產品碳足跡資訊網		0.0030	1.16%
原料取得階段	原物料	輔料	20,000.0000	公斤(kg)	0.0067	公斤(kg)	輔助料	2.2400000000	公斤(kg)	台灣環保署產品碳足跡資訊網		0.0149	5.73%
原料取得階段	原物料	耗材	10,000.0000	公斤(kg)	0.0033	公斤(kg)	耗膠接著劑	3.6100000000	公斤(kg)	台灣環保署產品碳足跡資訊網		0.0120	4.62%
原料取得階段	原物料	包材	15,000.0000	公斤(kg)	0.0050	公斤(kg)	牛皮紙包裝材	1.0800000000	公斤(kg)	台灣環保署產品碳足跡資訊網		0.0054	2.07%
原料取得階段	資源	自來水	30,000.0000	立方公尺(m3)	0.0007	立方公尺(m3)	自來水	0.2330000000	立方公尺(m3)	台灣環保署產品碳足跡資訊網		0.0002	0.06%
原料取得階段	輔助項	原料/輔助物料運輸-陸運(TKM)	210.0000	延噸公里(tkm)	0.0021	延噸公里(tkm)	營聯小貨車(汽油)	0.6830000000	延噸公里(tkm)	台灣環保署產品碳足跡資訊網		0.0014	0.55%
製造生產階段	能源	A 廠製整分配用電	198,558.6116	度(kwh)	0.0662	度(kwh)	電力係數	0.5930000000	度(kwh)	台灣環保署產品碳足跡資訊網		0.0392	15.05%
製造生產階段	能源	汽油(柴油)	20,000.0000	公升(L)	0.0004	公升(L)	自用小資車(柴油)	0.6930000000	公升(L)	台灣環保署產品碳足跡資訊網		0.0003	0.12%
製造生產階段	能源	堆高機(柴油)	50.0000	公升(L)	0.0000	公升(L)	柴油(移動源使用)	3.3800000000	公升(L)	台灣環保署產品碳足跡資訊網		0.0000	0.00%
製造生產階段	排放	廢子水處理	10,000.0000	立方公尺(m3)	0.0002	立方公尺(m3)	汙水處理	0.4500000000	立方公尺(m3)	台灣環保署產品碳足跡資訊網		0.0001	0.04%
製造生產階段	廢棄物	其他廢棄物	600,000.0000	公斤(kg)	0.0132	公斤(kg)	廢棄物焚化處理服務(無藥物放焚化爐)	340.0000000000	公噸(mt)	台灣環保署產品碳足跡資訊網		0.0045	1.73%
製造生產階段	廢棄物	冷氣冷媒	40,000.0000	公斤(kg)	0.0009	公斤(kg)	廢棄物焚化處理服務(無藥物放焚化爐)	340.0000000000	公噸(mt)	台灣環保署產品碳足跡資訊網		0.0003	0.12%
製造生產階段	排放	化冷劑	4.0000	公斤(kg)	0.0000	公斤(kg)	HFC-32	677.0000000000	公斤(kg)	台灣環保署產品碳足跡資訊網		0.0706	27.08%
製造生產階段	排放	化冷池氧劑			0.0016	kg CO2e	化冷池CO2排放	1.0000000000	kg CO2e	台灣環保署產品碳足跡資訊網		0.0016	0.62%
製造生產階段	輔助項	製造階段廢棄物出廠運輸-陸運(TKM)	24.2000	公里(km)	0.0002	延噸公里(tkm)	以柴油動力地營車清除運輸-一般廢棄物	1.3100000000	延噸公里(tkm)	台灣環保署產品碳足跡資訊網		0.0016	0.09%
											產品碳足跡	0.261	

▲ 圖 6.34　平台匯入表填寫的內容

有了每個活動項目在碳排的貢獻百分比後，就可以比較出哪個活動項目的碳排較高，哪些較低，透過這樣找出排放熱點，以作為日後要進行減碳時的參考依據。例如，如果某原料是排放熱點，那就看是否有其他排放係數比較低的替代性原料可以替換，如果有可以替換，這樣也就可以將產品的碳足跡減少。亦或是製程的調整，讓活動項目可以減少或是由排放係數較低的活動項目取代，這樣也是可以讓產品的碳足跡降低。這也是企業執行碳管理中最主要的工作。

6.3　數據品質評估

同先前的章節中談到，在計算出產品碳足跡數據後，要針對這些數據進行數據品質的評估。相關的要涵蓋的面相可以參考先前章節所述的內容。

環境部在「產品碳足跡資訊網」中有提供「碳足跡數據品質評估手冊」的內容，可以作為數據品質品估的依據。在「碳足跡數據品質評估手冊」內說明有關數據品質指標是參考國際間常用之數據品質指標評估（系譜矩陣）方式，使用「可靠性」、「完整性」、「時間相關性」、「地理相關性」和「技術相關性」等五個品質指標。每個品質指標又區分成 5 個等級，分別是從最高的 1 到最低的 5 分，如圖 6.35。

在圖 6.35 中每個指標的第一列可以視為題目項，藉由每個等級的題目內容來判斷相關數據是落於哪個等級內。之後再利用數據品質指標來計算一數據組的整體數據品質，並依據最後計算的結果，將數據品質分成「高品質」、「基本品質」和「初估數據」三個等級，藉由這樣來判斷相關數據的品質等級。

指標＼等級	1	2	3	4	5
可靠性(Re)	基於量測之查證過的數據	部分基於假設之查證過的數據，或基於量測之未查證過的數據	部分基於假設之未查證過的數據	合格的估計值(例如經由產業專家之估計值)	不合格的估算值或來源未知之數據
	・查證過之量測的數據 ・經過查證之統計數據	・程序模擬產生之數據(此模擬程序需包含所有必要之參數) ・產業關聯分析產生之數據	・依據化學反應和專利資料為基礎所做成之數據，且已設定能資源耗損並假設產率、污染排放	・以統計資料或個別數據為基礎之產業專家推估值 ・僅從理論的計算基礎資訊所做成之估計值，且未充份設定產率、能耗和污染物排放	・從類似製程所推估之數據(無理論基礎) ・研究中與製造設計有關之能源/主要原物料投入資訊所做成之數據
完整性(Co)	來自場址之足夠的數據，且為經過一段時間得以穩定常態波動之具有代表性的數據	來自場址之較少數目但是為適當期間之具有代表性的數據	來自場址之適當數目，但來自較短期間之具有代表性的數據	來自場址之較少數目且短期間之具有代表性的數據，或來自場址之適當數目和期間之不完整數據	代表性未知，或來自場址之較少數目和/或來自短期間之不完整的數據
	・來自所有相關製程場址(100%)、延續一段適當的時間間隔而足以平常變動之具有代表性的數據 ・針對目標產品之生產量，蒐集100%的數據 ・整體環境衝擊>=95%	・來自超過50%場址、一段適當的時間間隔而足以平常變動之具有代表性的數據 ・針對目標產品之生產量，收集50%以上的數據 ・整體環境衝擊介於85%~95%之間	・來自低於50%場址、一段適當的時間間隔而足以平常變動之具有代表性的數據，或足以平常變動但是較短時間之具有代表性的數據 ・對個別數據而言，為目標產品之製造廠商有限之多個設備的平均數據 ・整體環境衝擊介於75%~85%之間	・單一場址具代表性的數據，或多個場址在短期間的數據 ・對個別數據而言，為目標產品之製造廠商有限之多個設備的數據 ・調查期間短、非年平均之數據(調查期足以涵蓋產品生產期者除外) ・整體環境衝擊介於50%~75%之間	・表性未知之數據 ・從少數場址、短期間得來的數據 ・整體環境衝擊低於50%
時間的相關性(Ti)³	與研究年差距低於3年	差距低於6年	差距低於10年	差距低於15年	年代未知或差距超過15年
	・2009~2012年的數據	・2006~2008年的數據	・2002~2005年的數據	・1997~2001年的數據	・1996年以前的數據或年代不知的數據
地理相關性(Ge)	來自研究區域的數據	來自包含研究區域之更大區域的平均數據	來自具有類似之生產條件區域的數據	來自稍微類似之生產條件區域的數據	來自未知地區之數據，或來自生產條件非常不同之地區的數據
	・來自研究範圍內特定區域(位置/地點)之數據	・來自本國之國家平均值、有相同生產條件之亞洲平均值或世界平均值	・來自有類似生產條件之亞洲國家的平均值的數據	・來自稍微類似之生產條件之亞洲或其他國家/大陸之數據	・數據來源不知，或是生產條件明顯不同。例如，北美替代中東、OECD-歐洲替代俄羅斯
技術相關性(Te)	來自研究中之企業、製程和材料之數據	來自研究中之製程和材料，但來自不同企業之數據	來自研究中之製程和材料，不同技術的數據	來自相關之製程或材料，但是相同技術的數據	來自未知技術之數據，或與製程或材料有關但來自不同技術之數據
	・來自生產該產品的企業使用之技術(包括製程和材料)所做成之數據	・來自以相同技術(包括相同製程和材料)之不同企業的數據	・來自相同之製程和材料，不同技術的數據 ・在有市場、泛用性之技術中，使用部分類似技術之替代	・來自以相同技術，但使用來自相關製程和材料的數據 ・沒有市場、泛用性之技術	・數據之技術屬性不知 ・來自相關製程之實驗室規模的數據，或是來自不同技術的數據

資料來源：碳足跡數據品質評估手冊

▲ 圖 6.35　碳足跡數據品質指標系譜矩陣

數據品質的評估是針對每個活動項目的活動數據與排放係數，分別來進行評估。以下將以一個例子來說明如何評估。

假設活動項目 A 這個投入項，利用碳足跡數據品質指標系譜矩陣針對「可靠性」、「完整性」、「時間相關性」、「地理相關性」和「技術相關性」這五個品質指標確認後，在各品質指標於活動數據及排放係數上分別的得分如圖 6.36 所示。

投入/產出項名稱	計算項目	數據品質指標(DQIs) 可靠性(Re)	完整性(Co)	時間相關性(Ti)	地理相關性(Ge)	技術相關性(Te)	單一投入/產出數據品質得分(DQR)	碳足跡排放量佔比(F$_i$)	單一投入/產出項之數據品質權重(DQR$_w$)
A	活動數據(DQR$_{Ai}$)	2	1	1	1	1			
	排放係數(DQR$_{Ei}$)	2	1	1	1	1			
	單一指標得分(DQR$_{Ni}$)								
	單一指標數據品質等級(DQR$_i$)								
	活動數據(DQR$_{Ai}$)								
	排放係數(DQR$_{Ei}$)								
	單一指標得分(DQR$_{Ni}$)								
	單一指標數據品質等級(DQR$_i$)								
							總計		
							整體數據組之數據品質得分(DQR$_{Total}$)		
							整體數據組之數據品質等級		

▲ 圖 6.36 投入項 A 活動數據與排放係數各得分的內容

有了活動數據及排放係數的指標分數後,就可以計算各各品質指標的得分,計算公式如下:

單一指標指標得分 = 活動數據的得分 × 排放係數的得分

若以可靠性指標來看,活動數據得 2 分,排放係數得 2 分,因此在可靠性這單一指標上,共得 4(2×2)分。透過這樣每一個指標的計算後,就可以得到如圖 6.37 的結果。

投入/產出項名稱	計算項目	數據品質指標(DQIs) 可靠性(Re)	完整性(Co)	時間相關性(Ti)	地理相關性(Ge)	技術相關性(Te)	單一投入/產出數據品質得分(DQR)	碳足跡排放量佔比(F$_i$)	單一投入/產出項之數據品質權重(DQR$_w$)
A	活動數據(DQR$_{Ai}$)	2	1	1	1	1			
	排放係數(DQR$_{Ei}$)	2	1	1	1	1			
	單一指標得分(DQR$_{Ni}$)	4	1	1	1	1			
	單一指標數據品質等級(DQR$_i$)								
	活動數據(DQR$_{Ai}$)								
	排放係數(DQR$_{Ei}$)								
	單一指標得分(DQR$_{Ni}$)								
	單一指標數據品質等級(DQR$_i$)								
							總計		
							整體數據組之數據品質得分(DQR$_{Total}$)		
							整體數據組之數據品質等級		

▲ 圖 6.37 投入項 A 數據品質單一指標得分的內容

在得到單一指標得分後，透過單一指標數據品質等級轉換表，如圖 6.38，將先前計算的得分轉換成單一指標數據品質等級，轉換後的結果如圖 6.39 所示。同樣以可靠性指標來看，其得分為 4 分，透過轉換表對應後，其等級為 2。

單一指標數據品質等級轉換表

單一指標得分(DQR_{Ni})			單一指標數據品質等級(DQR_i)
1	2	3	1
4		5	2
6	8	9	3
10	12	16	4
15	20	25	5

▲ 圖 6.38　單一指標數據品質等級轉換表

投入/產出項名稱	計算項目	數據品質指標(DQIs)					單一投入/產出數據品質得分(DQR)	碳足跡排放量佔比(F_i)	單一投入/產出項之數據品質權重(DQR_w)
		可靠性(Re)	完整性(Co)	時間相關性(Ti)	地理相關性(Ge)	技術相關性(Te)			
A	活動數據(DQR_{Ai})	2	1	1	1	1			
	排放係數(DQR_{Ei})	2	1	1	1	1			
	單一指標得分(DQR_{Ni})	4	1	1	1	1			
	單一指標數據品質等級(DQR_i)	2	1	1	1	1			
	活動數據(DQR_{Ai})								
	排放係數(DQR_{Ei})								
	單一指標得分(DQR_{Ni})								
	單一指標數據品質等級(DQR_i)								
							總計		
							整體數據組之數據品質得分(DQR_{Total})		
							整體數據組之數據品質等級		

▲ 圖 6.39　投入項 A 數據品質單一指標等級的內容

在取得每個指標的等級後，透過下列公式，計算出該活動項目的數據品質得分。

單一投入 / 產出數據品質得分 =
（可靠度指標等級＋完整性指標等級＋時間相關性指標等級＋
地理相關性指標等級＋技術相關性指標＋最大的數值×5）/10

在此公式中，針對最低質量等級（即最大的數值），將其乘以 5 後加入公式的分子中，可以看作是對較高等級的數據進行懲罰的概念。如果存在多個相同較高等級的數據，則只需要計算其中一項進行懲罰。

延續前面的例子，計算後的結果如圖 6.40 的結果，活動項目 A 的數據品質得分為 1.6，即各項指標等級相加，同時將其中一個最低質量評級為 2 的數值乘以 5 也包括在內，最後除以 10。因此，計算為（2 + 1 + 1 + 1 + 1 + 2×5）/ 10。

投入/產出項名稱	計算項目	數據品質指標(DQIs)					單一投入/產出數據品質得分(DQR)	碳足跡排放量佔比(F_i)	單一投入/產出項之數據品質權重(DQR_w)
		可靠性(Re)	完整性(Co)	時間相關性(Ti)	地理相關性(Ge)	技術相關性(Te)			
A	活動數據(DQR_{Ai})	2	1	1	1	1	1.6		
	排放係數(DQR_{Ei})	2	1	1	1	1			
	單一指標得分(DQR_{Ni})	4	1	1	1	1			
	單一指標數據品質等級(DQR_i)	2	1	1	1	1			
	活動數據(DQR_{Ai})								
	排放係數(DQR_{Ei})								
	單一指標得分(DQR_{Ni})								
	單一指標數據品質等級(DQR_i)								
							總計		
							整體數據組之數據品質得分(DQR_{Total})		
							整體數據組之數據品質等級		

▲ 圖 6.40　活動數據 A 之數據品質權重

最後就要算出此活動項目的數據品質權重，公式如下：

單一活動項目之數據品質權重 = 單一活動項目數據品質得分 × 碳足跡排放量佔比

假設活動項目 A 的排放佔商品碳足跡的比例為 30%，則有關活動項目 A 的數據品質權重如圖 6.41 的結果。活動項目 A 的數據品質權重為 0.48（1.6*30%）。

投入/產出項名稱	計算項目	數據品質指標(DQIs)					單一投入/產出數據品質得分(DQR)	碳足跡排放量佔比(F_i)	單一投入/產出項之數據品質權重(DQR_w)
		可靠性(Re)	完整性(Co)	時間相關性(Ti)	地理相關性(Ge)	技術相關性(Te)			
A	活動數據(DQR_{Ai})	2	1	1	1	1	1.6	30%	0.48
	排放係數(DQR_{Ei})	2	1	1	1	1			
	單一指標得分(DQR_{Ni})	4	1	1	1	1			
	單一指標數據品質等級(DQR_i)	2	1	1	1	1			
	活動數據(DQR_{Ai})								
	排放係數(DQR_{Ei})								
	單一指標得分(DQR_{Ni})								
	單一指標數據品質等級(DQR_i)								
	總計									
	整體數據組之數據品質得分(DQR_{Total})									
	整體數據組之數據品質等級									

∧ 圖 6.41　活動數據 A 之數據品質權重

將所有活動項目,透過前面所介紹的方式,一個個計算出每一個活動項目的數據品質得分乘上該活動佔整體碳足跡排放量的佔比,得到單一投入/產出項之數據品質權重,最後在把這些數據品質權重全部加總,就可以得到整體數據組之數據品質得分,再利用碳足跡數據品質分級標準(如圖 6.42),將得分轉換成品質水平,這樣就可以對整體數據品質完成評估,來判斷是屬於高品質還是基本品質,亦或是初估品質。

整體數據品質等級(DQR)	整體數據品質水平
DQR ≤ 1.7	高品質
1.7 < DQR ≤ 3.0	基本品質
3.0 < DQR ≤ 5.0	初估品質

∧ 圖 6.42　碳足跡數據品質分級標準

延續先前例子,整個結果就如同圖 6.43 所示,在假設只有兩個活動項目的情況下,這樣就對整體數據品質完成了品質的評估,整體數據品質是屬於高品質的。

投入/產出項名稱	計算項目	數據品質指標(DQIs)					單一投入/產出數據品質得分(DQR)	碳足跡排放量佔比(F_i)	單一投入/產出項之數據品質權重(DQR_w)
		可靠性(Re)	完整性(Co)	時間相關性(Ti)	地理相關性(Ge)	技術相關性(Te)			
A	活動數據(DQR_{Ai})	2	1	1	1	1	1.6	30%	0.48
	排放係數(DQR_{Ei})	2	1	1	1	1			
	單一指標得分(DQR_{Ni})	4	1	1	1	1			
	單一指標數據品質等級(DQR_i)	2	1	1	1	1			
B	活動數據(DQR_{Ai})	2	1	1	1	1	1.6	50%	0.80
	排放係數(DQR_{Ei})	2	2	1	1	1			
	單一指標得分(DQR_{Ni})	4	2	1	1	1			
	單一指標數據品質等級(DQR_i)	2	1	1	1	1			
總計									
整體數據組之數據品質得分(DQR_{Total})									1.28
整體數據組之數據品質等級									高品質

▲ 圖 6.43　整體數據之數據品質等級

6.4 結語

透過這一章節的介紹搭配一個案例實作，對於計算一個產品的碳足跡可了解相關的步驟與計算做法。在這樣一個產品碳足跡的計算上，可以發現其實在計算上並不是太困難，重點反而是在如何將資料收集完整還有單據或佐證資料的整理上。現行大多數公司的資料都是在 ERP 或是相關的資訊系統上，如何可以透過資訊系統的整合與資料交換，讓這樣資料收集整理的過程可以更簡單，減少更多人工的操作，在市場都有一些廠商正在研究並開發中，特別是一些 ERP 廠商透過整合自家系統或是第三方的 ERP 來建構這樣的流程或平台[3]。當然也有只著重在產品碳足跡計算上的系統或平台，資料來源就透過人工自行登打或以資料匯入方式來處裡。這些就看公司自身的需求與能力，選擇適當的軟體供應商以資訊化的方式來進行產品碳足跡的作業。

另外，在實際的執行計算上，所有活動項目的計算來源，包含參考的單據資料，如電費單、水費單等，都要妥善保存與收集完整，這些單據與資料來源都會是之後進行查

3　資料來源：13. 雲端碳總管平臺能整合第三方 ERP 擴大盤查，今年新增產品碳足跡讓企業追蹤自家產品碳排 (https://www.ithome.com.tw/news/158208)

驗正很重要的文件內容，甚至於如果是使用如 ERP 系統的資料，也都還是會需要將相關的資料彙整出來，以作為後續研究報告的附件與佐證資料之一。

最後，來看一下整個執行產品碳足跡計算的時間。根據目前的經驗，公司在執行一個產品碳足跡計算，基本上需要六個月的時間，時間上的進程可以參考圖 6.44 的內容。當然，這時間也是會隨著產品特性、公司規模等因素，整體時間也可能會再增加或減少。特別是這一兩年（2022、2023 年）因為外部環境或主管機關的要求，在查驗證這部分所花的時間更長，因為太多的廠商需要查驗證，但目前現行國內的查驗證能量不足，因此都要排上很長的時間，這也導致整個產品碳足跡計算時間會更長，達到 9、10 個月都有可能。而主管機關也看到這一現象，也陸續開放國內一些機構可以進行查驗證[4]，以協助廠商可以盡快完成。在這樣的一個時程下，如果廠商必須得要提供一個有驗證過的產品碳足跡，勢必得再更往前去規劃與準備相關的計算作業，因此這對要執行碳足跡的廠商來說，是必須正視也需提早因應的，不然很有可能因為無法完成而失去訂單甚至從供應鏈中被踢出，這是得不償失的。

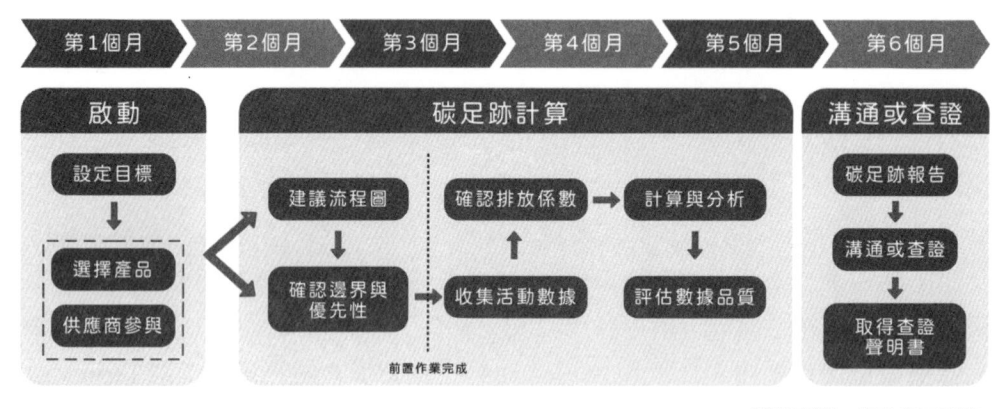

資料來源：修改自工研院

▲ 圖 6.44　執行產品碳足跡需要的時間

4　碳查證新選擇！金工中心、商檢中心加入碳查證機構行列 (https://www.bsmi.gov.tw/wSite/ct?xItem=101450&ctNode=8321&mp=1)

練習題

1. (　) 在原料取得的歷程中，不包含以下哪個選項？
   (A) 主要原料　　(B) 耗材
   (C) 材料成型　　(D) 次要原料

2. (　) 產品碳盤查所需要的資料中，以下何者不是？
   (A) 公司地址　　(B) 負責人
   (C) 員工數　　　(D) 產品包裝

3. (　) 在計算化糞池排放源中，以下哪一項是不需要填入的資料？
   (A) 員工數　　　　(B) 員工平均薪資
   (C) 工作天數　　　(D) 每人每天工作時間

4. (　) 產品碳足跡計算基本上就是項目的排放係數乘上何種資料的加總？
   (A) 排放係數　　　　(B) 活動數據
   (C) 總生產產品數量　(D) 原物料金額

5. (　) 在產品基本資料中的排除項目，當計算小於多少以下可以排除，但計算時先不排除？
   (A) 1%　　(B) 2%
   (C) 3%　　(D) 4%

07

產品碳足跡資訊整合平台

- 藉由線上工具提供盤查計算與視覺化資訊呈現
- 了解其他在線上工具的功能與可取得之資源

　　從永續發展的觀點來看，企業的透明度日益成為一個極為關鍵的議題。與此同時，我們正處於數位轉型的時代，這使得企業能夠透過數據賦能來追求更高的產品碳足跡評估實踐水準，即強調數據的真實性和計算的準確性。因此本書在這章介紹一產品碳足跡資訊整合平台內的盤查專案功能，可以協助企業一站式完成碳足跡計算、數據品質評估、統計分析碳排放量資訊、視覺化呈現碳足跡報表。提供給企業計算碳足跡時不錯的工具使用。

　　在此將使用先前章節的鞋墊案例之產品碳足跡計算結果進行說明。在前章案例計算時的 Excel 檔中的工作表（Sheet）－"平台匯入表"是將每個活動項目的活動數據乘上其排放係數成為各別活動項目的排放量，之後再將所有活動項目的排放量進行加總成為最終碳足跡的計算結果，並再利用加總後結果與每個活動項目進行佔比的計算，得到每個活動項目排放量佔該產品碳足跡的佔比，以找出排放熱點。除了可以透過前述的方式自行計算外，也可透過環境部於「產品碳足跡資訊網」所提供之資訊整合平台功能，利用資訊化的方式彙整、分析產品碳足跡的相關內容。

以下將介紹如何利用此資訊整合平台之功能,以及如何利用此平台更進一步的優化產品碳足跡盤查作業。本章節所使用的網站內容版權所有為環境部所有,其維護單位為財團法人工業技術研究院。由於該網站會不定期更新,所有提供的服務都以該網站所提供的為主。

7.1 盤查專案

首先在「產品碳足跡資訊網」(https://cfp-calculate.tw/cfpc/WebPage/index.aspx)要先行註冊成為會員,在成為會員後,就可以使用網站上完整的資源。成為會員後,就可以登入,登入後就同圖 7.1 所示,左邊會出現註冊時所留的姓名,來顯示登入的人員。

在上方的功能選單,每個選項都可以檢視其內容。像是在「碳足跡資料庫」選單中的「平台資料庫」就提供很多的排放係數資訊,這也是國內絕大多排放係數參考的主要來源之一。

▲ 圖 7.1　登入後畫面

因為是要利用平台來進行盤查後續的作業,所以點選「盤查專案」選單,進來後會看到下方出現專案清單的內容,但因為是第一次進入平台,還沒有相關的盤查專案項目。可以點選「建立盤查專案」來新增一個專案內容,如圖 7.2。

產品碳足跡資訊整合平台　07

▲ 圖 7.2　盤查專案畫面

點選後會跳出建立盤查專案視窗，在視窗中將專案名稱與統一編號等必填欄位填入，因為先前的案例是進行 A 款鞋墊的盤查，因此在專案名稱就設定「鞋墊盤查」為該名稱，如圖 7.3。

▲ 圖 7.3　建立盤查專案畫面

完成必填欄位後，按下「儲存」按鈕，會在「專案清單」頁面中就會顯示剛建立的盤查專案，如圖 7.4。

▲ 圖 7.4　盤查專案建立完成畫面

7-3

在專案名稱中點選「鞋墊盤查」專案，進到「盤查表清單」中，點選「建立盤查表」來建立盤查相關資訊，如圖 7.5。

▲ 圖 7.5　盤查表清單畫面

點選「建立盤查表」會跳出建立盤查表的畫面，要填寫的資料，就類似在案例使用「碳足跡盤查清冊」Excel 檔中的第一部分內容，也就是公司與產品基本資料建立，將有 * 的必填欄位依照先前案例的內容填寫完成按下「儲存」按鈕，完成建立盤查表，如圖 7.6。

▲ 圖 7.6　建立盤查表畫面

儲存後，在盤查表清單中就會出現先前所建立的盤查表名稱。在盤查表清單中可以是可以建立多個盤查表，因本案例是針對 A 款鞋墊進行盤查，之後也可以在此清單中建立 B 款鞋墊等公司所生產的其他鞋墊之盤查表，這樣就可以把公司有關鞋墊產品的盤查都集中在「鞋墊盤查」的專案內，在日後也好管理與使用。

點選「A 款鞋墊」盤查表，進入「產品碳足跡盤查表」頁面，如圖 7.7。

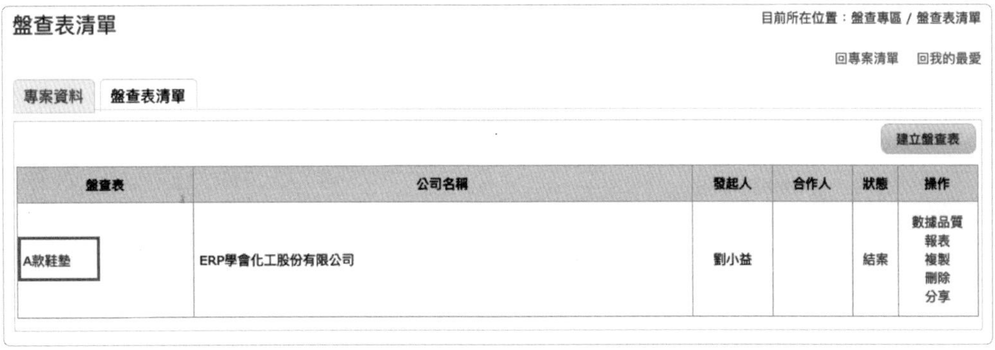
盤查表清單
目前所在位置：盤查專區 / 盤查表清單
回專案清單　回我的最愛
專案資料
盤查表清單
建立盤查表
盤查表
公司名稱
發起人
合作人
狀態
操作
A款鞋墊
ERP學會化工股份有限公司
劉小益
結案
數據品質
報表
複製
刪除
分享

^ **圖 7.7**　已建立盤查表清單畫面

在「產品碳足跡盤查表」頁面中會有四個頁籤，分別為「產品資訊」、「盤查表」、「計算結果」、「檔案管理」。在「產品資訊」的部分，內容為先前建立盤查表所輸入的資訊，在此仍可以修改或調整原輸入的內容，如圖 7.8，記得，如有修改欄位內容，要按下方「儲存」按鈕，以確保資料更新。

▲ 圖 7.8　已建立盤查表清單畫面

　　在「盤查表」中所要輸入的內容，就如同在案例中「碳足跡盤查清冊」Excel 檔內的平台匯入表的內容一樣，主要分成活動數據與排放係數兩個部分。可以透過「新增活動數據」一筆筆新增相關的活動項目內容，因為在先前案例實作中，已經有完成了平台匯入表的內容，因此就可以採直接匯入方式將資料匯入，而不用再一筆筆鍵入。在使用匯入功能時，建議使用平台所提供的範本檔案來進行匯入，以免產生格式上的問題，造成無法匯入。先點選「匯入」，再選擇「下載範本 xlsx」，先把範本下載下來，利用範本檔案來作為匯入的檔案，如圖 7.9。

　　打開下載的範本檔案 -「盤查項目範本 .xlsx」，要填入的格式和平台匯入表相同，因此可以將原 Excel 檔案中的「平台匯入表」的內容複製後（檔案中的「活動項目貢獻的碳足跡（kgCO$_2$e）」、「貢獻百分比」及最下方「產品碳足跡」等這幾個欄位資料不用複製），在 Excel 中以貼值的方式（或是使用選擇性貼上中的貼上值的方式）貼於

產品碳足跡資訊整合平台　07

盤查項目範本檔案即可，呈現內容如圖 7.10，要特別確認，此表單不可以有公式的連結，也順便確認「生命週期階段」、「群組」、「單位」這幾個欄位的內容格式與下方「Code」頁籤的內容是否相同，以免發生格式不符的狀況。

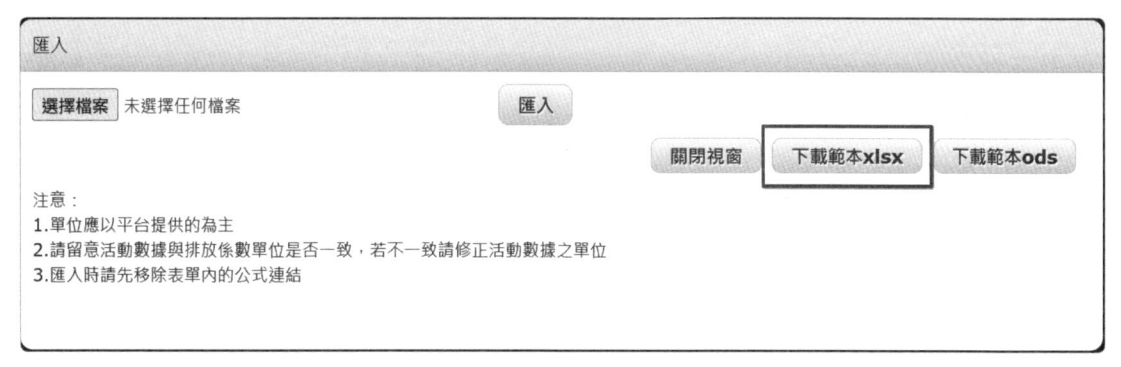

△　圖 7.9　進行盤查項目匯入畫面

△　圖 7.10　盤查項目範本檔案內容畫面

確認好盤查項目範本檔案的內容後，再回到「盤查表」頁面中，點選「匯入」，按下「選擇檔案」，選擇剛已完成複製內容的「盤查項目範本 .xlsx」檔案（建議不要任意修改原範本檔案名稱，以免造成匯入錯誤），再按下「匯入」按鈕，資料就匯入於平台內，如圖 7.11。

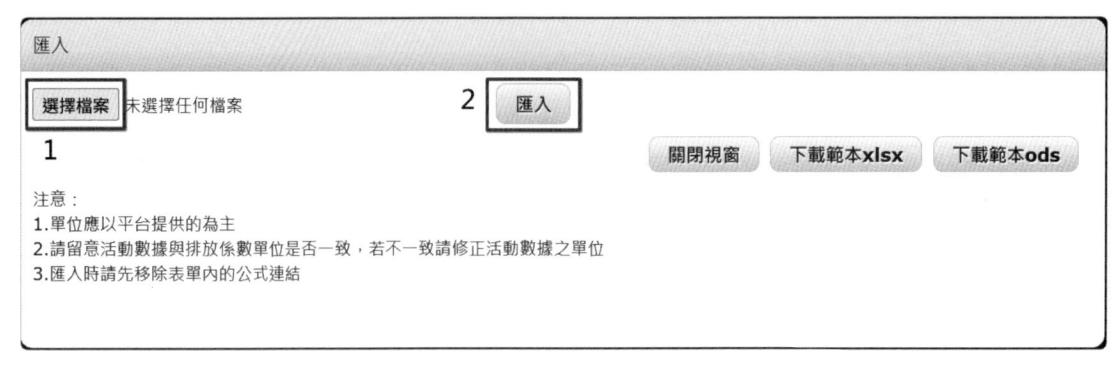

▲ 圖 7.11　匯入檔案畫面

　　匯入成功後，就如圖 7.12 所示，每個活動項目的活動數據與排放係數，都顯示在頁面上，內容應該就會和先前案例的 Excel 檔案內容一致。如果發現資料有問題或是遺漏的部分，也可以透過「刪除」或「新增活動數據」功能，再自行調整相關的內容。

▲ 圖 7.12　匯入完成後畫面

　　到「計算結果」頁籤，頁面上已經將每個活動項目依照活動數據與排放係數的數值進行計算，算出每個活動項目的排放量，並且也提供每個活動項目碳足跡的佔比資訊及標的產品的產品碳足跡總和，如圖 7.13。這結果就如同在前面案例「碳足跡盤查清

冊」Excel 檔的作法一樣，而透過此平台，就可以不需要在「碳足跡盤查清冊」Excel 檔中計算。另外，在排放係數上如果有對應到產品碳足跡資訊網中的細數資料庫的，會都以藍色的字體呈現（超連結格式），可以點選進去看到數據的相關資訊。這部分也是可以回到盤查表中去進行調整。而「檔案管理」頁籤的部分就可以上傳一些佐證資料進行保存。

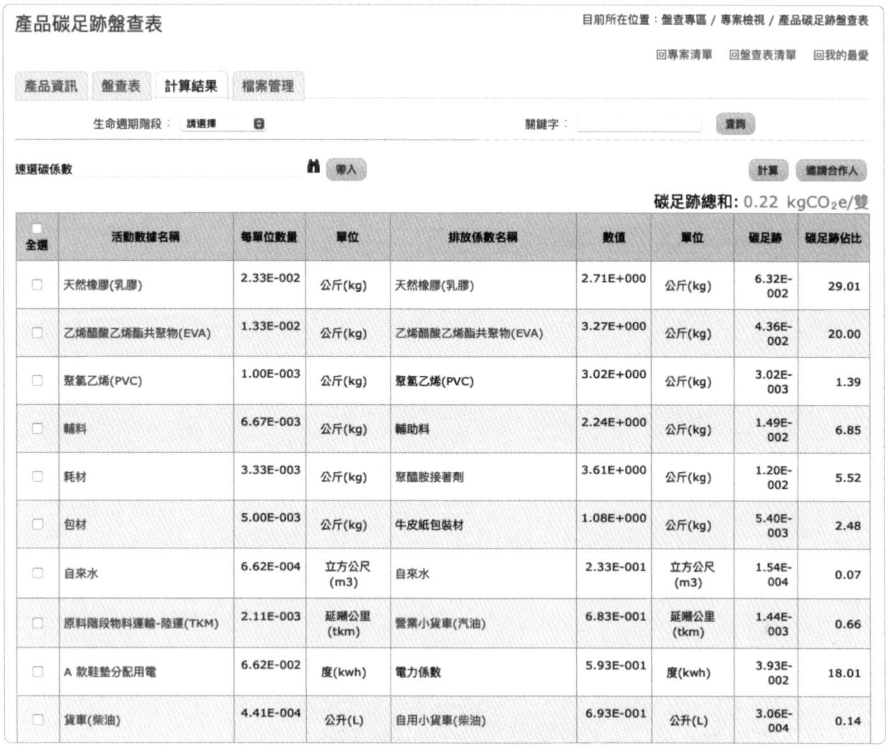

全選	活動數據名稱	每單位數量	單位	排放係數名稱	數值	單位	碳足跡	碳足跡佔比
☐	天然橡膠(乳膠)	2.33E-002	公斤(kg)	天然橡膠(乳膠)	2.71E+000	公斤(kg)	6.32E-002	29.01
☐	乙烯醋酸乙烯酯共聚物(EVA)	1.33E-002	公斤(kg)	乙烯醋酸乙烯酯共聚物(EVA)	3.27E+000	公斤(kg)	4.36E-002	20.00
☐	聚氯乙烯(PVC)	1.00E-003	公斤(kg)	聚氯乙烯(PVC)	3.02E+000	公斤(kg)	3.02E-003	1.39
☐	輔料	6.67E-003	公斤(kg)	輔助料	2.24E+000	公斤(kg)	1.49E-002	6.85
☐	耗材	3.33E-003	公斤(kg)	聚醯胺接著劑	3.61E+000	公斤(kg)	1.20E-002	5.52
☐	包材	5.00E-003	公斤(kg)	牛皮紙包裝材	1.08E+000	公斤(kg)	5.40E-003	2.48
☐	自來水	6.62E-004	立方公尺(m3)	自來水	2.33E-001	立方公尺(m3)	1.54E-004	0.07
☐	原料階段物料運輸-陸運(TKM)	2.11E-003	延噸公里(tkm)	營業小貨車(汽油)	6.83E-001	延噸公里(tkm)	1.44E-003	0.66
☐	A 款鞋墊分配用電	6.62E-002	度(kwh)	電力係數	5.93E-001	度(kwh)	3.93E-002	18.01
☐	貨車(柴油)	4.41E-004	公升(L)	自用小貨車(柴油)	6.93E-001	公升(L)	3.06E-004	0.14

^ **圖 7.13** 計算結果畫面

計算資料都有了，也都有碳足跡數據後，再回到「盤查表清單」頁面上，可以看最右邊「操作」欄位中的「數據品質」與「報表」兩功能，如圖 7.14。

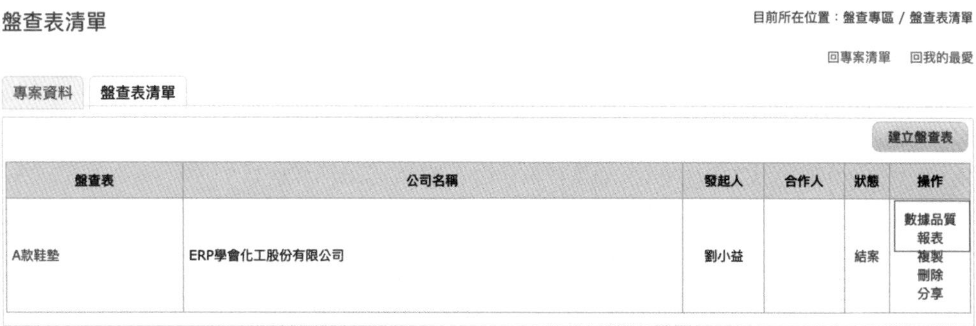

盤查表	公司名稱	發起人	合作人	狀態	操作
A款鞋墊	ERP學會化工股份有限公司	劉小益		結案	數據品質 報表 複製 刪除 分享

^ **圖 7.14** 盤查表清單操作畫面

在數據品質中,點選「Step2: 數據品質指標等級評核」,如圖 7.15,可以針對每一個活動項目進行相關的等級評核。參考頁面上所提供的數據品質矩陣表,如圖 7.16,針對這五個指標,利用問項來確認可得到的分數。特別要注意,分數 1 是最好,分數 5 是最差。填寫完後,再利用「計算」按鈕來取得數據品質得分及數據品質等級。在此,透過平台來進行數據品質,可減少在前面章節中所介紹的計算過程,直接可以取得等級結果,可以更有效率的完成這部分的作業。

圖 7.15　數據品質等級評核畫面

等級指標	1	2	3	4	5
可靠性(Re)	基於量測之查證過的數據	部分基於假設之查證過的數據，或基於量測之未查證過的數據	部分基於假設之未查證過的數據	合格的估計值(例如經由產業專家之估計值)	不合格的估算值或來源未知之數據
完整性(Co)	來自場址之足夠的數據，且為經過一段時間得以穩定常態波動之具有代表性的數據	來自場址之較少數目但是為適當期間之具有代表性的數據	來自場址之適當數目，但來自較短期間之具有代表性的數據	來自場址之較少數目且較短期間之具有代表性的數據，或來自場址之適當數目和期間之不完整數據	代表性未知，或來自場址之較少數目和/或來自較短期間之不完整的數據
時間的相關性(Ti)	與研究年差距低於3年	差距低於6年	差距低於10年	差距低於15年	年代未知或差距超過15年
地理相關性(Ge)	來自研究區域的數據	來自包含研究區域之更大區域的平均數據	來自具有類似之生產條件區域的數據	來自稍微類似之生產條件區域的數據	來自未知地區之數據，或來自生產條件非常不同之地區的數據
技術相關性(Te)	來自研究中之企業、製程和材料之數據	來自研究中之製程和材料，但來自不同企業之數據	來自研究中之製程和材料、不同技術的數據	來自相關之製程或材料，但是相同技術的數據	來自未知技術之數據，或與製程或材料有關但來自不同技術之數據

︿ 圖 7.16　數據品質矩陣表

填寫完數據品等級評核後，可再回到「盤查表清單」頁面上，選擇「報表」功能。每個頁籤都有彙整的資訊可以提供下載使用，如圖 7.17。

︿ 圖 7.17　報表功能畫面

在此針對幾個頁籤進行額外說明，其他的部分，就讓讀者可以自行摸索使用。

在「熱點排名」頁籤中,可以利用排序拖拉百分比來顯示前幾名的活動項目,藉此了解排放熱點為哪幾項,也可以針對特定的生命週期階段來選擇,如圖 7.18。

▲ 圖 7.18　熱點排名畫面

另外在「統計圖表」頁籤部分,主要提供兩個視覺化的圖示,一個是針對「各生命週期階段排放量統計圖表」,如圖 7.19,藉此了解每個生命週期階段各自的排放量。另一個是「活動項目的排放量統計圖表」,如圖 7.20,以圓餅圖顯示每個活動項目的佔比。透過這些視覺化的圖表,可以做一個不錯的成果展現。

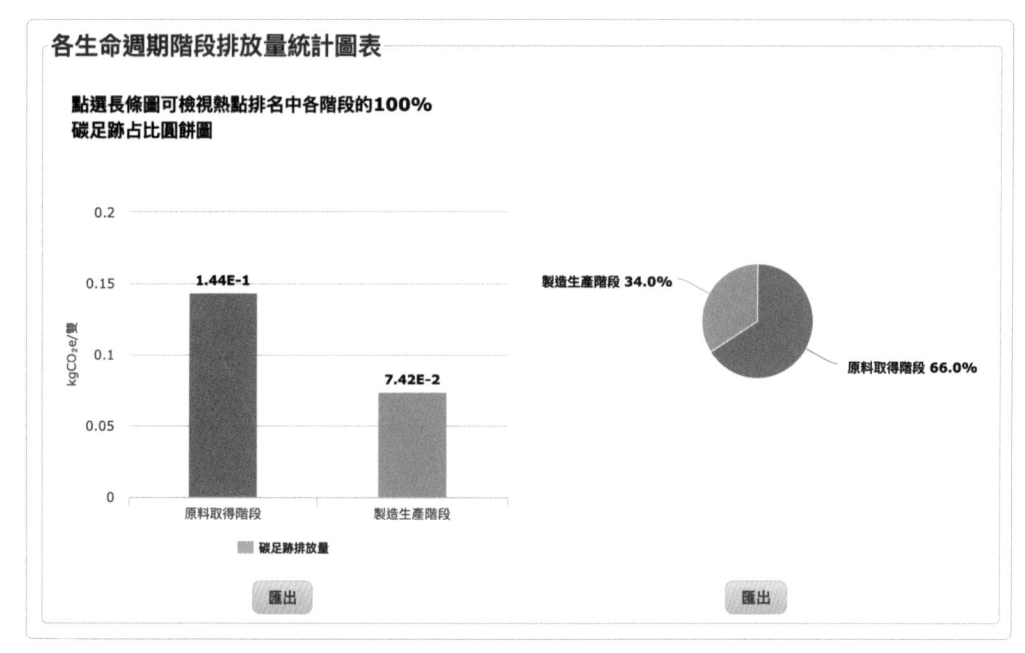

▲ 圖 7.19　生命週期階段排放量統計圖表畫面

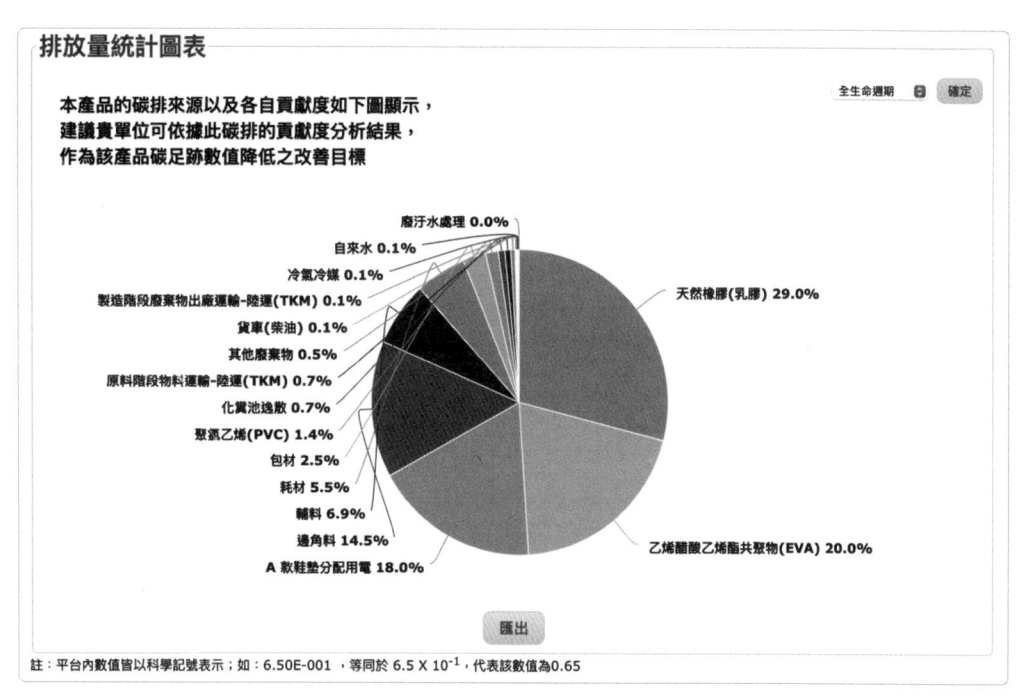

▲ 圖 7.20　排放量統計圖表畫面

　　除了先前介紹的兩項外，還有像是「敏感度分析」及「數據品質指標等級評核」（需先做完先前介紹的「數據品質」頁面的內容）等資訊內容都可以參考、使用。這部分就讓讀者們配合在實務上的使用自行研究。

7.2　數位碳足跡

　　在前面介紹了相關的產品碳足跡的內容，也用一個範例計算了產品碳足跡，感覺起來，好像是有產品在製造、配送、運送過程及使用完丟棄的回收處理過程的活動才會有碳足跡，因此在有這樣的環保意識之下，消費者開始減少使用實體的耗材或產品，改成使用數位科技的產品或服務來取代。但其實碳足跡是無所不在的。即便是個人在使用 3C 產品，或是使用 3C 設備看串流影片、聽音樂，也會是造成碳排放污染的，特別是線上影音更是數位科技碳足跡的一大污染源。根據統計，光是在 2022 年全球觀看影片製造的二氧化碳量，就等同西班牙全境的碳排放量[1]。

1　資料來源：電子化不等於環保！寄 Email、看 Netflix 都在增加你的「數位碳足跡」
（https://buzzorange.com/techorange/2021/03/26/digital-carbon-footprint-earth-hour/）

雖然說不使用實體產品，可以減少耗材，但是雲端資料、訊息、對話及影音傳輸這些過程，其實都需要能源支撐，而這些電力消耗的碳足跡是不容小覷的。特別是數位科技越是進步的國家或區域，其數位碳足跡就跟科技發展相對落後的國家或區域會產生極大的差異。根據統計，一位印度人一年製造的碳足跡平均為 1.5 噸 CO_2e，是非常低的。相比之下，在台北都會區的上班的 3 個人只看收發電子郵件的數位碳足跡，就已經超過一位印度人一整年所有行為的碳足跡了，可見這影響程度的嚴重性，幾乎是突破一般人的認知與想像[2]。

其實，我們也可以利用 Digital Carbon Footprint（https://www.digitalcarbonfootprint.eu）了解一下，在我們常使用的 3C 設備或服務中，究竟是會造成多少的數位碳排放。進到網站後，可以依照自己使用的設備，於左邊選項中將使用的數位產品拖拉至中間區塊中，這時最右邊就會顯示出該產品的數位碳排放，隨著使用的產品越多，所造成的碳排放也會增加，如圖 7.21。

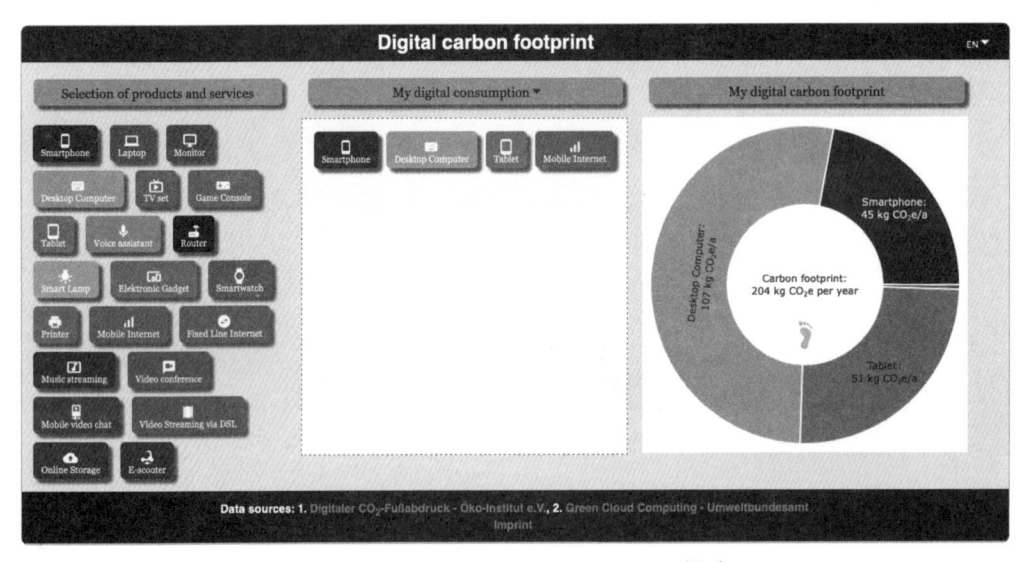

圖 7.21　Digital Carbon Footprint 網站

既然知道使用這些設備會造成碳排放，那要如何減少數位科技碳排量呢？根據 The Carbon Literacy Project（CLP）分析，平均而言，發送與接收一封電子報會排出 0.3 克的二氧化碳當量（CO_2e），如果是一封標準無附件的 Email 則有 4 克 CO_2e，夾帶附件的郵件更是高達 50 克 CO_2e。所以之後要寄出 E-mail 前，可以縮小夾檔圖片的檔案大小、

---

[2] 資料來源：電子化不等於環保！寄 Email、看 Netflix 都在增加你的「數位碳足跡」
(https://buzzorange.com/techorange/2021/03/26/digital-carbon-footprint-earth-hour/)

盡量減少用附件方式傳送檔案，或著發信前確認所有內文的正確性，以減少重複發信。也可以取消訂閱不必要的電子報，定期清除不必要的郵件等方式，透過以上方式來減低排出 CO_2e。而除了電子郵件外，像是現在人大多數所使用的線上串流影音，使用時可以減少使用時間，也可以將畫素或音質不見得要用到最高規格，這樣也都有助於降低排碳量。

世界自然基金會（World Wide Fund for Nature）發起一個活動（圖 7.22），在每年三月的最後一個星期六晚上 8:30～9:30 不管是個人、家庭或企業，都一起順手關上所有不必要的電燈及耗電產品一小時，希望藉由這樣的推動下，可以喚醒人們對能源管理的意識，實際減少能源消耗，並且也提醒人們以關心和實際行動應對全球暖化、氣候變遷的事實。讓愛護環境不再只是口號，能化為真正的行動。也希望大家也能共襄盛舉，一起為環境盡力。

△ 圖 7.22　地球一小時活動

7.3 結語

在此介紹了使用「產品碳足跡資訊網」上所提供的功能，在完成活動數據與排放數據資料蒐集後，可以藉由該平台，計算出標的產品的碳足跡，除此之外，也提供了數據品質的操作還有一些視覺化的報表，可做為在盤查後文件化的參考資料。

因為現在的**趨勢**與外部環境的要求，碳盤查不論是組織溫室氣體盤查還是產品碳足跡，都是廠商現在要面臨及要處理的事情。除了透過本身的資源外，國內主管機關也提供相當的資源來協助企業進行盤查作業。因此善用這些工具與相關的教育訓練資源，可讓企業在面對這樣的趨勢或要求下，有系統、完善的完成此盤查作業，透過盤查後再進行相對應的因應措施 - 減碳，來對整個地球環境盡一份心力。

練習題

1. （ ）在「產品碳足跡資訊網」中所提供的「盤查專案」功能的盤查表清單頁面中，在建立的盤查表上，下列哪個在「操作」欄位內不是所提供的功能？
   (A) 報表　　　　　　　　　　(B) 分享
   (C) 數據品質　　　　　　　　(D) 重置

2. （ ）在「產品碳足跡資訊網」所提供的資訊整合平台中，從專案進入到盤查表清單內，如果要建立新的盤查表項目，要點選哪個項目？
   (A) 刪除盤查表　　　　　　　(B) 建立盤查專案
   (C) 合併盤查表　　　　　　　(D) 建立盤查表

3. （ ）在建立盤查專案時，基本資料填寫的欄位中，下列何者不是必填欄位？
   (A) 公司名稱　　　　　　　　(B) 專案名稱
   (C) 統一編號　　　　　　　　(D) 發起人電話

4. （ ）根據 The Carbon Literacy Project（CLP）分析，平均而言，發送與接收一封電子報會排出多少克的二氧化碳當量（CO_2e）？
   (A) 0.1　　　　　　　　　　　(B) 0.3
   (C) 0.5　　　　　　　　　　　(D) 0.7

5. （ ）世界自然基金會（World Wide Fund for Nature）發起在每年幾月的最後一個星期六晚上大家一起順手關上所有不必要的電燈及耗電產品一小時的活動，希望可以喚醒人們對能源管理的意識，實際減少能源消耗？
   (A) 1　　　　　　　　　　　　(B) 2
   (C) 3　　　　　　　　　　　　(D) 4

08 ERP 系統與碳盤查

- 了解碳排查系統與 ERP 要如何結合
- 如何讓碳排查報告每年都能有序的產出
- 了解綠色帳本與會計總帳如何勾稽

　　碳盤查報告是有階段性品質要求的,終究要與公司的總帳相互結合,本章節在於先讓企業了解現行碳盤查作業與 ERP 系統較低關聯性的做法,用以呼應現行大多數以 EXCEL 表格進行盤查作業的差異。當大家更了解應該以 ERP 系統當做碳盤查工具來取代 EXCEL 時,就會發現其實 ERP 的產品成本結算與產品碳當量結算是一體二面的事實,或許永續辦公室這個新興的、獨立的部門又要跟負責 ERP 系統的 IT 部門整併在一起了。

8.1 產品碳足跡盤查系統簡介與安裝

8.1.1 系統概述

　　本碳盤查系統其實是 GM-ERP 模組的子模組，如需索取系統資源，歡迎聯繫中華企業資源規劃學會（service@cerps.org.tw）。在 GM-ERP 系統中，每個功能都有一個三位數的代號，例如 77A 就是碳盤查的程式代號，42A 就是客戶訂單維護，但在本書我們只會圍繞在【77A 產品碳足跡盤查】及其相關的作業，ERP 全模組包括 CO 管理會計、FI 財務會計、HR 人力資源、SD 配銷運籌、MM 採購模組、WM 庫存模組、PS 專案模組、PP 生產模組等則不在本書的討論範圍中。如圖是 GM-ERP 系統的主畫面，依標示順序說明如下：

1. 標題表示公司名稱是「ERP 學會化工股份有限公司」。
2. 是主功能表她概分了十個主模組，底下的程式代碼是用三位數來表示。
3. 是快捷列，目前只設定了【77A 產品碳足跡盤查】。
4. 指令窗口，可直接輸入三位數的程式代碼，例如【77A】就能開啟【77A 產品碳足跡盤查】。
5. 是樹狀流程圖，有別於第 2 點的主功能表，樹狀是依職能建立，可由【90F 樹狀功能選單】來設定，目前是以主模組子模組的概念來區分，本系統特意將眾多 ERP 功能都隱藏了（ERP 是一套非常複雜的系統，避免造成學習困擾），所以每個模組與子模組都只看到一個代表性的功能，本書僅聚焦在【77A 產品碳足跡盤查】，在熟悉系統的操作之後，不排除開放更多功在校園使用。
6. 【77A 產品碳足跡盤查】開啟的畫面，整套系統其他功能也都會類似這樣雙檔的佈局，再細項說明如下。
7. 滑鼠在第 5 區，按右鍵，可找出最近執行的功能。
8. 按下 CTRL-R 可直接輸入三位數的程式代碼。
9. 第二區，最右邊有「視窗」點擊之後，可看到本系統快捷鍵一覽表，另外也可連結到手冊的連結。

　　✦ 操作手冊 https://publish.obsidian.md/cerps

✦ 顧問手冊 https://publish.obsidian.md/gmerp

10. 已開啟的視窗，不必刻意關閉，如第三區，77A 已開則呈現紅字，若主畫面被其他功能覆蓋了，只要再點擊 77A，就能浮現在最上層，這樣的開啟速度會比關閉重開來得快。

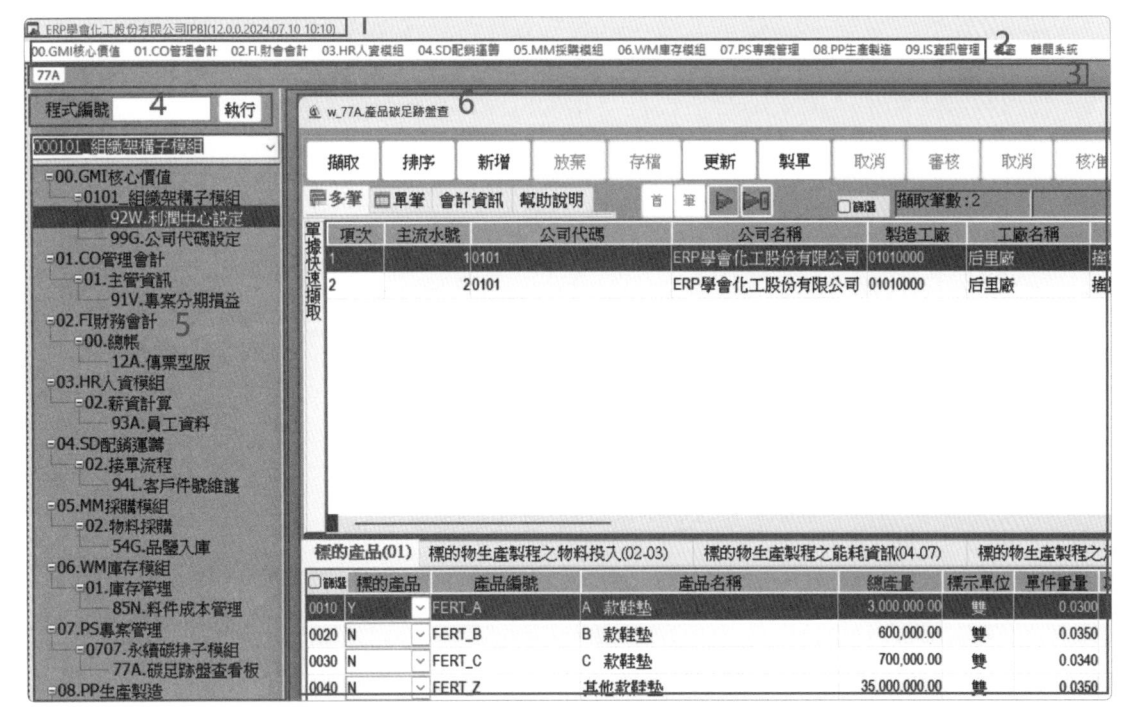

▲ 圖 8.1　系統主畫面

繼續對【77A 產品碳足跡盤查】說明如下：

1. 功能按鈕，例如當您完成本章所有的操作之後，要按下「製單、審核、核准」按鈕，將此次的輸入鎖定起來，防止被誤改。

2. 小黃條是當系統有多筆資料時，可依「製單、審核、核准」狀態擷取。

3. 主檔的頁籤，目前的畫面是在第 1 頁籤，也可切至第 2 頁籤，如圖 8.2 所示，目前主檔的頁籤共有 4 個。圖中有小黃條的下方有個小灰框，它能像 EXCEL 的凍結欄位一樣的方便左右拉動。

4. 區隔紅線，它主要是區分主檔與子檔，可任意被上下拉動。

5. 子檔的第 1 頁籤，它用 GRID 網格的方式呈現資料。

6. 子檔的頁籤，在每個頁籤標題上都有標識頁籤代碼，例如「標的物生產製程之物料投入（02-03），表示底下還細分更下層的第 02,03 頁籤。

7. 系統預設畫面開啟時不讀取資料，需按下「擷取」鈕，才會從資料庫將符合條件的資料讀出。

   讀出資料之後，可勾選「篩選」或 CTRL-L，針對已讀出的資料進行第二次的篩選。

8. 使用勾選「篩選」或 CTRL-L 可進入 EXCEL LIKE 的篩選與排序。但若要二個欄位以上的複合排序，則必須按下「排序」鈕。

9. 畫面上若有「製單」「審核」「核准」按鈕，是對畫面上的資料做狀態設定，一般若設為「製單」之後，表示不能再修改資料。如欲取消，須按下旁邊的「取消」鈕。

10. 原則上，已輸入的資料皆不允許刪除，若是無效資料可按下「作廢」鈕。

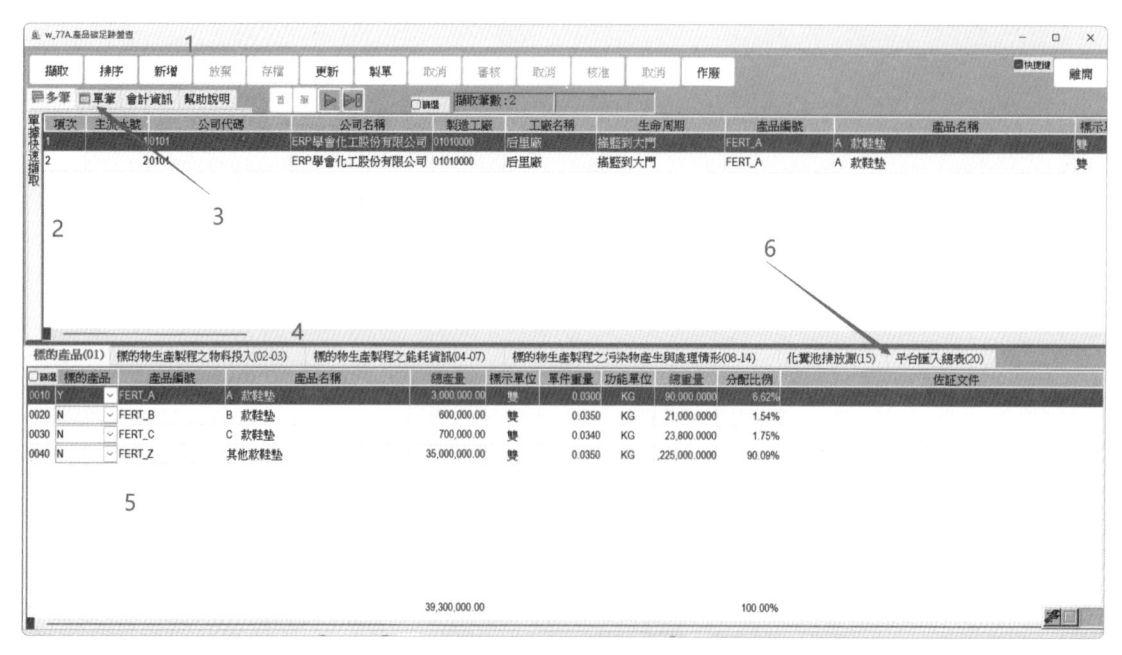

▲ 圖 8.2　系統主畫面

　　另有 4 點注意事項，1 每個 GRID，都能點中之後，按下 CTRL-F9 將資料導出到 EXCEL。2 最右上角有個「✔快捷鍵」，若勾選則會出現在主畫面的快捷列上。3 畫面開啟時，預設是不擷取資料，必須按下「擷取」鈕，才會顯示。 4 每個 GRID，都能按下 CTRL-L 開啟類似 EXCEL 的篩選功能。

8.1.2 系統安裝

本系統是三層式（3-tiers）架構，已安裝在中華企業資源規劃學會（以下簡稱學會）所指定的雲端主機上，各單位欲使用需向學會提出申請，在取得前端安裝程式之後，就能在 WIN 7 – WIN 11 以上的電腦上安裝使用。依以往的經驗，若有安裝不成功的狀況，90% 跟防毒軟體有關，請暫時關閉防毒軟體，待安裝完成再恢復即可。

在帳號的分配上，目前整套系統已經預設有 00-59 個集團，共 60 個集團，其中的 00，01 二個集團是系統預設當做釋例之用，僅當做教學瀏覽，勿使用之。

若在學校教學，可將一個班視為一個集團，每個集團為最多可有 60 家公司，舉例若帳號 0210 就表示第 02 集團，的第 10 號同學的帳號。而 0200 就表示是集團的總部，該帳號應由該班的老師持有。

0200 是老師帳號，老師可查看全集團 60 家公司的盤查資料，而 0201-0259 共 59 家公司代表著班上 59 位同學，同學只能查看自己公司的資料。

最後的帳號分配，請依學會的安排為主。

8.2 建立產品碳足跡盤查主檔

8.2.1 登錄系統

執行本系統之後，請依照取得的帳號、密碼與主機位置（預設為空白），登錄系統，如圖 8.3 左邊。然後按下「確定」鈕。就可進入主畫面，如圖 8.3 右邊。請繼續點擊快快捷列上的「77A」，應該就會出現，圖 8.4 的【77A 產品碳足跡盤查】主畫面。

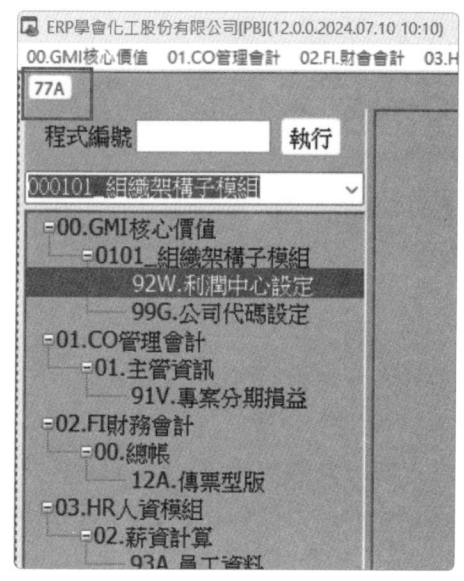

▲ 圖 8.3　登錄主畫面

　　系統預設畫面開啟時不顯示資料，請按下「擷取」鈕，可查看 0101 所登錄的資料模樣，當開始練習前的參考樣版。如圖 8.4 與圖 8.5 是系統預設的盤查結果。也就是說採系統預設參數時，標準碳當量是 0.190。

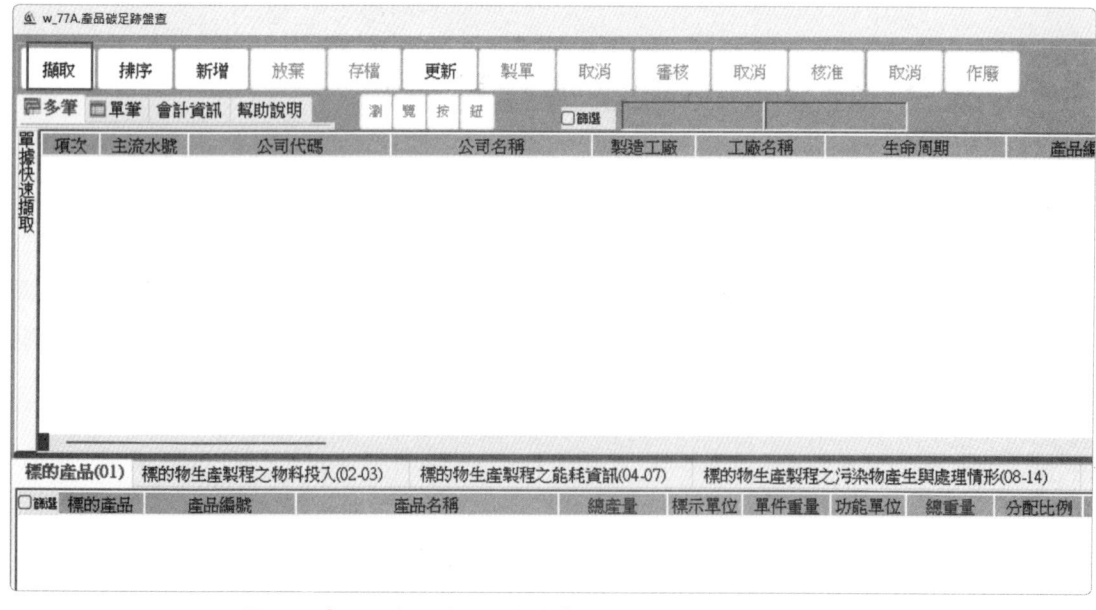

▲ 圖 8.4　【77A 產品碳足跡盤查】按下擷取鈕之後的釋例畫面 1

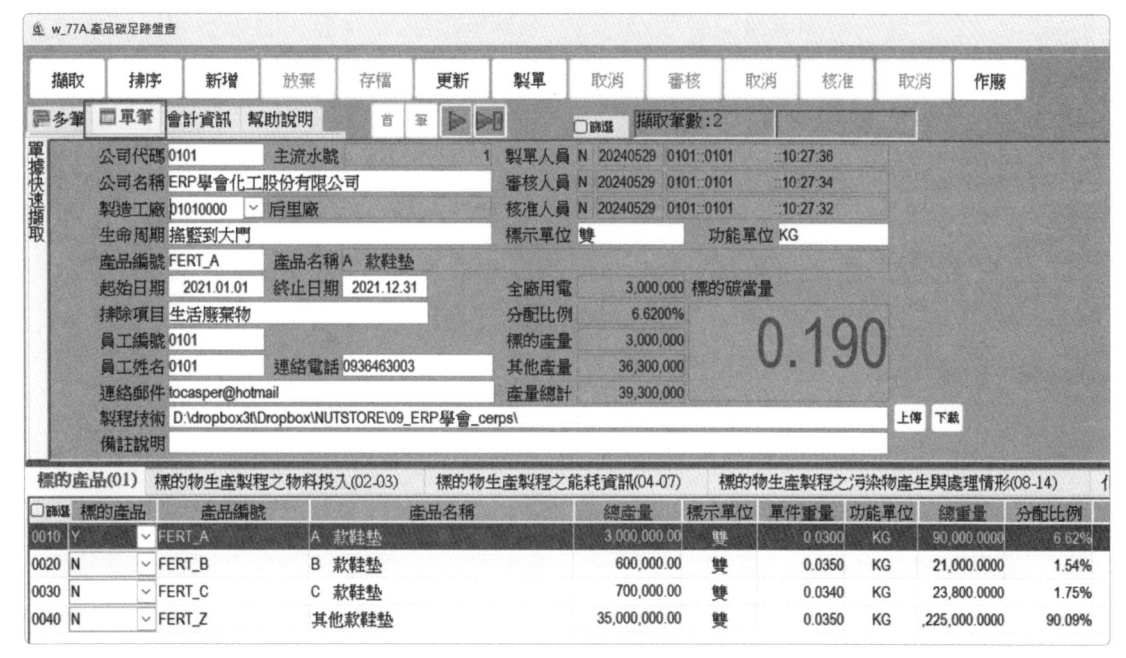

▲ 圖 8.5 【77A 產品碳足跡盤查】按下擷取鈕之後的釋例畫面 2

8.2.2 建立【77A 產品碳足跡盤查】主檔

接下來要展開各自的練習了，請登出 0101 的帳號，重新登入自己的帳號。按下「新增」鈕之後，就可開始輸入資料，圖 8.6 中，有標示藍框的欄位是系統會自動帶出，然後標示紅框的欄位是要輸入的，大多數的欄位都是可以用下拉選單帶出，依畫面上的字義及老師的指導之下，應該輸入上不會有太大的問題，以下針對比較重要的三組欄位說明

1. 產品編號：當按下拉選單時，會出現圖 8.7，由於教學版的資料量不多，可直接按下「直接擷取」鈕，選中「FERT_A」即可。

2. 製程技術：可上傳各式文件格式。若無製程技術檔，可自系統的【90 XLS 匯入格式】按下「下載文檔」鈕。

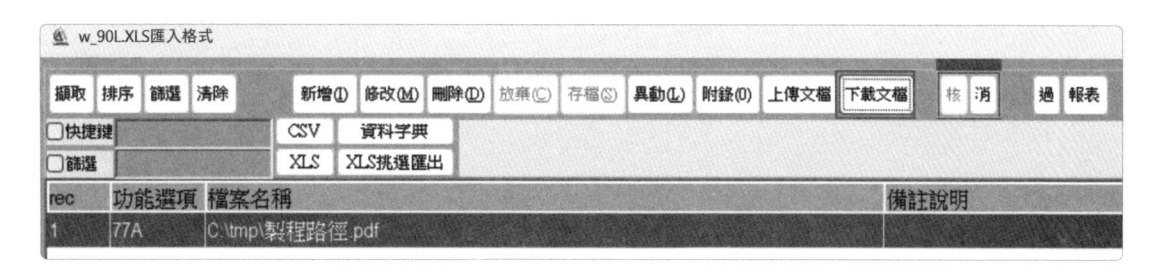

3. **生命週期**：按下拉選單時，會出現如圖 8.8 的萬用片語選單，其實選單內容是可以自行新增的，請看 8.2.3 小節更詳細的說明。

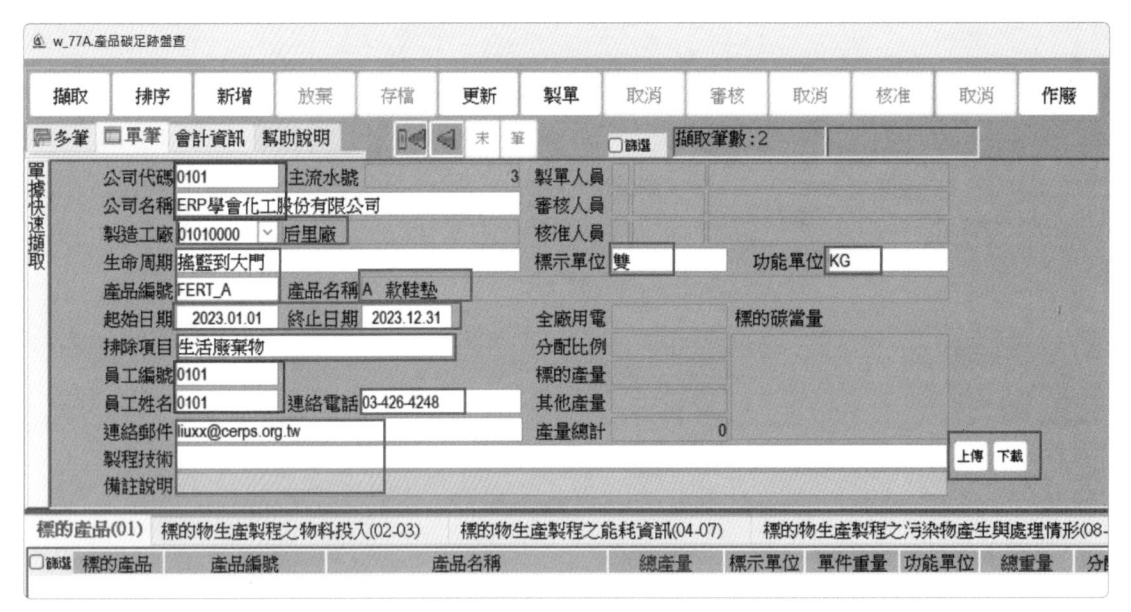

▲ 圖 8.6 【77A 產品碳足跡盤查】主檔欄位說明

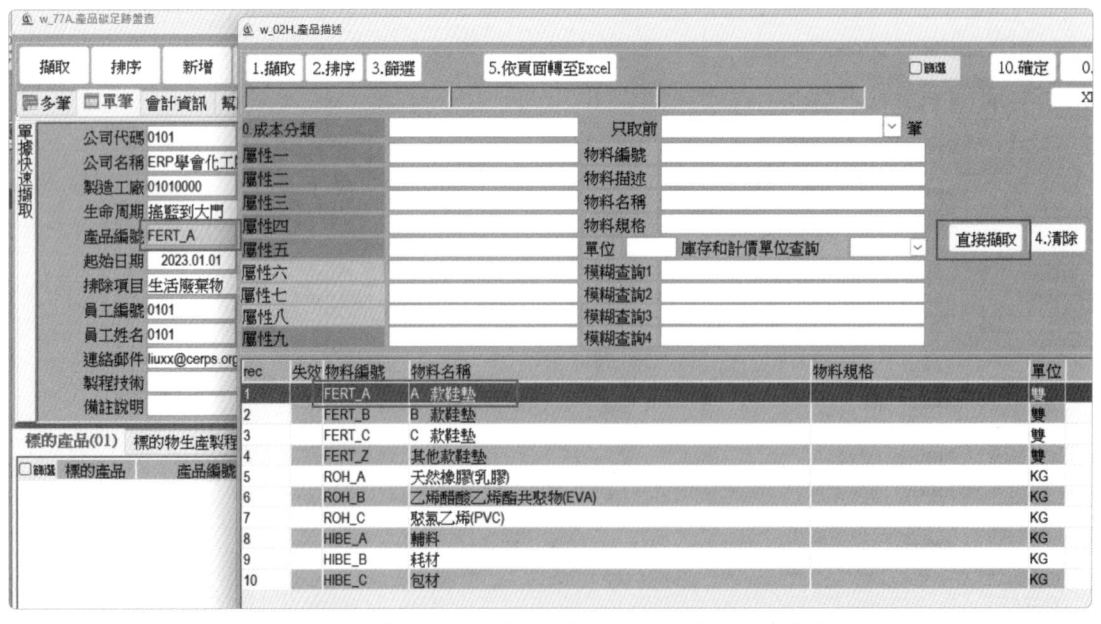

▲ 圖 8.7 【77A 產品碳足跡盤查】選取盤查產品標的

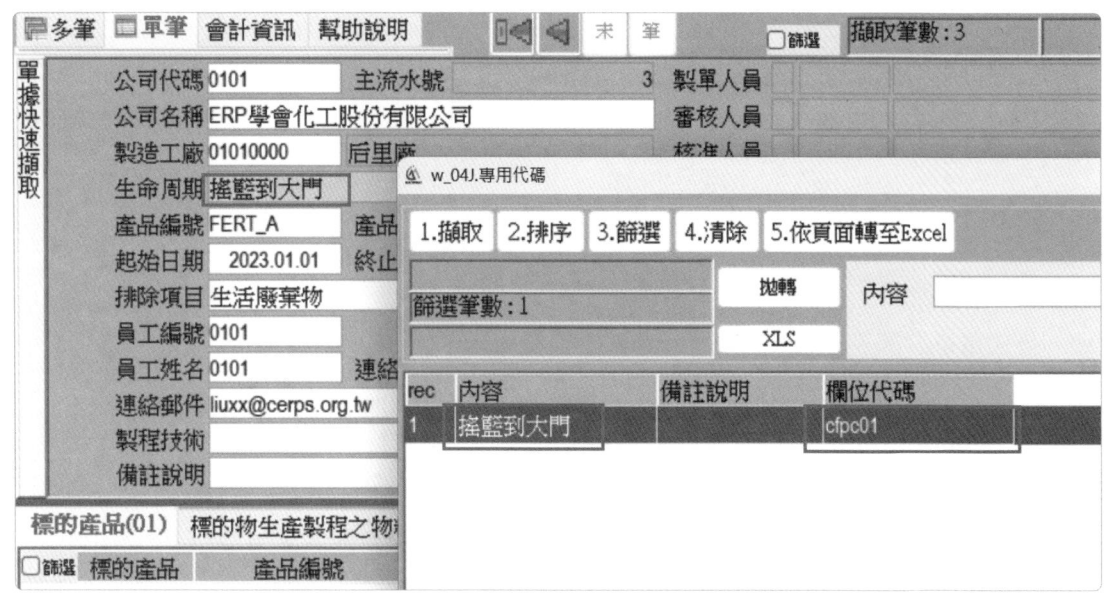

▲ 圖 8.8　欄位下拉選單 w_04J 專用代碼

🌐 8.2.3 【99P 萬用片語】及其他說明

萬用片語選單，在系統中運用的非常廣，其實是可以自行新增的，您只要記住如圖 8.8 的欄位代碼 cftc01，就能在【99P 萬用片語維護】之中查詢並維護之。只是它是全系統通用，為了怕學生建檔錯誤或誤刪，建議是由學會統一管理。

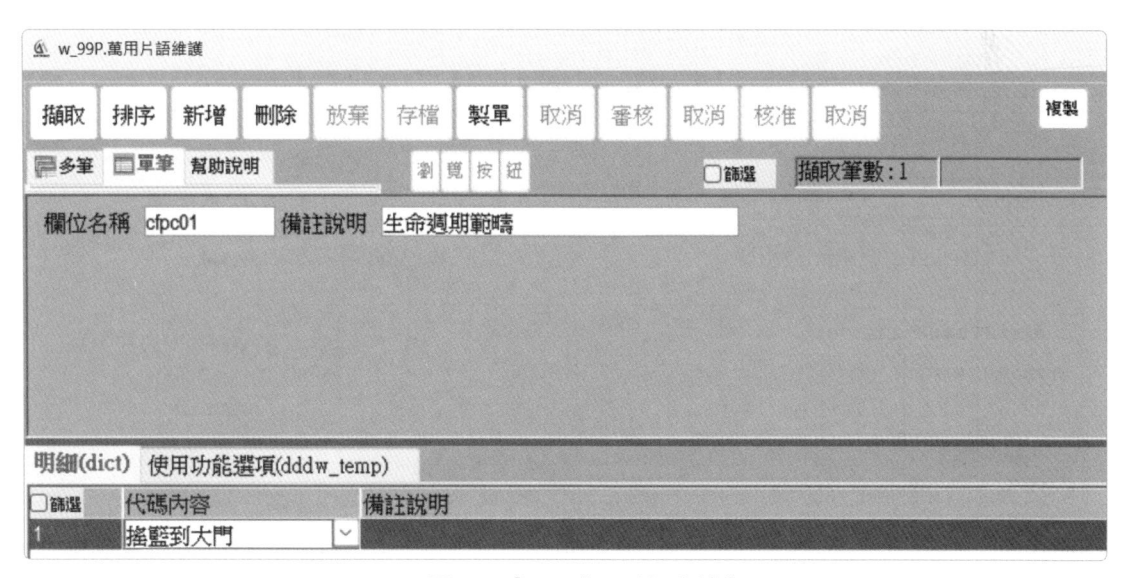

▲ 圖 8.9　【99P 萬用片語維護】

其實在主檔或後續要說明的子檔欄位,處處都與 ERP 互相關聯。

- 公司代碼是對應到 ERP 的【99G 公司代碼維護】
- 工廠代碼是對應到 ERP 的【96A 工廠代碼維護】
- 產品標的是對應到 ERP 的【96D 產品物料維護】
- 員工編號是對應到 ERP 的【93A 員工資料維護】
- 各式單位是對應到 ERP 的【96I 單位換算維護】
- 電錶電號是對應到 ERP 的【21E 公司電費維護】
- 電錶電號是對應到 ERP 的【21F 電費電號維護】

8.3 建立碳足跡盤查標的

8.3.1 標的產品的建檔內容

頁籤:標的產品(01),其實是將公司產品全部輸入在同一個頁籤,共計有 FERT_A、FERT_B、FERT_C、FERT_Z,然後用一個旗標(Y/N)來區分是否為標的,原則上只能有一筆是標的,其餘的都是 N 非標的,圖 8.10 是輸入完成的模樣,在操作細節上分別用 8 點來說明。

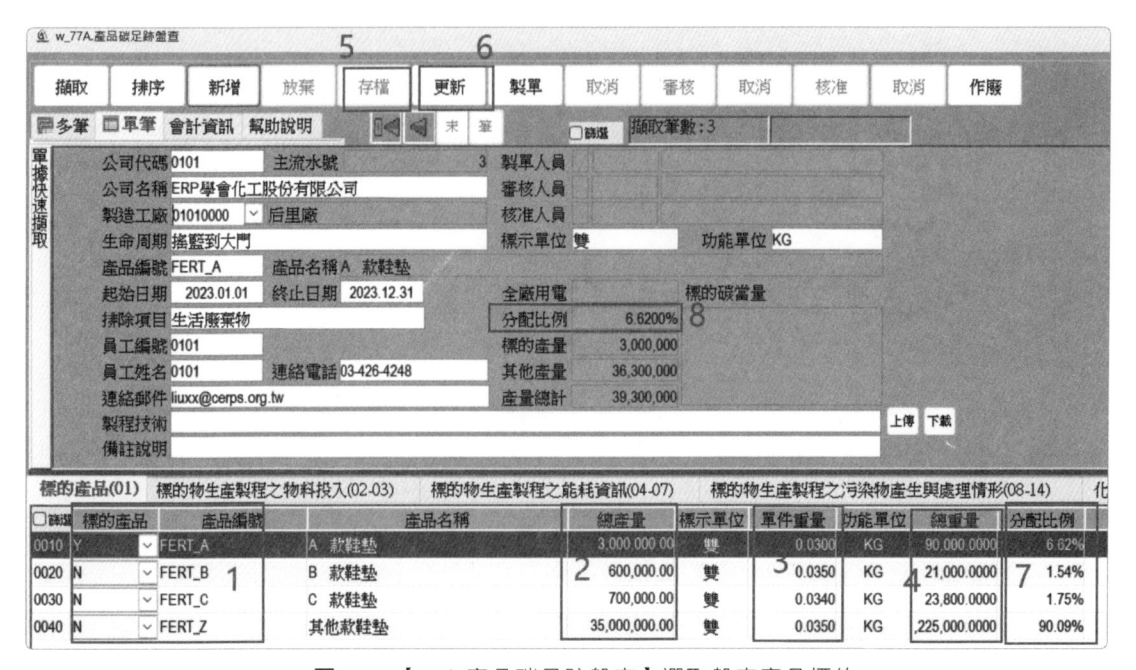

▲ 圖 8.10 【77A 產品碳足跡盤查】選取盤查產品標的

8.3.2 標的產品的建檔注意事項

檔身的新增要領是用 MOUSE 點擊檔身欄位「產品名稱」然後按↓鍵就能開始一筆資料的建立。然後

1. 標的產品：是用下拉的方式選擇 Y/N。

   產品編號：可用輸入的或用下拉選單，輸入完成移至「總產量」欄位時，會自動帶出「產品名稱」「標示單位」「功能單位」等欄位。

2. 總產量：逐筆輸入各鞋款的年度生產量。

3. 單件重量：請逐筆輸入，

4. 總重量：此欄位是自動計算，公式是「總產量」×「單件重量」。

5. 全部輸入完成之後，就能按下「存檔」按鈕。

6. 更新按鈕的作用就如字面上的意思，它會用最新的資料庫內容更新到現有的畫面，任何頁面的內容有變動時，按下「更新」鈕，就會將整個盤查記錄更新。

7. 分配比例：此欄位是按下「更新」鈕之後會自動刷新。

8. 檔身只有標的產品為 Y 的「分配比例」，會帶至檔頭的「分配比例」。

建檔時的小技巧，在後續的操作中，會有同一個欄位，其內容是類似或者相同的，此時可善用「F6」它會將上一列的欄位內容複製至本列的同欄位內容。另有 S-F6 是往下複製。

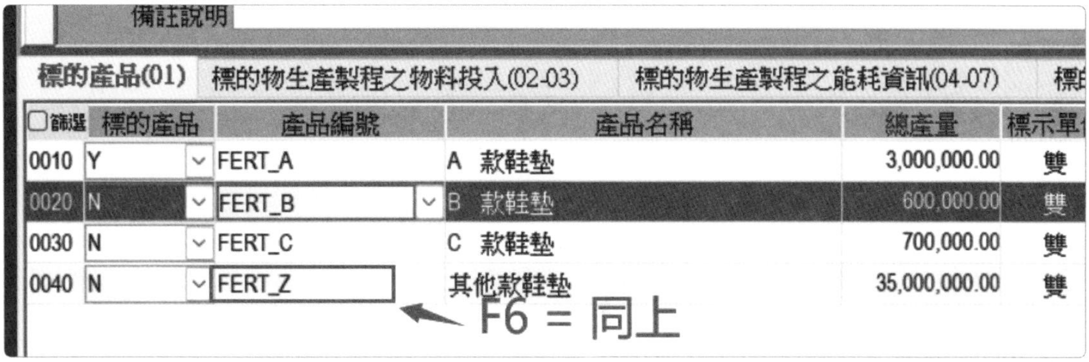

△ 圖 8.11　F6 的妙用

8.4 建立生產製程之物料投入

8.4.1 原物輔料投入建檔

原物輔料是指標地產品的半成品、原料、物料、輔料等的投入，一般半成品與原料是指直接用於生產，也會記錄在 BOM 表上，而物料是指間接用於生產，而輔助就更廣泛了，也有可能是全公司共同分攤的物品等，本練習是直接給定一個數量，輸入結果如圖 8.12，但實務的狀況是多階 BOM 表累算或層層的分攤分配而來。

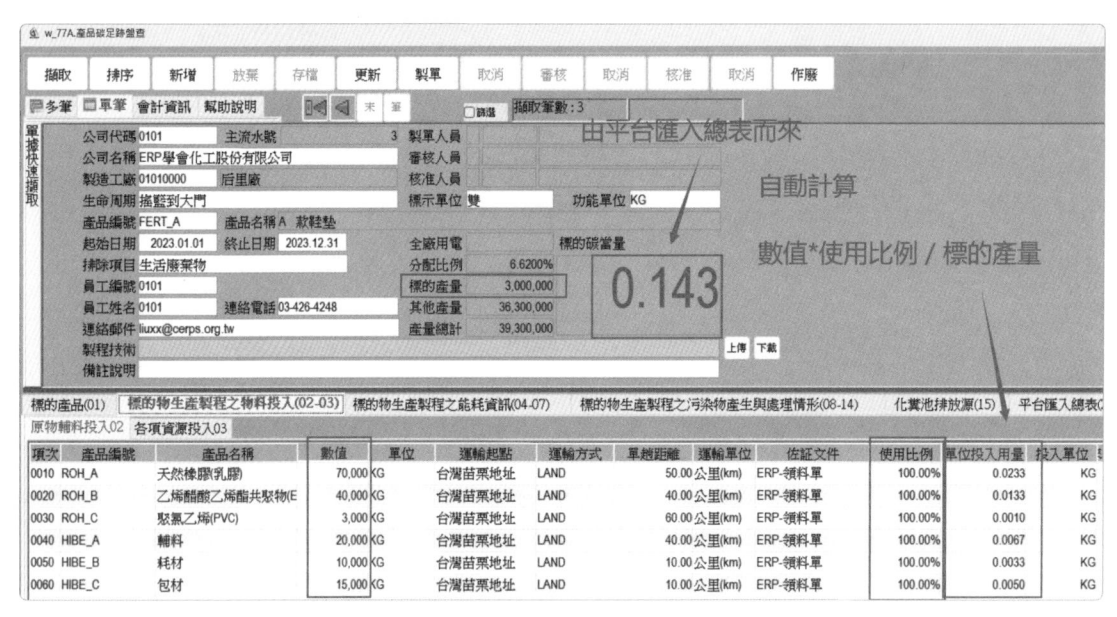

▲ 圖 8.12　原物輔料投入完成建檔之後的結果

接下來我們就一步一步的建檔，點擊「產品名稱」按↓就能開始新增：

1. 產品編號：雙擊此欄位，會開啟物料選擇視窗如圖 8.14，因為資料筆數不多，可不下條件，直接全部擷取，重複此動作共六次，會得到如圖 8.13 的畫面。

2. 產品名稱：會自動帶出。

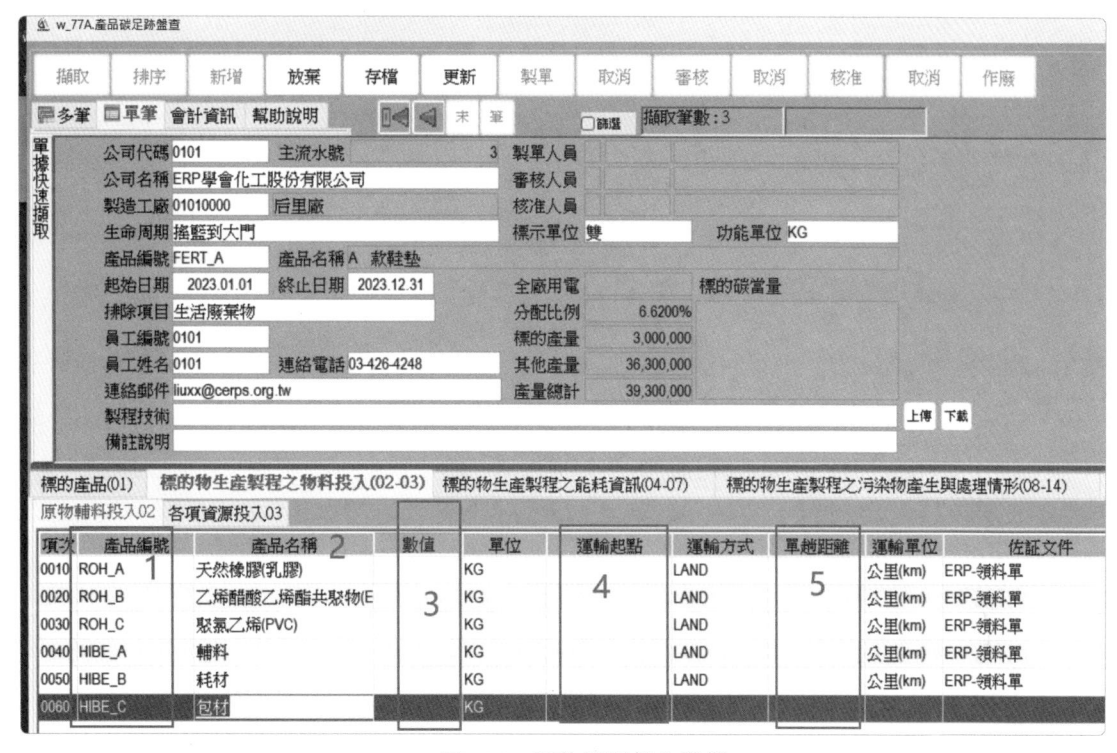

▲ 圖 8.13　原物輔料投入建檔

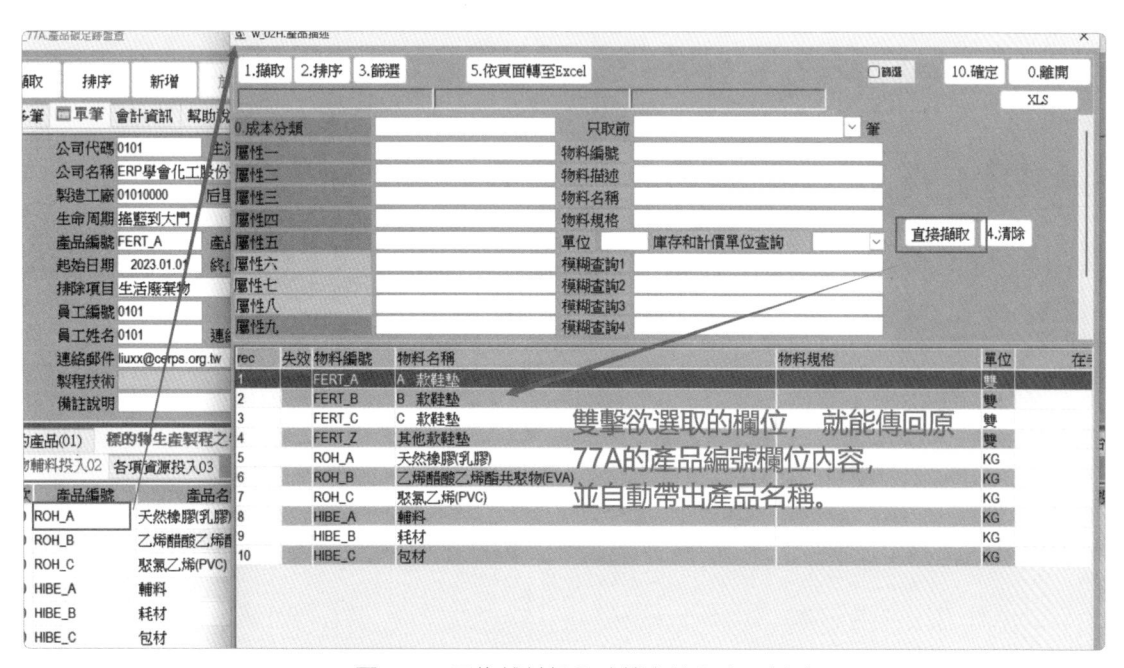

▲ 圖 8.14　原物輔料投入建檔之輸入產品編號

3. 數值：請依序輸入 700000, 400000, 3000, 30000, 10000, 15000。

4. 運輸起點：可用雙擊開啟萬用片語畫面，選擇您的起運點。

5. 單趟距離：請依序輸入 50, 40, 60, 40, 10, 10。

輸入完成之後，請按下「存檔」鈕，接著再按下「更新」鈕，應該會計算出如圖 8.15 所示，目前標的碳當量的數值是 0.143。

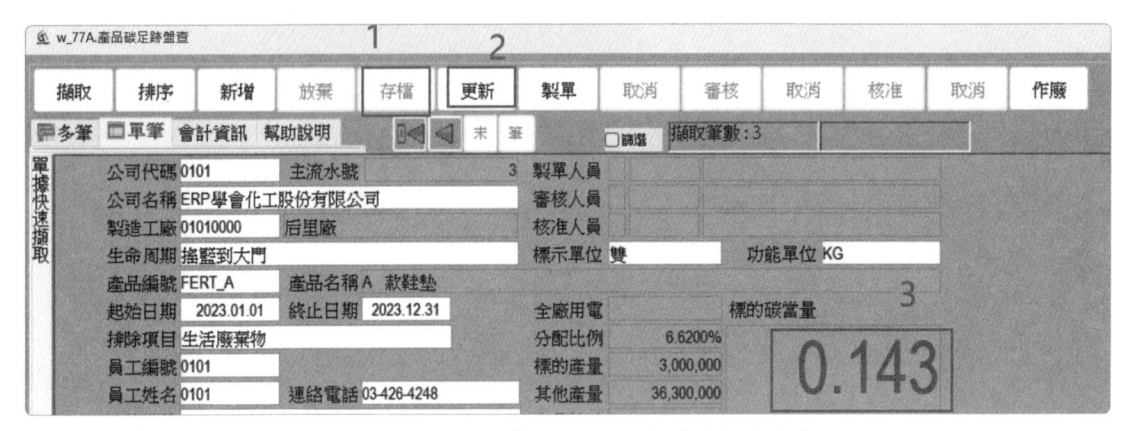

▲ 圖 8.15　原物輔料投入按下更新後的標的碳當量

⊕ 8.4.2 標的碳當量的計算

上述標的碳當量是如何計算得到 0.143 的呢？請切到子頁籤「平台匯入總表（20）」，我們所輸入的內容與碳當量計算有關的都會自動帶入此頁籤。依照圖 8.16 的標示說明如下：

1. 頁籤：會顯示 02 用以說明此資料來自於「原物輔料投入 02」

2. 項次：就是原「原物輔料投入 02」的項次，至於項次 9999 是計算運輸所產生的碳當量，它是將運輸距離加總之後系統自動新增一筆的。

3. 生產週期階段：等同是此總表的大類。

4. 群組：等同是此總表的中類。活動數據項目名稱：預設帶入原物輔料的名稱，您仍可修改。

5. 總活動量：就是「原物輔料投入 02」數值。會用藍色的抬頭。

6. 單位活動量：就是「原物輔料投入 02」單位投入用量。會用藍色的抬頭。

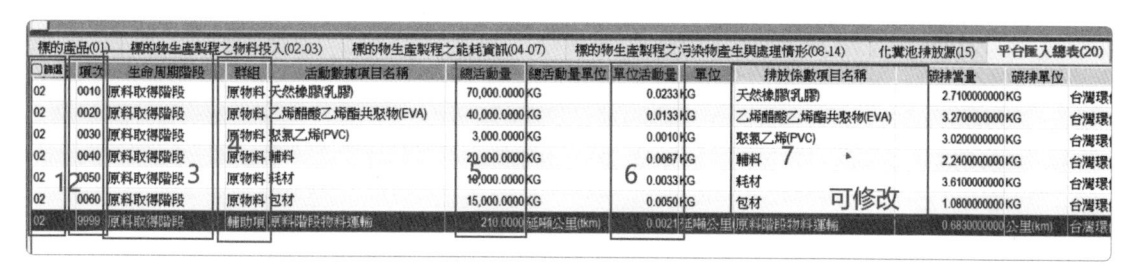

▲ 圖 8.16　受頁籤 02 影響的平台匯入總表 1

將表格向右移動會繼續看到圖 8.17，繼續說明如下：

1. 項次：999 是自動新增出來的，因為有運輸距離。

2. 碳排當量：這是系統的預設值，實際上會由顧問指導您如何查表得知。

3. 數據來源：就是碳排當量是來自於何種資料庫。

4. 貢獻碳當量：單位活動量 × 碳排當量。此數據會回寫檔頭。

5. 貢獻百分比：依碳排當量的佔比。

▲ 圖 8.17　受頁籤 02 影響的平台匯入總表 2

8.4.3　各項資源投入之建檔

有了頁籤 02 的輸入經驗之後，對系統的操作應該更上手了，接下來繼續輸入頁籤「各項資源投入 03」，操作細節如下：

▲ 圖 8.18　各項資源投入之建檔

1. 項目名稱：請手動輸入「自來水」。

2. 數值與單位：輸入 30000 立方公尺（m^3）

3. 運輸起點：若下拉選單，沒有您要的地址，可請系統管理者預先建檔好萬用片語，或直接手動修改，本案例是修改成「台中港」。

4. 運輸方式：也是萬用片語下拉選擇，總共有五種方式，如圖 8.22 所示，不同運輸方式之碳排當量不盡相同，惟本案例沒有對不同運輸方式預設不同的碳排當量

5. 單趟距離與運輸單位：3 公里（km）

6. 使用比例：可自行輸入，若不輸入會預設為主檔的 6.62%。

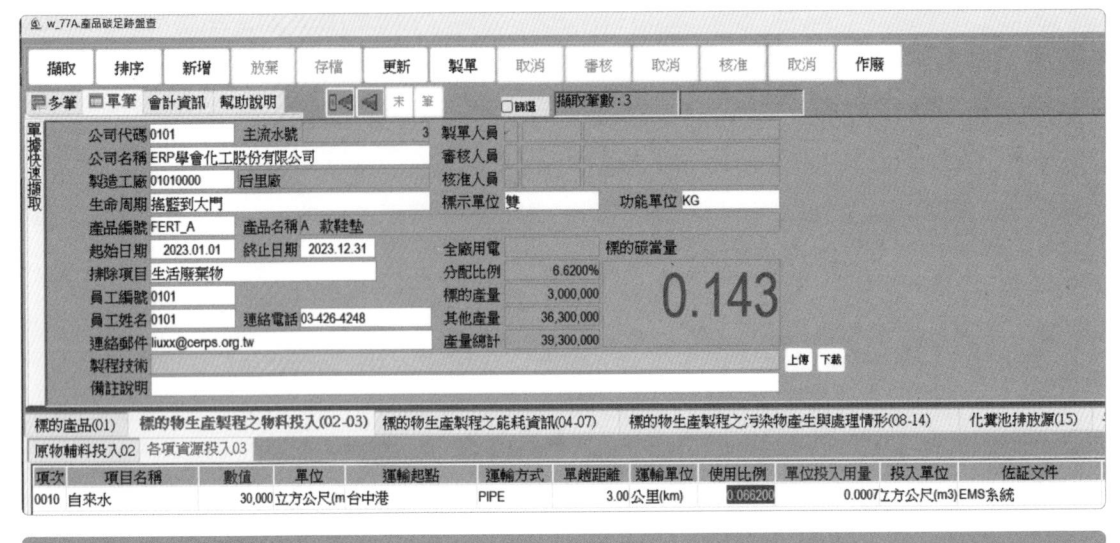

輸入完成按下「存檔」「更新」二個按鈕之後，會計算出單位投入用量：

公式 = 數值（30000）× 投入比例（6.62%）/ 標的產量（3000000）= 0.000662

然後取第四位四捨五入，得到 0.0007

8.4.4 標的碳當量的計算

同樣的模式，只要有按下「更新」鈕，就會將最新的狀況更新到頁籤 20。

或許大家在畫面上沒有看到頁籤 16-19，這四個頁籤是系統保留頁籤，會用於 CFP 與 ERP 緊密結合之互相勾稽之用。

由於頁籤 3 的運輸距離太小，計算被省略了。所以在頁籤 20 上，只顯示了一筆頁籤 03 的資料。

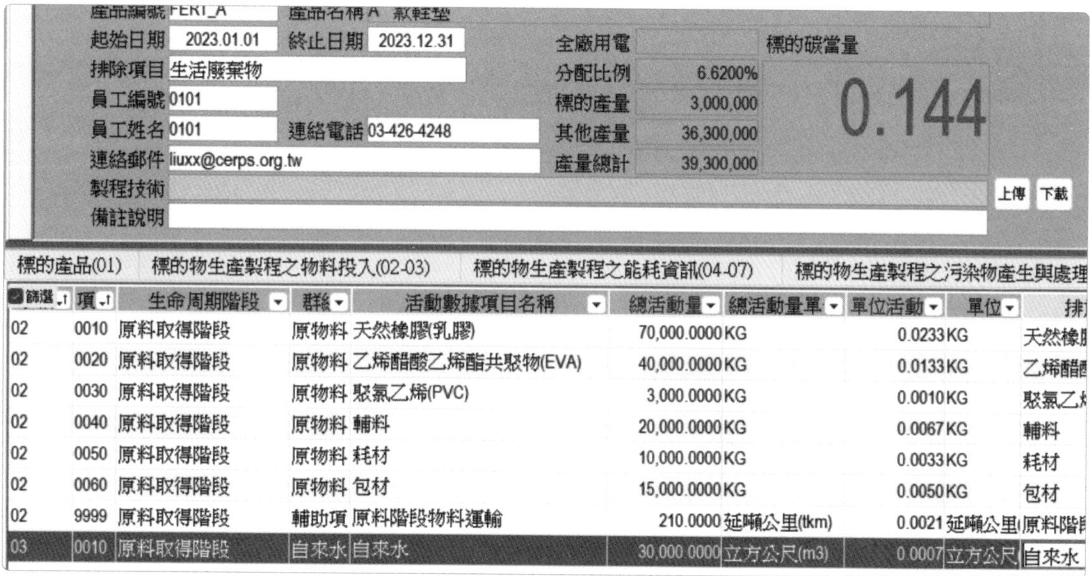

▲ 圖 8.19　受頁籤 03 影響的平台匯入總表 1

自來水的碳排當量也是由系統預設，您仍能修改，依目前

$0.2333 \times 0.0007 = 0.00016331$ 第四位取四捨五入，得到 0.0002。

依目前的法規規範。碳排當量是取小數十位，而貢獻碳當量是取到小數四位。

ERP 系統有【54P 庶務採購管理】專門用來處理應付費用，如自來水費、電費等，而【54A 進貨維護作業】專門用來處理原物料或固定資產的應付帳款。

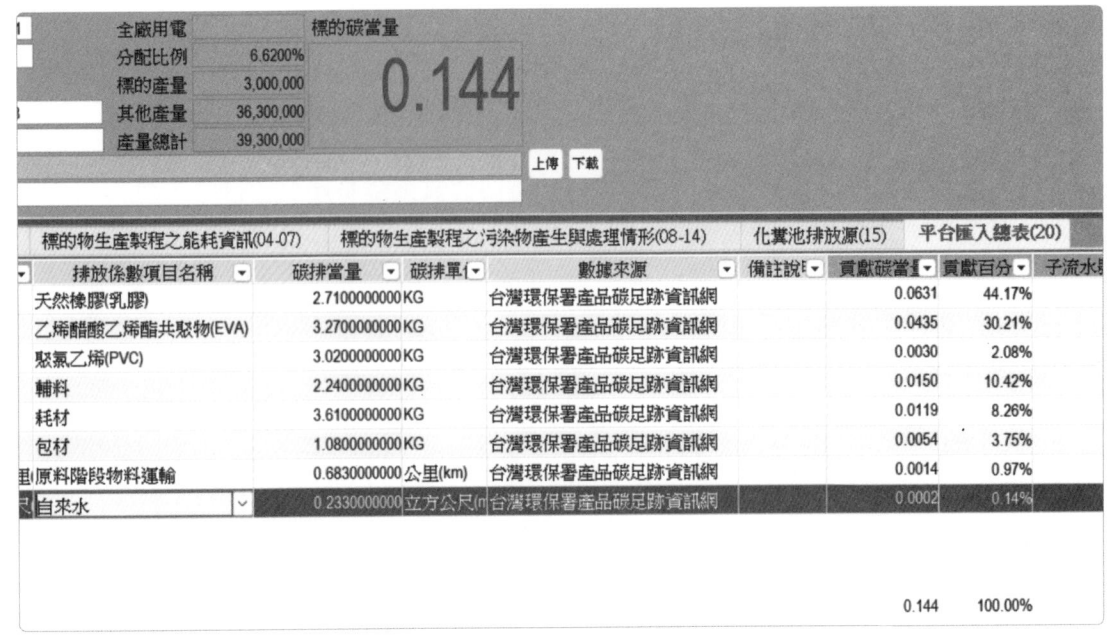

全廠用電		標的碳當量
分配比例	6.6200%	
標的產量	3,000,000	0.144
其他產量	36,300,000	
產量總計	39,300,000	

標的物生產製程之能耗資訊(04-07) | 標的物生產製程之污染物產生與處理情形(08-14) | 化糞池排放源(15) | 平台匯入總表(20)

排放係數項目名稱	碳排當量	碳排單位	數據來源	備註說明	貢獻碳當量	貢獻百分比	子流水
天然橡膠(乳膠)	2.7100000000	KG	台灣環保署產品碳足跡資訊網		0.0631	44.17%	
乙烯醋酸乙烯酯共聚物(EVA)	3.2700000000	KG	台灣環保署產品碳足跡資訊網		0.0435	30.21%	
聚氯乙烯(PVC)	3.0200000000	KG	台灣環保署產品碳足跡資訊網		0.0030	2.08%	
輔料	2.2400000000	KG	台灣環保署產品碳足跡資訊網		0.0150	10.42%	
耗材	3.6100000000	KG	台灣環保署產品碳足跡資訊網		0.0119	8.26%	
包材	1.0800000000	KG	台灣環保署產品碳足跡資訊網		0.0054	3.75%	
原料階段物料運輸	0.6830000000	公里(km)	台灣環保署產品碳足跡資訊網		0.0014	0.97%	
自來水	0.2330000000	立方公尺(m)	台灣環保署產品碳足跡資訊網		0.0002	0.14%	
					0.144	100.00%	

↑ 圖 8.20　受頁籤 03 影響的平台匯入總表 2

8.5 建立生產製程之能耗資訊

8.5.1 全廠用電狀況 04 建檔

生產製程之能耗共分成四個頁籤：其中「鍋爐使用燃料 06」省略不輸入。

全廠用電狀況 04：其實規模大的公司都會有超過一個的電錶，此案例是簡化成「全廠用電」，否則這應是依電力公司的繳費單記載的電錶電號一一輸入。

接著輸入用電量 3000000，存檔後，會自動帶出單位「度（kwh）」。

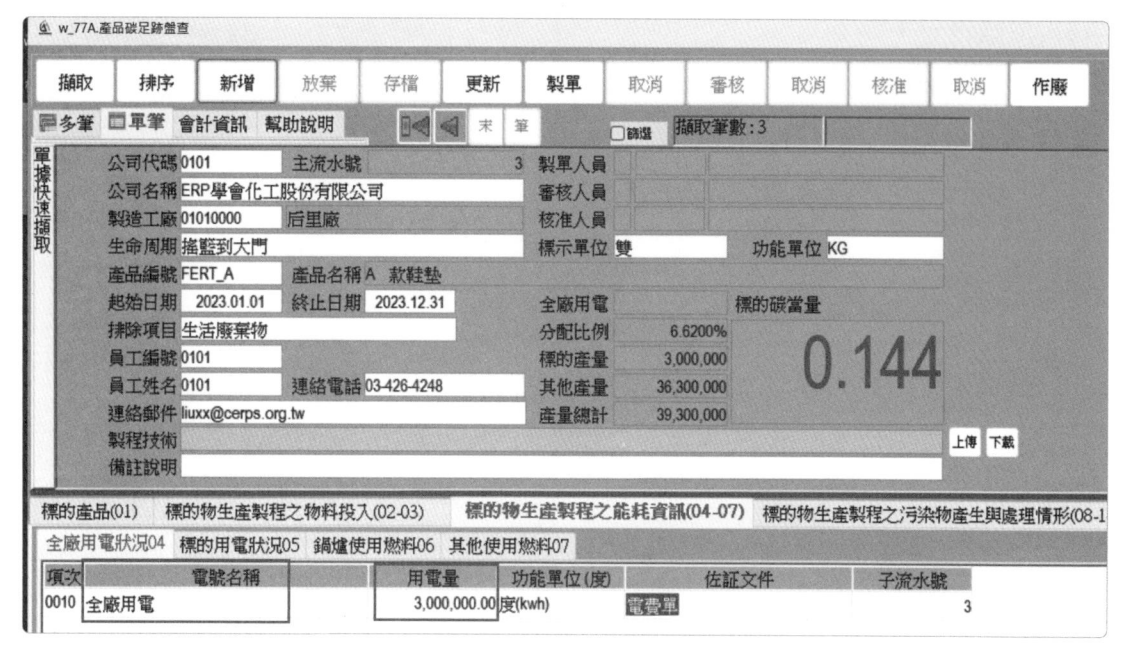

▲ 圖 8.21　全廠用電狀況 04 建檔

　　一般公司或工廠都會有超過一個以上的電錶電號，以本系統為例，就會有類似圖 8.22【21F 電費電號維護】，將電力公司的帳單上的電號一一的建檔，並且能夠區分各個廠區，甚至細到某條生產線，某幾台機台等。當每個月的電費帳號繳費時是利用【54P 庶務採購管理】，而詳細的度數就要如圖 8.23【21E 公司電費維護】的方式一一登錄，帳單上會記錄計費的起迄日期區間，若有超契約容量時，還會引發附加費等等，因此在實務上如果要精算的話，還有很多細節都得借助 ERP 系統的各模組的功能。

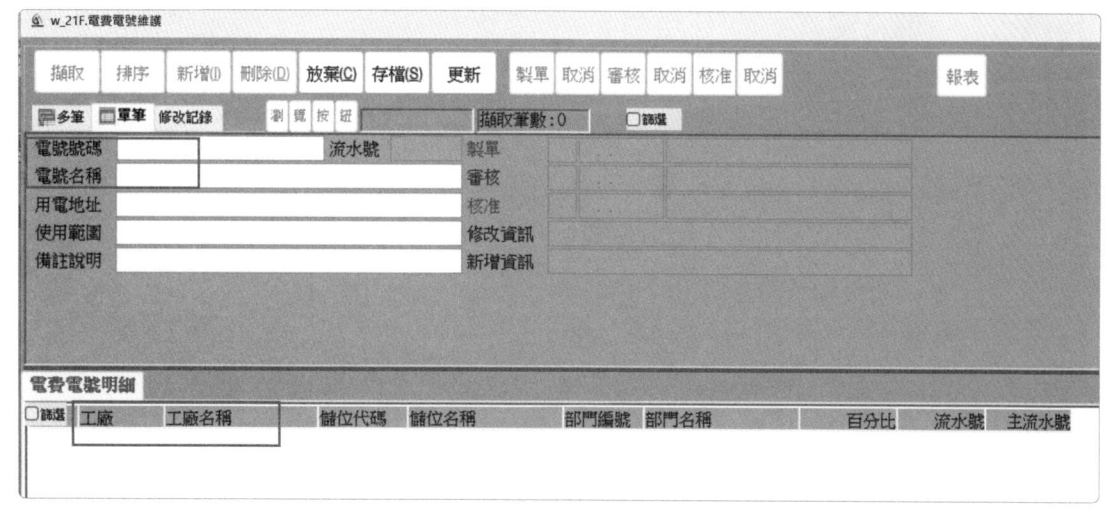

▲ 圖 8.22　全廠電錶電號

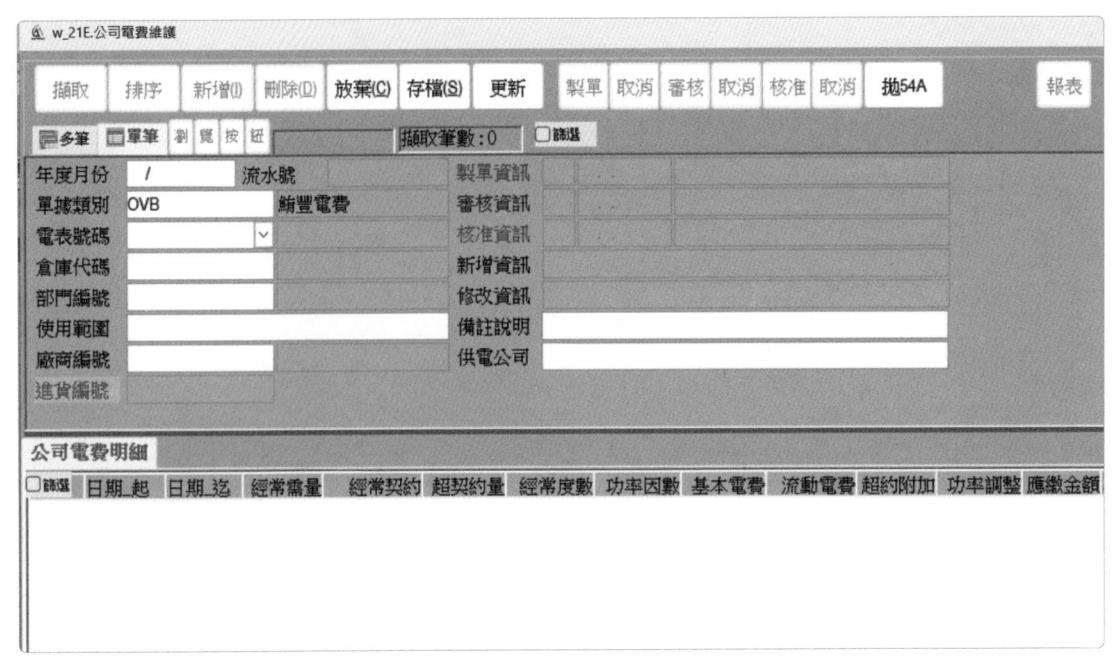

▲ 圖 8.23　電費繳費維護

⊕ 8.5.2 標的用電狀況 05 建檔

這個頁籤的輸入若全部採系統預設值，其實只要輸入「標的產品編號」然後按下「存檔」及「更新」按鈕就完成了。結果如圖 8.24。

1. 「標的產品編號」：其實就是檔頭的「FERT_A」。

2. 按下「存檔」鈕：會產生第 3,4,5 點一連串的計算。

3. 使用比例：若未輸入會帶入檔頭的「分配比例」，數值是 6.62%。

4. 用電量：6.62%×3000000（度）= 1986000

5. 單位用量：用電量 / 3000000（雙）= 0.0662

6. 按下「更新」鈕：會產生頁籤 20 的貢獻碳當量。

7. 標的碳當量：由頁籤 20 重新加總之後得到 0.183。

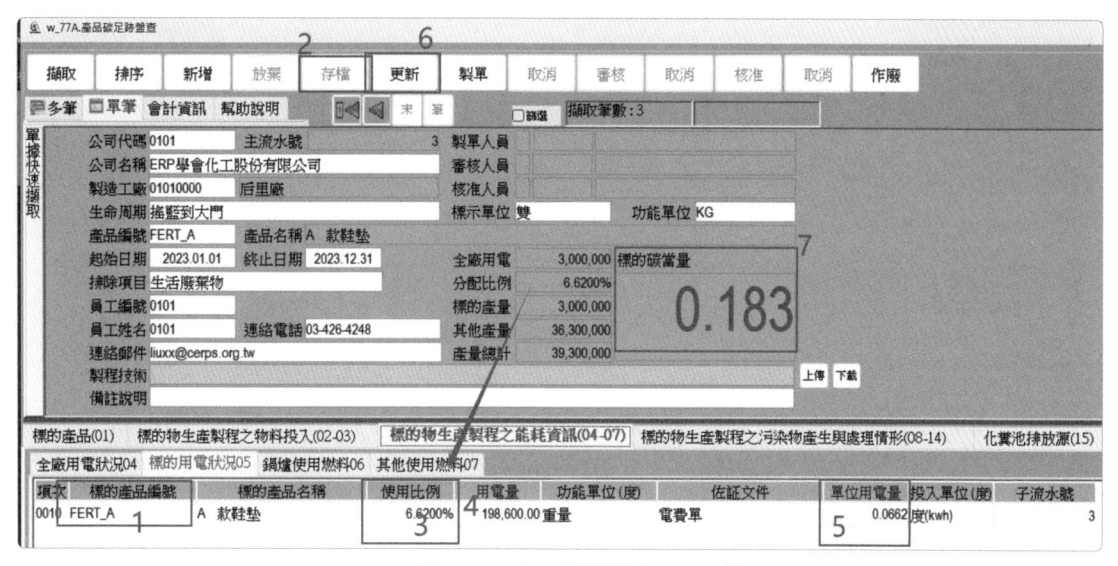

▲ 圖 8.24　標的用電狀況 05 建檔

⊕ 8.5.3 標的碳當量的計算

頁籤 20 的內容是按下「更新」鈕所得到，而貢獻碳當量 = 單位活動量 0.0662× 碳排當量 0.593 = 0.0392566 小數第四位取四捨五入，得到 0.03993。

▲ 圖 8.25　受頁籤 05 影響的平台匯入總表 1

標的碳當量累計到目前為止是如圖 8.24 所示的 0.183。

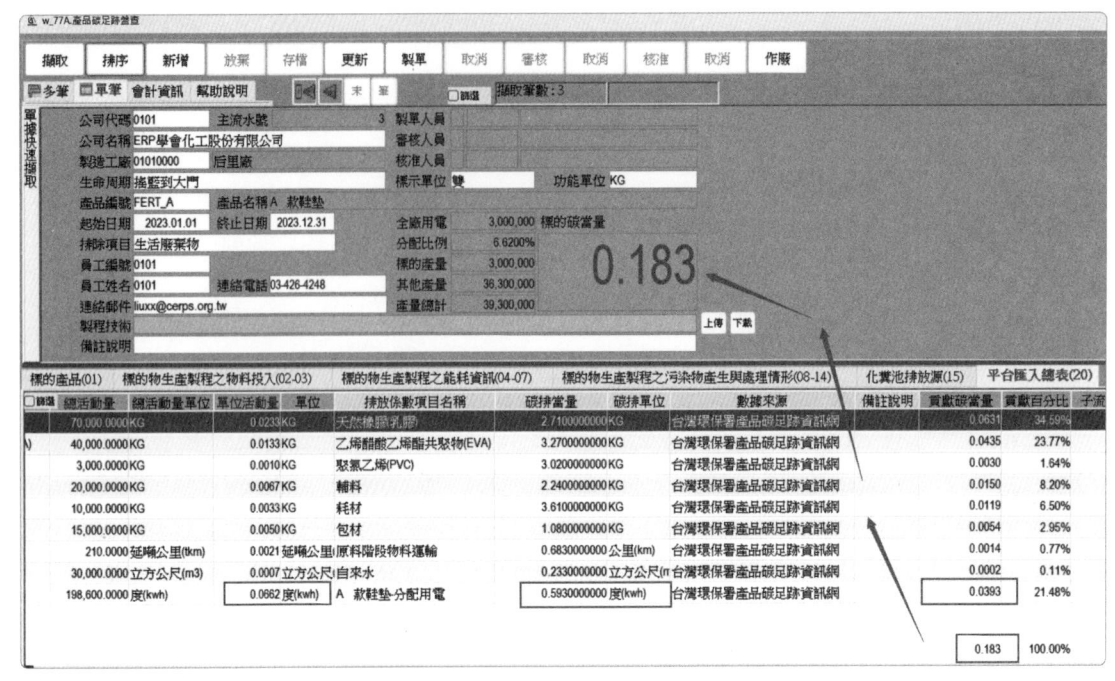

▲ 圖 8.26　受頁籤 05 影響的平台匯入總表 2

8.5.4 其他使用燃料 07 建檔

我們省略了頁籤「鍋爐使用燃料 06」，只記錄此案例使用柴油的狀況，這頁的輸入要領如圖 8.27，說明如下：

1. 資源名稱：依序輸入貨車與堆高機。

2. 數值：分別是柴油 20000 , 50 公升。

3. 按下「存檔」鈕：會計算第 4,5 點。

4. 使用比例：若不輸入會採用檔頭的預設值 6.62%，也 可自行修改。

5. 單位投入量：貨車 是 20000 / 3000000 雙 ×6.62% = 0.000441 四捨五入後得 0.0004，而堆高機用量太小了，單位投入用量視為 0。

6. 按下「更新」鈕：會更新頁籤 20 的值。

7. 標的碳當量：仍然維持 0.183，依規定此檔頭的碳當量是取到小數點第三位。

ERP 系統與碳盤查　08

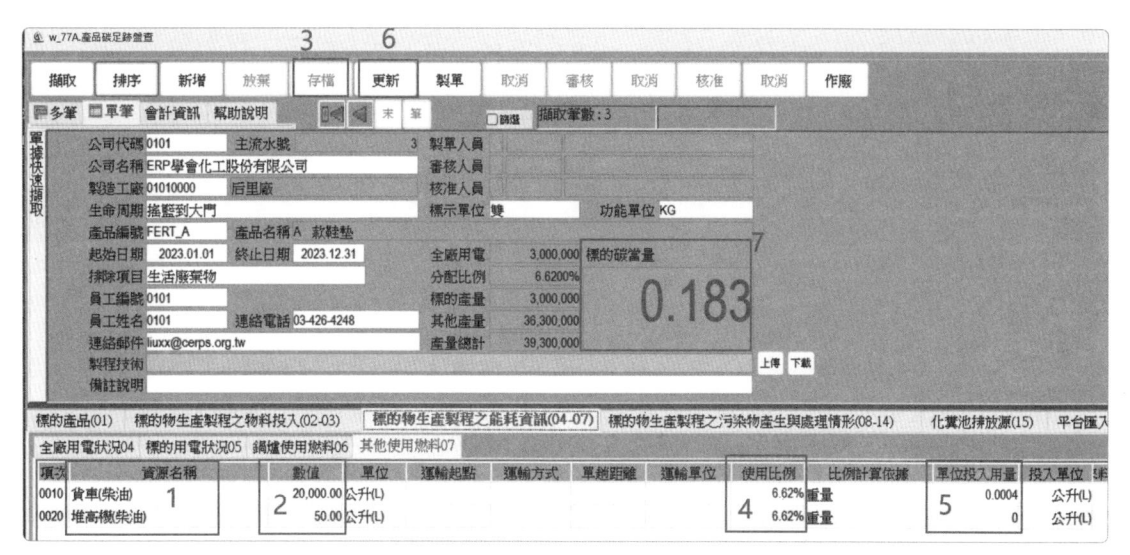

▲ 圖 8.27　其他使用燃料 07 建檔

8.5.5 標的碳當量的計算

頁籤 07 的內容，傳輸到頁籤 20 時，僅貨車（柴油）有單位活動量 0.0004。

▲ 圖 8.28　受頁籤 07 影響的平台匯入總表 1

8-23

貢獻碳當量 = 單位活動量 0.0004×0.693 碳排當量 = 0.0002772 取小數第四位四捨五人之後得 0.0003，加總值必須取到小數第三位，四捨五入之後仍是 0.183。

標的物生產製程之能耗資訊(04-07)　標的物生產製程之污染物產生與處理情形(08-14)　化糞池排放源(15)　平台匯入總表(20)

排放係數項目名稱	碳排當量	碳排單位	數據來源	備註說明	貢獻碳當量	貢獻百分比	子流水號	主流
天然橡膠(乳膠)	2.7100000000	KG	台灣環保署產品碳足跡資訊網		0.0631	34.43%	120	3
乙烯醋酸乙烯酯共聚物(EVA)	3.2700000000	KG	台灣環保署產品碳足跡資訊網		0.0435	23.77%	121	3
聚氯乙烯(PVC)	3.0200000000	KG	台灣環保署產品碳足跡資訊網		0.0030	1.64%	122	3
輔料	2.2400000000	KG	台灣環保署產品碳足跡資訊網		0.0150	8.20%	123	3
耗材	3.6100000000	KG	台灣環保署產品碳足跡資訊網		0.0119	6.50%	124	3
包材	1.0800000000	KG	台灣環保署產品碳足跡資訊網		0.0054	2.95%	125	3
原料階段物料運輸	0.6830000000	公里(km)	台灣環保署產品碳足跡資訊網		0.0014	0.77%	126	3
自來水	0.2330000000	立方公尺(m	台灣環保署產品碳足跡資訊網		0.0002	0.11%	128	3
A 款鞋墊-分配用電	0.5930000000	度(kwh)	台灣環保署產品碳足跡資訊網		0.0393	21.48%	129	3
貨車(柴油)	0.6930000000	公升(L)	台灣環保署產品碳足跡資訊網		0.0003	0.16%	130	3
堆高機(柴油)	3.3800000000	公升(L)	台灣環保署產品碳足跡資訊網		0.0000	0.00%	131	3
					0.183	100.00%		

^ **圖 8.29**　受頁籤 07 影響的平台匯入總表 2

8.6 生產製程之污染物產生及處理狀況

8.6.1 廢水處理狀況之建檔

生產製程之污染物產生及處理狀況，分別是頁籤 08 至頁籤 14，由於這是教學個案，同性質的內容就被捨棄了。因此本節我們只會說明頁籤 11、頁籤 12，頁籤 14，如圖 8.30 有框紅色框的。

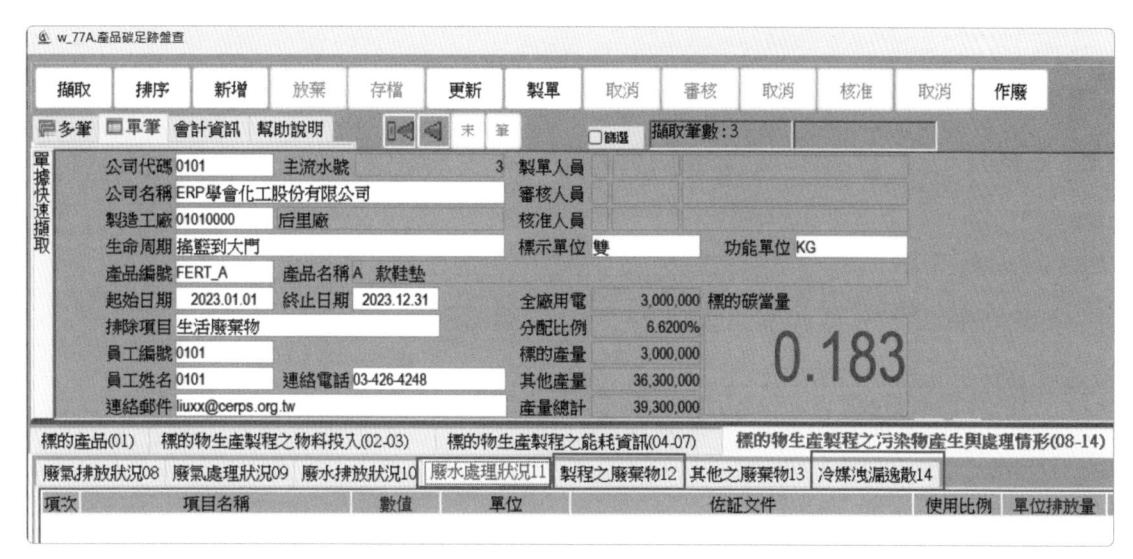

▲ 圖 8.30　生產製程之污染物產生及處理狀況

請依照圖 8.31 的標示輸入頁籤 11「廢水處理狀況 11」，說明如下：

1. 項目名稱：輸入污水處理。

2. 數值：10000。

3. 按下「存檔」鈕：單位與佐證文件欄位會自動帶入，並計算第 4,5 點。

4. 使用比例：若不輸入會採用檔頭的預設值 6.62%，也 可自行修改。

5. 單位排放量： 10000 / 3000000 雙 ×6.62% = 0.000220 四捨五入後得 0.0002。

6. 按下「更新」鈕：會更新頁籤 20 的值。

7. 標的碳當量：仍然維持 0.183，依規定此檔頭的碳當量是取到小數點第三位。

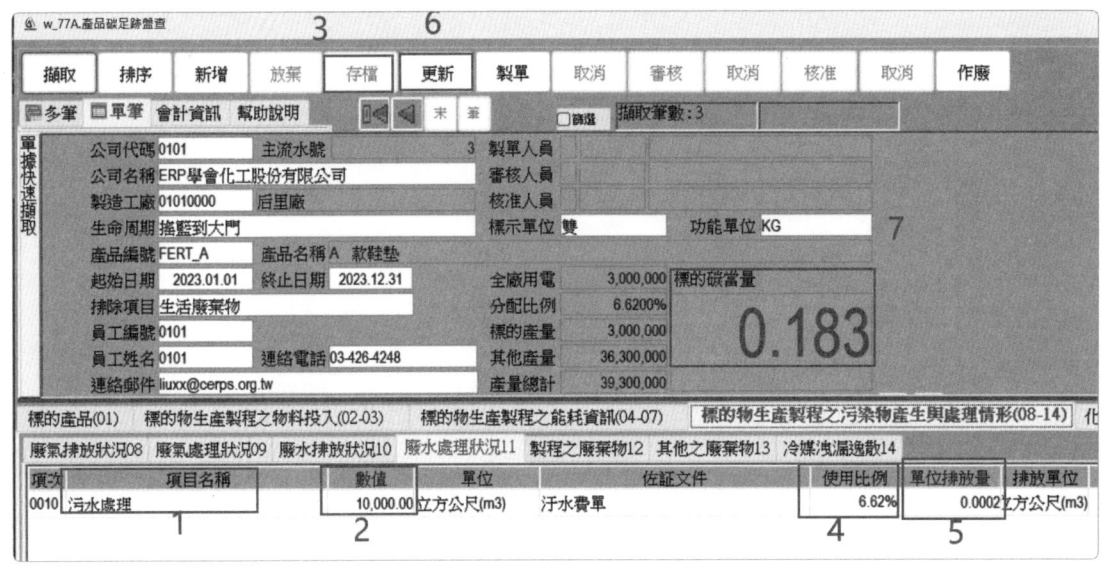

▲ 圖 8.31　污水處理狀況 11 之建檔

8.6.2 標的碳當量的計算

頁籤 11 帶自頁籤 20 的單位活動量是 0.0002，如圖 8.32。

▲ 圖 8.32　受頁籤 11 影響的平台匯入總表 1

而貢獻碳當量 = 單位活動量是 0.0002 × 碳排當量 0.45 = 0.00009 取到小數第四位，得到 0.0001。因為標的碳當量是取到小數第三位，因此仍維持 0.183。

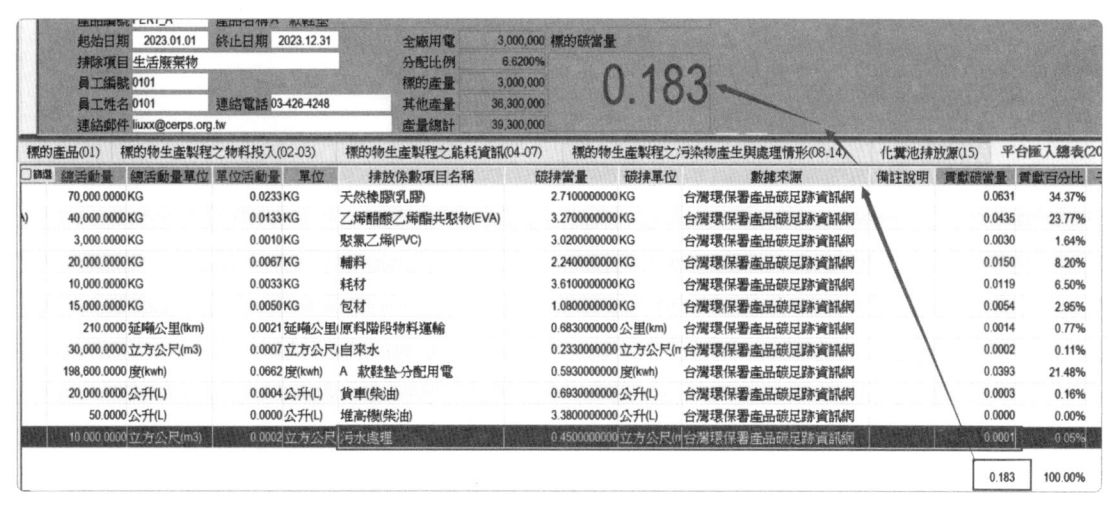

↑ 圖 8.33　受頁籤 11 影響的平台匯入總表 2

8.6.3 製程之廢棄物 12 建檔

請依照圖 8.34 的標示輸入頁籤 12「製程之廢棄物 12」，說明如下：

1. 項目名稱：依序輸入「邊角料」與「其他廢棄物」。

2. 數值：600000 與 40000。

3. 單趟距離：12.1 與 12.1。

4. 按下「存檔」鈕：單位、運輸起點，運輸方式與佐証文件欄位會自動帶入，並計算第 5,6 點。

5. 使用比例：若不輸入會採用檔頭的預設值 6.62%，也 可自行修改。

6. 單位投入量：600000 / 3000000 雙 ×6.62% = 0.01324 四捨五入後得 0.0132。
   其他廢棄物為 40000 / 3000000 雙 ×6.62 % = 0.00088 四捨五入後得 0.0009。

7. 按下「更新」鈕：會更新頁籤 20 的值。

8. 標的碳當量：變成了 0.188，依規定此檔頭的碳當量是取到小數點第三位。

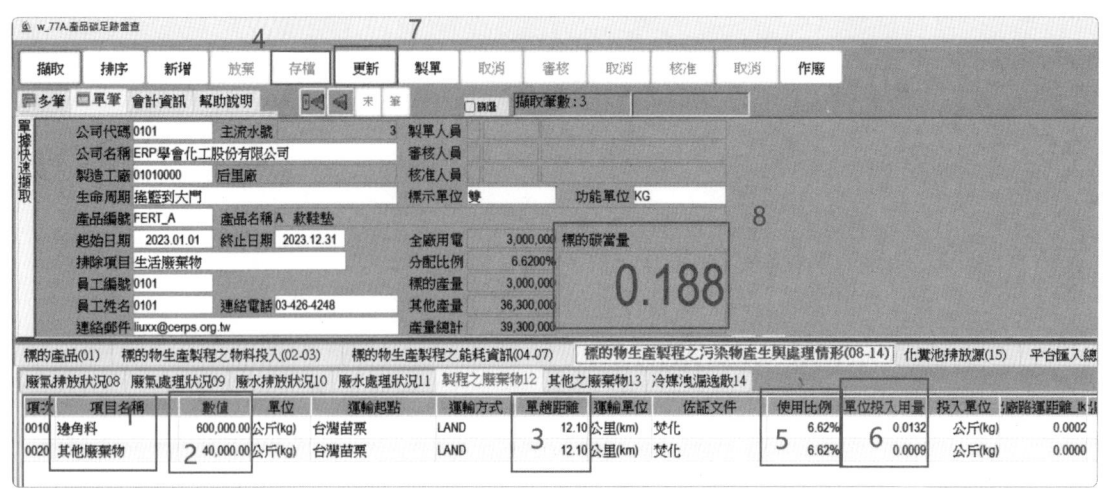

▲ 圖 8.34　製程之廢棄物 12 之建檔

邊角料之

出廠陸運距離 tkm ＝　單趟距離 12.1× 單位投入量 0.0132 / 1000 ＝ 0.00015972

其他廢棄物之

出廠陸運距離 tkm ＝　單趟距離 12.1× 單位投入量 0.0009 / 1000 ＝ 0.00001089

8.6.4　標的碳當量的計算

由頁籤 12 帶入到頁籤 20 的狀況，因為有運輸距離，因此產生項次 9999。

▲ 圖 8.35　受頁籤 12 影響的平台匯入總表 1

邊角料貢獻碳當量 = 0.0132×0.34 = 0.004488 取四捨五入得 0.0045

其他廢棄物貢獻碳當量 = 0.0009×0.34 = 0.000306 取四捨五入得 0.0003

輔助項貢獻碳當量 = 0.0002×1.31 = 0.000262 取四捨五入得 0.0003

輔助項的單位活動量 0.0002 的計算由來是：

邊角料之出廠陸運距離 0.0002 ＋ 其他廢棄物之出廠陸運距離 0

因此累計到目前為止，標的碳當量已來到 0.188

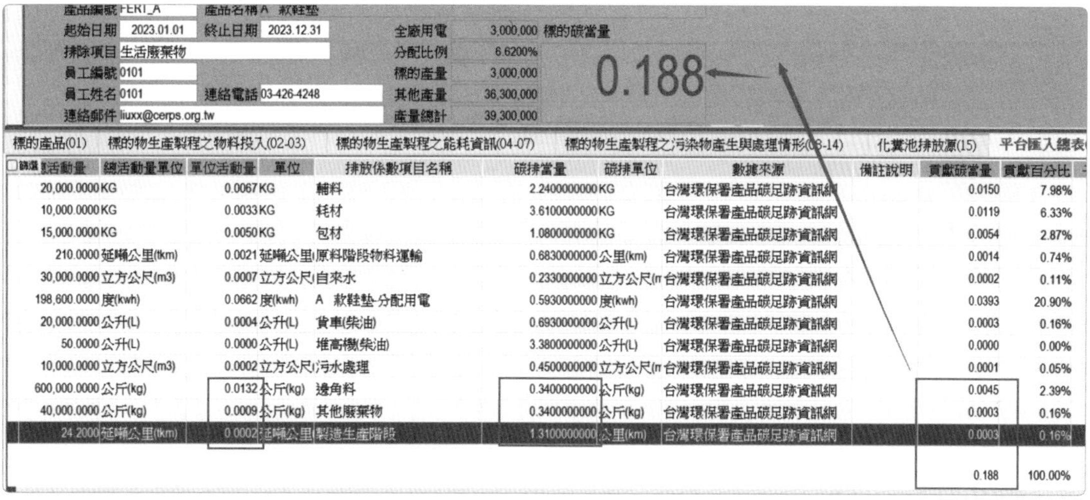

▲ 圖 8.36 受頁籤 12 影響的平台匯入總表 2

8.6.5 冷媒洩漏逸散 14 之建檔

請依照圖 8.37 的標示輸入頁籤 14「冷媒洩漏逸散 14」，說明如下：

1. 項目名稱：輸入「冷媒冷氣」。

2. 數值：4。

3. 按下「存檔」鈕：單位與佐証文件欄位會自動帶入，並計算第 4,5 點。

4. 使用比例：若不輸入會採用檔頭的預設值 6.62%，也可自行修改。

5. 單位排放量：4 / 3000000 雙 ×6.62% = 0.00000008 四捨五入之後仍是 0。

6. 按下「更新」鈕：會更新頁籤 20 的值。

7. 標的碳當量：因為數據太小，不影響碳當量，仍維持 0.188。

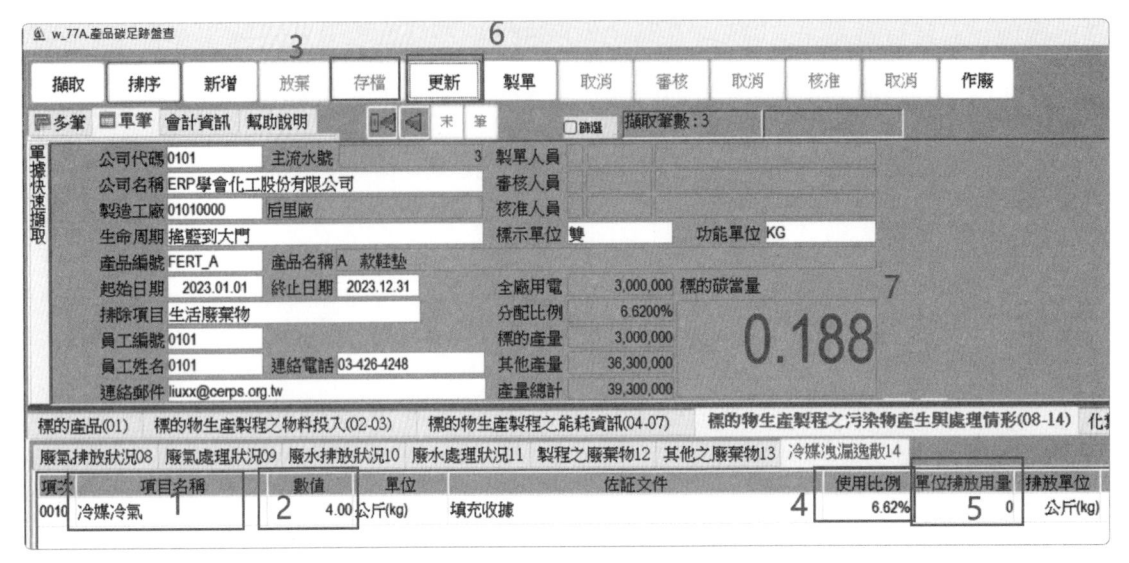

▲ 圖 8.37　冷媒洩漏逸散 14 之建檔

8.6.6 標的碳當量的計算

▲ 圖 8.38　受頁籤 14 影響的平台匯入總表 1

冷媒冷氣貢獻碳當量 = 0×1 = 0

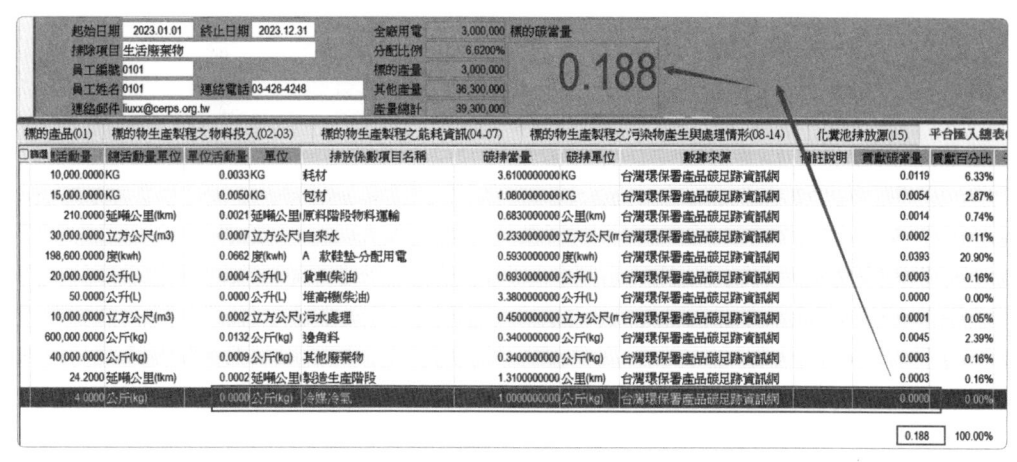

▲ 圖 8.39　受頁籤 14 影響的平台匯入總表 2

8.7 建立化糞池排放源

8.7.1 化糞池排放源 15 之建檔

請依照圖 8.40 的標示輸入頁籤 15「化糞池排放源 15」，說明如下：

1. 員工人數：自行輸入 550。

2. BOD 排放因子：系統預設 0.6。

3. 平均污水濃度：系統預設 200。

4. 工作天數：自行輸入 250。

5. 人時天數：自行輸入 10.36。

6. 人時廢水量：系統預設 15.625。

7. 處理效率 %：系統預設 85。

8. 按下「存檔」鈕：計算第 10,11,12,13 點。

9. 備註說明：存檔時會預設「HR 系統」，也就是來自於人力資源系統。

10. CH4 排放係數：BOD 排放因子 0.6× 平均污水濃度 200 / 1000000000.0×

    工作天數 250× 人時天數 10.36× 人時廢水量 15.625× 處理效率 %.85 = 0.0041278125
    對第五位做四捨五入得到 0.0041

11. CH4 公噸量：員工人數 550×CH4 排放係數 0.004100 = 2.2550

12. 總溫室氣體：CH4 公噸量 2.255× 甲烷的 GWP 溫室氣體暖化潛勢值 27.9 = 62.9145

13. 每單位佔比：

    CH4 公噸量 2.255×1000 / 總產量 39300000× 甲烷的 GWP 溫室氣體暖化潛勢值 27.9 = 0.00160

14. 按下「更新」鈕：會更新頁籤 20 的值。

15. 標的碳當量：最終數字為 0.190。

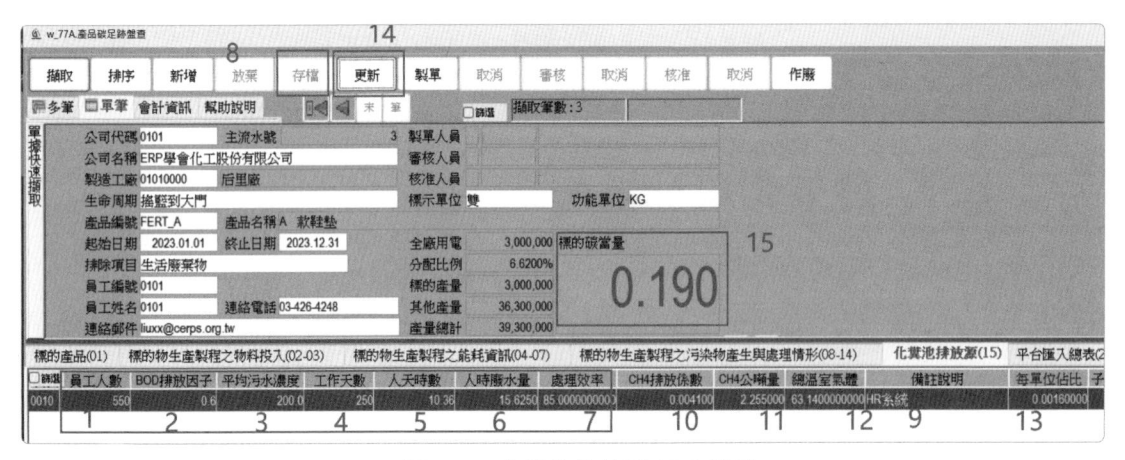

▲ 圖 8.40　化糞池排放源 15 之建檔

8.7.2 標的碳當量的計算

對頁籤 15「化糞池排放源」而言，沒有總活動量，因此匯入頁籤 20 的值就是 0.0016。

▲ 圖 8.41　受頁籤 15 影響的平台匯入總表 1

化糞池排放源貢獻碳當量 = 0.0016×1 = 0.0016。最後的標的碳當量就是 0.190。

▲ 圖 8.42　受頁籤 15 影響的平台匯入總表 2

8.7.3　系統參數化增加彈性

　　甲烷的 GWP 溫室氣體暖化潛勢值 27.9，這個值是個常數，會因為規範而有所變動，應該要讓盤查顧問能參數化設定，而在系統中要參數化可分為全域參數或局域參數，以圖 8.43【99I 系統參數設定】可以看出此參數是適用於 77A，而且是自 202406 月生效，值是 27.9，若使用者去塗改 27.8 也會在修改異動記錄的頁籤被記錄下來，以利追蹤變動的軌跡。而局域參數的觀念則更進一步將本次計算的值 27.9 記錄在【77A 產品碳足跡盤查】，如此可保多年後，此值經過多次的變更而不受影響。目前版本主要是以推廣教學為主，為免課堂教學，顧問或老師的教學困擾，都一律用 27.9 處理。

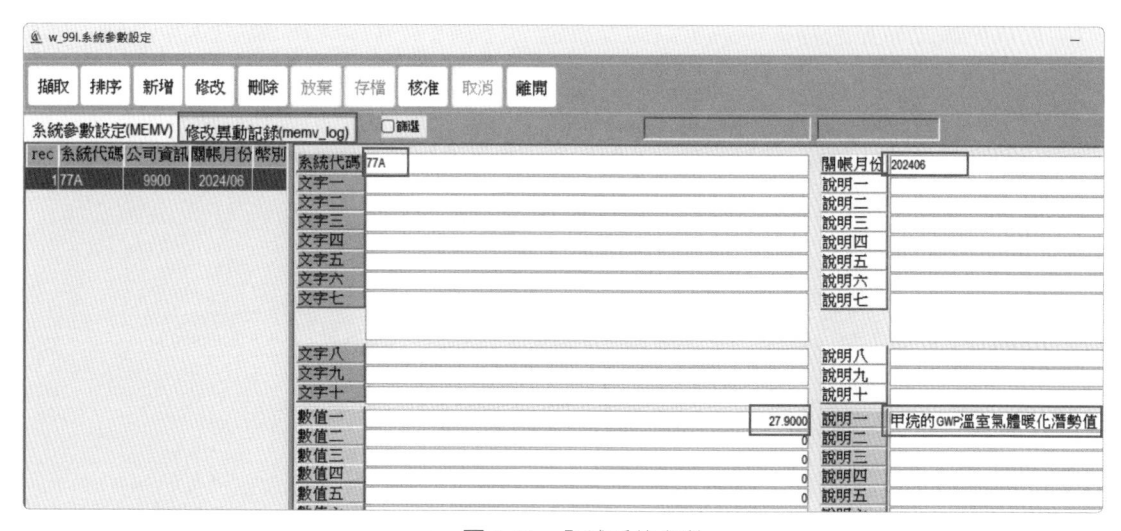

▲ 圖 8.43　全域系統參數

8.8 平台匯入總表轉出

最後的結果已經產生,而此頁籤的格式可能不符合「匯入平台」,其實我們只要將之轉至 EXCEL。再稍加修飾即可。如圖 8.44,在本系統的任一介面,只要是表格式 GRID 的顯示風格,皆可按下 CTRL-F9 將結果轉至 EXCEL。

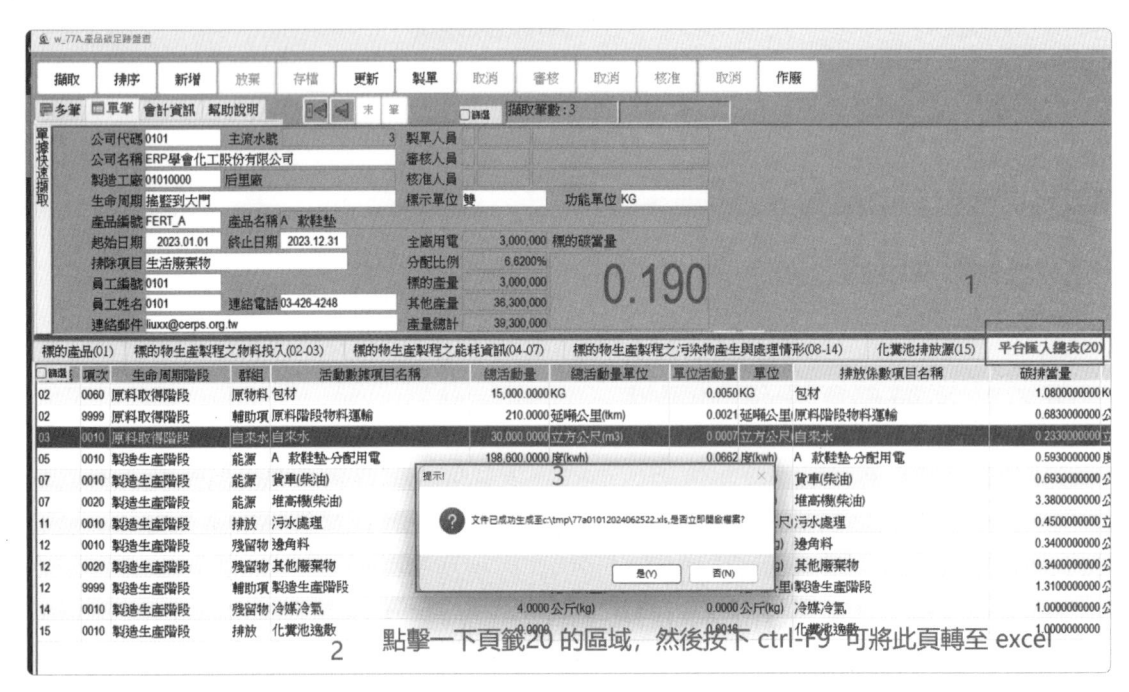

△ **圖 8.44** 將頁籤 20 轉至 EXCEL

轉出的 EXCEL,其檔名由三部分組成:「77A」「0101」「2024062522」第一段是功能代號,第二段是登錄帳號,第三段是日期小時。

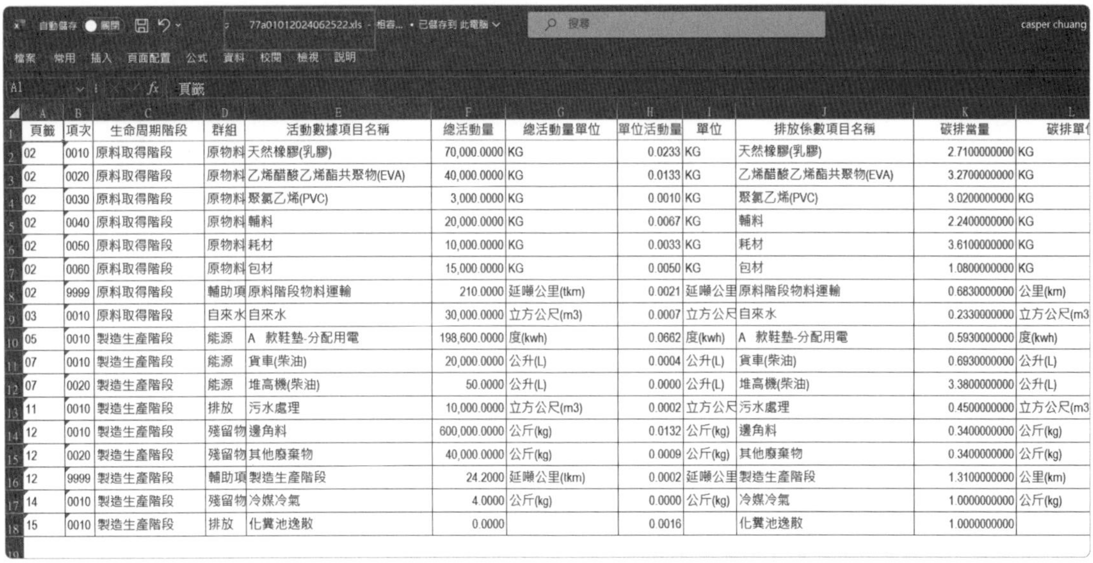

頁籤	項次	生命周期階段	群組	活動數據項目名稱	總活動量	總活動量單位	單位活動量	單位	排放係數項目名稱	碳排當量	碳排單位
02	0010	原料取得階段	原物料	天然橡膠(乳膠)	70,000.0000	KG	0.0233	KG	天然橡膠(乳膠)	2.7100000000	KG
02	0020	原料取得階段	原物料	乙烯醋酸乙烯酯共聚物(EVA)	40,000.0000	KG	0.0133	KG	乙烯醋酸乙烯酯共聚物(EVA)	3.2700000000	KG
02	0030	原料取得階段	原物料	聚氯乙烯(PVC)	3,000.0000	KG	0.0010	KG	聚氯乙烯(PVC)	3.0200000000	KG
02	0040	原料取得階段	原物料	輔料	20,000.0000	KG	0.0067	KG	輔料	2.2400000000	KG
02	0050	原料取得階段	原物料	耗材	10,000.0000	KG	0.0033	KG	耗材	3.6100000000	KG
02	0060	原料取得階段	原物料	包材	15,000.0000	KG	0.0050	KG	包材	1.0800000000	KG
02	9999	原料取得階段	輔助項	原料階段物料運輸	210.0000	延噸公里(tkm)	0.0021	延噸公里	原料階段物料運輸	0.6830000000	公里(km)
03	0010	原料取得階段	自來水	自來水	30,000.0000	立方公尺(m3)	0.0007	立方公尺	自來水	0.2330000000	立方公尺(m3
05	0010	製造生產階段	能源	A 款鞋墊-分配用電	198,600.0000	度(kwh)	0.0662	度(kwh)	A 款鞋墊-分配用電	0.5930000000	度(kwh)
07	0010	製造生產階段	能源	貨車(柴油)	20,000.0000	公升(L)	0.0004	公升(L)	貨車(柴油)	0.6930000000	公升(L)
07	0020	製造生產階段	能源	堆高機(柴油)	50.0000	公升(L)	0.0000	公升(L)	堆高機(柴油)	3.3800000000	公升(L)
11	0010	製造生產階段	排放	污水處理	10,000.0000	立方公尺(m3)	0.0002	立方公尺	污水處理	0.4500000000	立方公尺(m3
12	0010	製造生產階段	殘留物	邊角料	600,000.0000	公斤(kg)	0.0132	公斤(kg)	邊角料	0.3400000000	公斤(kg)
12	0020	製造生產階段	殘留物	其他廢棄物	40,000.0000	公斤(kg)	0.0009	公斤(kg)	其他廢棄物	0.3400000000	公斤(kg)
12	9999	製造生產階段	輔助項	製造生產階段	24.2000	延噸公里(tkm)	0.0002	延噸公里	製造生產階段	1.3100000000	公里(km)
14	0010	製造生產階段	殘留物	冷媒冷氣	4.0000	公斤(kg)	0.0000	公斤(kg)	冷媒冷氣	1.0000000000	公斤(kg)
15	0010	製造生產階段	排放	化糞池逸散	0.0000		0.0016		化糞池逸散	1.0000000000	

^ **圖 8.45** 將平台匯入總表轉出 EXCEL

當所有的盤查動作結束，為了防止日後被不當的修改，要將此次的盤點鎖定，鎖定的方法就是按下「製單、審核、核准」。如圖 8.46，針對已核准的結果還要修訂，那就得反向操作，取消核核准，取消審核、取消製單，在實務上的運用是要讓盤查結果可以被部門主管監管。

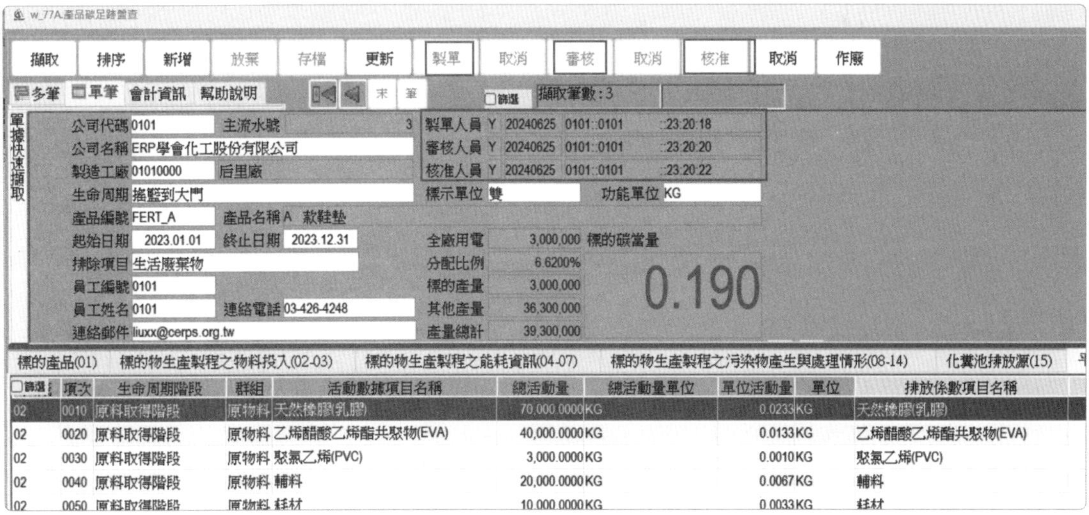

^ **圖 8.46** 將盤查結果鎖定

8.9 結語

到目前為止，我們應該都體驗過在「ERP 系統」操作碳盤查與用「EXCEL」記錄盤查，二者最大的差異在於：

1. 若這個盤查要擴展到超過一個以上的產品時，ERP 以資料庫模式管理的作法顯然比採用 N 個 EXCEL 檔或頁籤要來得方便許多。

2. 若盤查動作每年都要進行時，在 ERP 保存歷年盤點結果顯然比 EXCEL 簡單的多，甚至 ERP 系統能「多家公司」「多個年度」「多個工廠」「多個標的」等的盤查資料都能有條理的呈現與比較分析。

3. 盤查結果若要與憑証勾稽時，舉例，柴油的消耗公升數必須與加油費用申請單，或出差的旅程數與金額要連結在一起，顯然在 ERP 才能真正做到。

至於 ERP 與 ESG 的下一步會不會整合在一起呢？其實答案很清楚了，2023 年末

國際 ERP 大廠 SAP 其 ERP 產生 S/4 HANA 也已經提出碳會計帳（Carbon Accounting）或稱為綠色帳本（Green Ledger）的軟體。也強調綠色帳本（Green Ledger）必須與 財會總帳（General Ledger）一致。

以軟體開發的技術角度而言，碳盤查或碳計算，這對 ERP 系統而言，是「另一種形式的產品成本結算」，請看如圖 8.47，這就是成本結算的畫面，她是全廠製造成本的在會計帳上的流轉的總結，說明如下：

1. 首先她會收集所有的製造費用，直接人工費用並依成本中心（部門別）匯總。

2. 再收集各成本中心底下的工作中心投入在每張生產工單的報工時數，（剔除未直接從事生產的無效工時。

3. 由上述 1、2 的金額與工時，可以得到每個工作中心的「工資率」「費用率」。

4. 再來就能透過每張工單（Production Order）的領料單（Goods Issue），算出的直接材料的金額。

5. 報工單（Production Order Confirmation）算出直接人工與製造費用的金額。

6. 然後將前期在製（Work in Process）與期末在製（Work in Process）的因素考慮進來，就能計算出所有的工單成本。

   （SAP S/4 HANA 是標準成本制來計算，本系統說明的是大多數中小企業採用的月加權平均成本制）。

7. 將相同的製成品之所有工單再月加權一次，就能得到製成品的成本。

8. 將整廠或全公司的製成品匯總起來，就能得到圖 8.47【85Z 成本每月參數】的結果。

9. 依計算結果拋出「銷貨成本傳票」「製令領用傳票」「製令入庫傳票」（Goods Receipt）等。

10. 此結果必須與會計總帳的結果能夠互相勾稽，若有誤差必須用「銷貨成本異常科目（COGS）」記錄，並追查原因，待正確無誤時，就能將當月產品成本結算關帳。

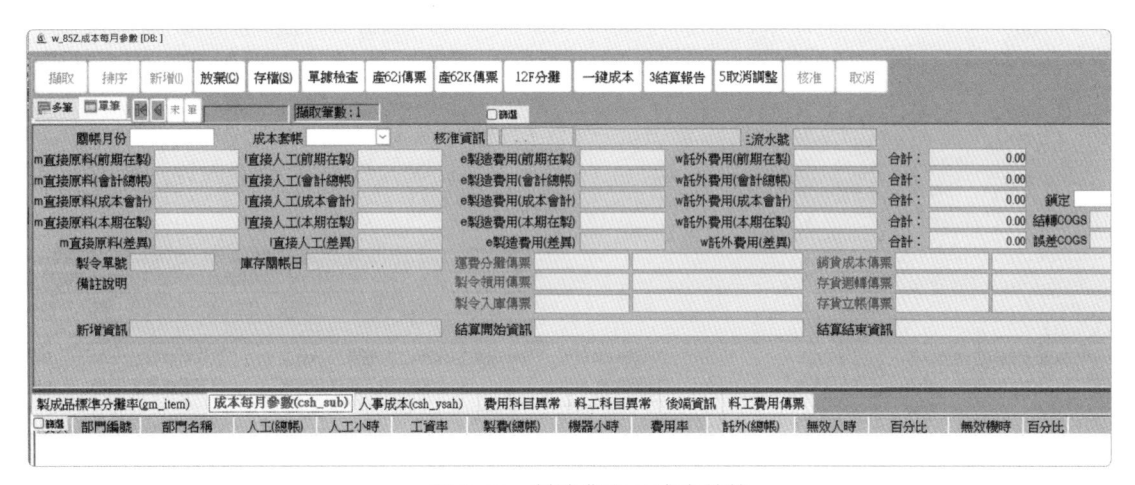

▲ 圖 8.47　製造業產品成本結算

成本結算後會有多張的成本相關報表，最重要的就屬「銷貨成本表」大表，如圖 8.48【859 年度銷貨成本表】，而這張大表又是由眾多製成品的產品成本結構累算而言，

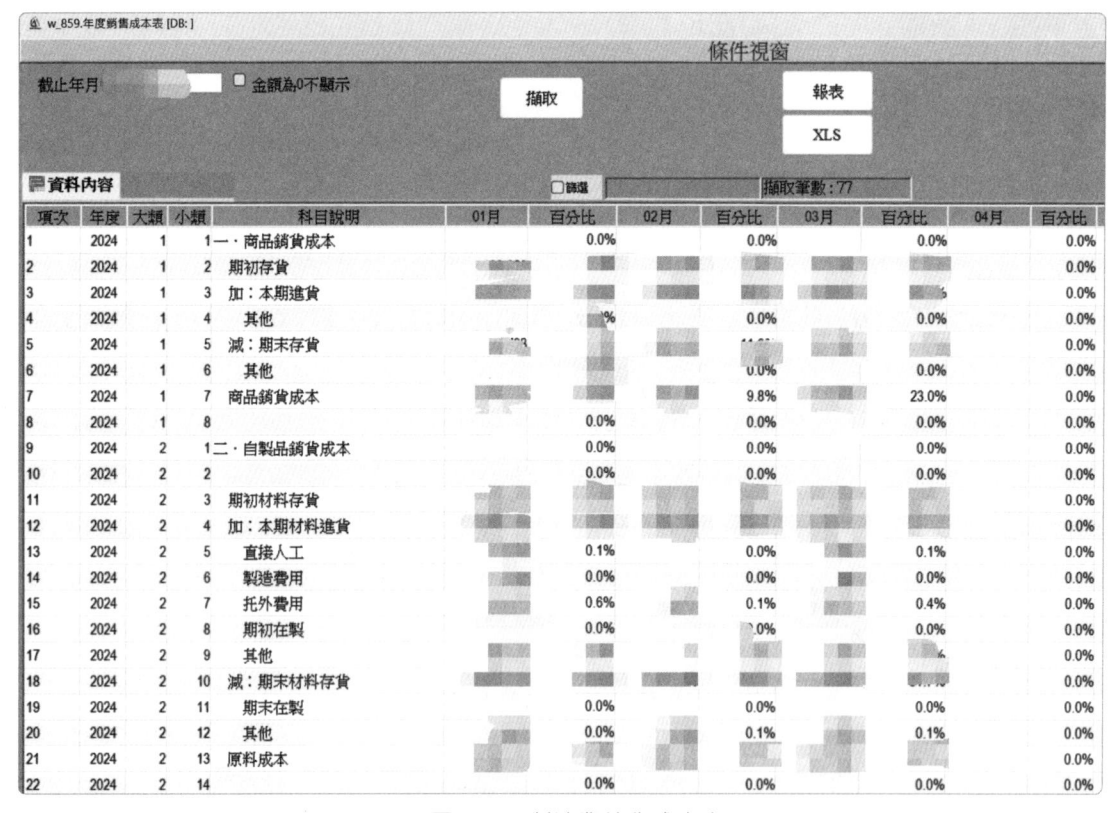

▲ 圖 8.48　製造業銷貨成本表

▲ 圖 8.49　製造業銷貨成本表解構

再者每一個產品的生產成本又是由每月的生產工單結算而來如圖 8.50【85N 每月製令明細】，最終以圖 8.51【852 完工工令成本分析】與圖 8.52【852 完工工令成本分析】將配銷系統的接單金額與工單的製造成本相減，就能算出訂單的毛利。

而每個月的生產成本就會變成我們接單的參考成本了。這大概就是中小企業的運用狀況，在更具規模的企業，還會區分成生產前中後產品成本，分別是標準成本，目標成本與實際成本，此三者的差異就是我們做為營運流程、採購流程與生產流程的改善依據了。

▲ 圖 8-50　製造業製令別（工單別）成本結算

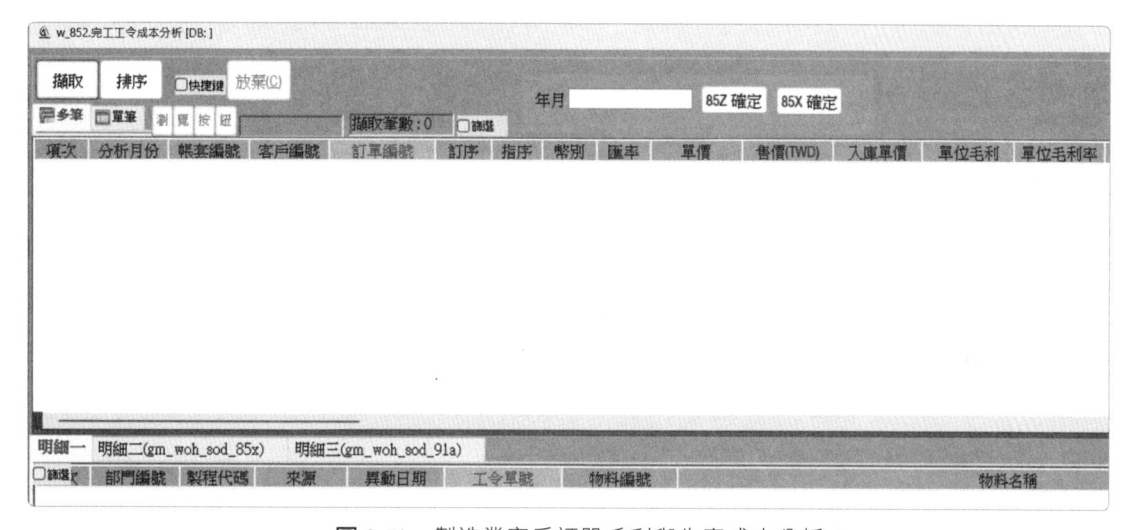

▲ 圖 8-51　製造業客戶訂單毛利與生產成本分析 1

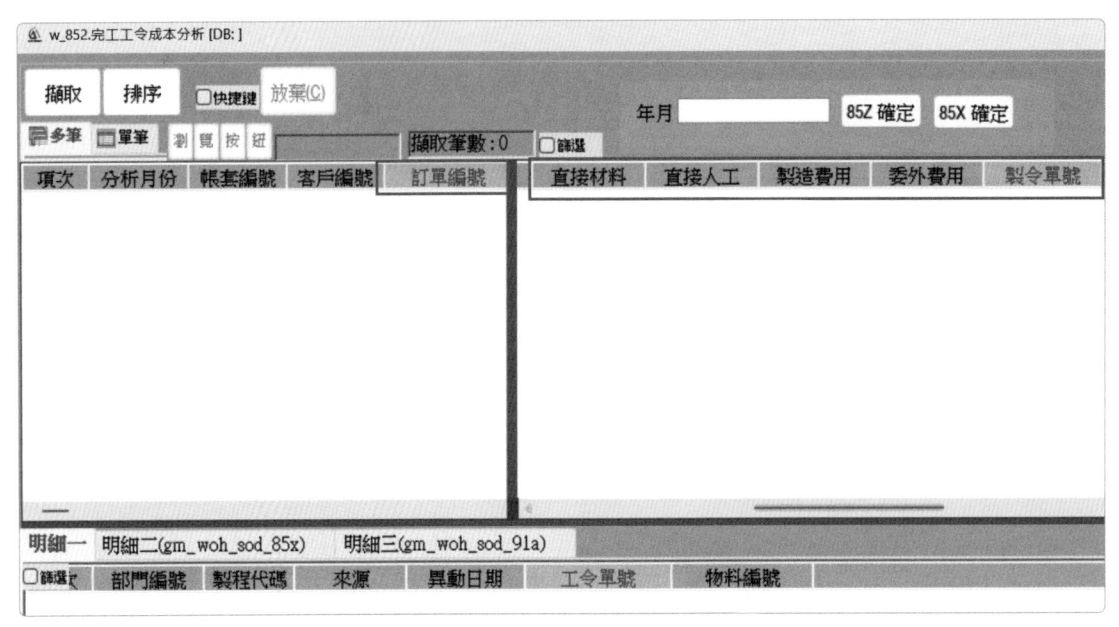

▲ 圖 8-52　製造業客戶訂單毛利與生產成本分析 2

　　由圖 8.47 至圖 8.52 就是整個製造業產品成本的計算架構與使用的用途。

　　其實碳當量的計算流程，也是大致相同，前者是算「成本」後者是計算「碳當量」，而產品碳當量計算也需要一段「演進史」，目前是不計較精確度的碳當量「估算」，而大家從第二節到第八節的計算過程可以得知，每一段都會與財務會計產生關聯，因此當碳排系統的計算進展到「精算」階段時，也就呼應前文所言，需要另一種形式的「製成品產成本結算」了。

　　試想一個情境，當碳稅將變成一種減碳的手段，她將成為我們銷售商品的一部分銷貨成本時，那我們在選擇客戶訂單的時候是不是會將產品的碳當量做為報價的參考，或做為是否會做為選擇客戶訂單的參考呢？

　　目前企業大多將 ESG 永續部門與 ERP 所屬的管理部或 IT 部門切分開來，其實這是弊大於利的，筆者認為二者都是緊密連結在一起的（由本節的說明就能理解每一筆的碳處理費用都與會計帳有關），而每一次的堆高機加柴油也不會當月就用耗（這是不是產品成本的本期在製的觀念）。

　　ERP 的發展歷經了 1998-2001 的千禧年與 2013-2016 的 IFRS 大風大浪，看來下一波就是 ERP+ ESG 了。

目前 ERP 系統業者，大多將 ESG 模組是採外掛的方式結合起來，二系統資料互拋，這種方式在「ESG 估算時期」尚能支撐，當進入到「ESG 精算時期」可能效率就會大打折扣了。期待更多 ERP 業者將 ESG 整合起來，這樣才能讓中小企業用較低的成本跨過這波 ESG 時代的衝擊。

練習題

1. (　) 在系統操作的個案中，何者會產生平台匯入總表的「原料取得階段」「輔助項」？
   (A) 原物輔料投入 02　　(B) 標的用電狀況 05
   (C) 冷媒洩漏逸散 14　　(D) 廢水處理狀況 11

2. (　) 盤查資料輸入完成之後，按下了製單、審核、核准時，會造成何種影響？
   (A) 狀態為已核准，所有資料不可修改。
   (B) 狀態為已核准，檔頭資料可改，檔身資料不可改。
   (C) 狀態為已核准，檔頭資料不可改，檔身資料可改。
   (D) 狀態為已核准，所有資料階可修改。

3. (　) 在系統操作的個案中，「更新」鈕對何頁籤有作用？
   (A) 製程之廢棄物 12　　(B) 標的用電狀況 05
   (C) 冷媒洩漏逸散 14　　(D) 全部的子頁籤皆有效

4. (　) 在系統操作的個案中，檔頭的「標的碳當量」數字，由何而來？
   (A) 製程之廢棄物 12　　(B) 化糞池排放源 15
   (C) 平台匯入總表 20　　(D) 全廠用電狀況 04

5. (　) 在系統操作的個案中，檔頭的哪個欄位的輸入方式是上傳與下載檔案？
   (A) 製造工廠　　(B) 製程技術
   (C) 生命週期　　(D) 排除項目

6. (　) 在系統操作的個案中，下列說明何者正確？
   (A) 能多個集團多家公司同時使用
   (B) 一家公司只能建立一個年度的盤查資料
   (C) 只能允許一家公司使用，不可跨公司
   (D) 只能允許同一集團的多家公司使用，不可跨集團

09

產品碳足跡盤查案例 - 螺絲產品

- 藉由案例了解產品碳足跡計算流程
- 了解產品碳足跡計算方式與計算之重點

    螺絲扣件產業曾經是台灣出口主力之一,產品遍及全球。螺絲螺帽等具有緊固功能的產品統稱為扣件,螺絲(Screw)係指圓徑較小之螺紋製品,如:螺絲、木螺絲、自攻螺絲等;螺栓(Bolt)係指圓徑較大的螺紋製品,如:六角螺栓、四角螺栓、基礎螺栓、T型螺栓等;螺帽(Nut)別稱螺母,作為固定或鎖緊螺絲或螺栓,螺帽的強度需配合與其共同使用的螺絲或螺栓,例如一般高拉力螺絲或螺栓配合硬質的螺帽使用[1]。由於螺絲扣件屬於鋼鐵製品,並納入CBAM第一階段申報產品含碳量之產品類別,因此目前已有許多廠商積極導入產品碳足跡以作為日後提供正確與完整申報資訊之依據。雖然目前CBAM產品含碳量之盤查範圍僅限原料前驅物與製造階段耗用能源之碳排放,但讀者如能透過一個螺絲產品碳足跡個案分析中了解相關之盤查邏輯,就能快速掌握CBAM產品含碳量申報重點。

---

1   2022年扣件市場與技術發展(2022-01-05)

以下將利用一個虛擬個案公司資料來進行螺絲產品碳足跡盤查實作，並使用「產品碳足跡盤查清冊（螺絲）」Excel 檔案作為計算工作底稿。希望藉由本實作來了解各生命週期階段之活動數據蒐集、衝擊情境與數據品質評估，說明產品的碳足跡計算邏輯與產品碳足跡研究報告重點。

由於在本案例中無法預期螺絲售出後最終的使用用途，所以設定為搖籃到大門（B2B）產品碳足跡進行盤查，盤查作業將分成四個部分，分別為：

1. **產品基本資料**：收集公司基本資料，如公司名稱、工廠地址（組織邊界）、盤查標的產品資訊、盤查時間之產量資訊與製程地圖等。
2. **原料取得階段**：蒐集產品生產時所需之原物料、包材與廠務投入耗材資料，也包含相關原物料供應商與運輸等資料。
3. **製造階段**：蒐集公司在製造階段中所用到的能資源，如用電量、化石燃料使用量與用水量等之資料，另外在製造過程中之污染物產生與處理情形也要搜集與計算，像是廠內廢棄物處理與運輸、廢氣與廢水處理、冷媒的溢散及化糞池甲烷排放等項目均須考慮在內。
4. **敏感度分析與數據品質分析**：對於生命週期階段重大排放熱點是否因活動數據或是排放係數之變化而導致產品碳足跡之敏感度分析；另外對於盤查數據之品質管理考量「可靠性」、「完整性」、「時間相關性」、「地理相關性」與「技術相關性」5個指標做為數據品質不確定性分析之評核依據。

9.1　產品基本資料

本個案公司為中大螺絲精密股份有限公司，總公司於 2002 年設立，位於桃園市中壢區中大路 300 號，生產工廠位於高雄岡山，主要生產 SEMS 組合螺絲（又稱作附華司螺絲）供歐美汽車大廠使用。

本次盤查作業的目的是在揭露公司所生產的白鐵外六角十字螺絲（附華司），以下簡稱 A 螺絲之產品碳足跡排放資訊，盤查範圍從原料取得到生產製造所產生之碳排放量，希望藉由盤查過程與結果以確實掌握該標的產品碳足跡排放狀況，並供利害關係人作為評估產品後續碳排減量分析。

由於歐洲品牌車廠客戶要求公司應於 2024 年 7 月前完成 A 螺絲產品碳足跡盤查以因應日後 CBAM 申報之需求，因此總經理非常重視本次產品碳足跡盤查專案，並成立盤查工作小組，由各部門指派專人為盤查工作小組成員，總經理親自擔任盤查工作小組的召集人，以管理部主管吳優為主要負責人及聯絡窗口，相關的聯絡資訊如表 9.1。

表 9.1　專案聯絡資訊

聯絡人	電話	電子信箱	手機
吳優	03-4264248	wu@cerps.org.tw	0912-345678

在盤查活動數據蒐集部分，經過工作小組成員討論後，盤查期間訂為 2023 年 01 月 01 日至 2023 年 12 月 31 日完整年度內高雄岡山廠所生產入庫之 A 螺絲數據資料進行蒐集及使用計算。

生產部門從公司 ERP 系統中取得在 2023 年度領料生產並完工入庫之各項螺絲產品相關的產量資訊，並彙整成表 9.2 的內容。在 2023 年，公司主要生產是以 A、B、C 三種螺絲為主要產品。

表 9.2　2023 年公司產品生產完工入庫表

產品	總產量（MPCS）	總重量（kg）	單重（kg）	重量佔比
A 螺絲	1,260,028	9,958	0.0079	1.62%
B 螺絲	32,386,818	285,004	0.0088	46.40%
C 螺絲	31,922,200	319,222	0.01	51.97%
總計	77,715,298	614,184	-	100.0%

有了公司基本資料與產品資訊，就可以將相關內容填入到「產品碳足跡盤查清冊」Excel 檔案中的「01 基本資料」。在此部分要填入的欄位資料有「公司名稱」、「標的產品製造地點」、「數據盤查起迄時間」、「標的產品照片」、「標的產品名稱」、「產品規格」、「產品重量（顆）」、「產品組成」等欄位內容，填入後結果如圖 9.1 所示。

公司名稱	中大螺絲精密股份有限公司
標的產品製造地點	高雄市岡山區中山路XX號
數據盤查起迄時間	2023.01.01-2023.12.31

標的產品

標的產品名稱	附華司螺絲		標的產品照片（右圖） 	
產品規格	白鐵外六角十字螺絲(附華司)			
功能單位	公斤(kg)			
產品重量（顆）	數量	公克(g)	數量	公斤(kg)
	1	7.903	1	0.007903
產品組成	物料名稱		重量(g)	重量佔比(%)
	1	螺絲	5.087	64.37
	2	華司	2.816	35.63
	總和		7.903	100%

說明：指該產品的原物料組成；如A產品是由螺絲、華司、橡膠組合而成。

△ 圖 9.1　產品基本資料

以下針對部分欄位進行說明：

- 「功能單位」：表示產品系統碳足跡量化的參考單位。在進行碳足跡量化時是以"公斤"為主要的單位，因此這裡就填入"公斤（kg）"。

- 「產品組成」：表示產品組成之元件說明。本案例為附華司螺絲，因此最終產品由螺絲與華司墊片組成，重量佔比分別為 64.37% 與 35.63%。

由於「產品碳足跡資訊網」目前並無揭露螺絲產品之 CFP-PCR 文件，因此工作小組依據產品生命週期內容後製作產品製程地圖如圖 9.2 所示。『附華司螺絲』主要是以中鋼的盤元線材經由抽線廠加工後，再運至廠內與委外廠進行加工處理後生產而成，其中需經過成型抽線、加工、打頭、輾牙、熱處理、全檢（光學篩選）與包裝。這些項目的內容都必須納入盤查範圍內，進行計算。

▲ 圖 9.2　產品製程地圖

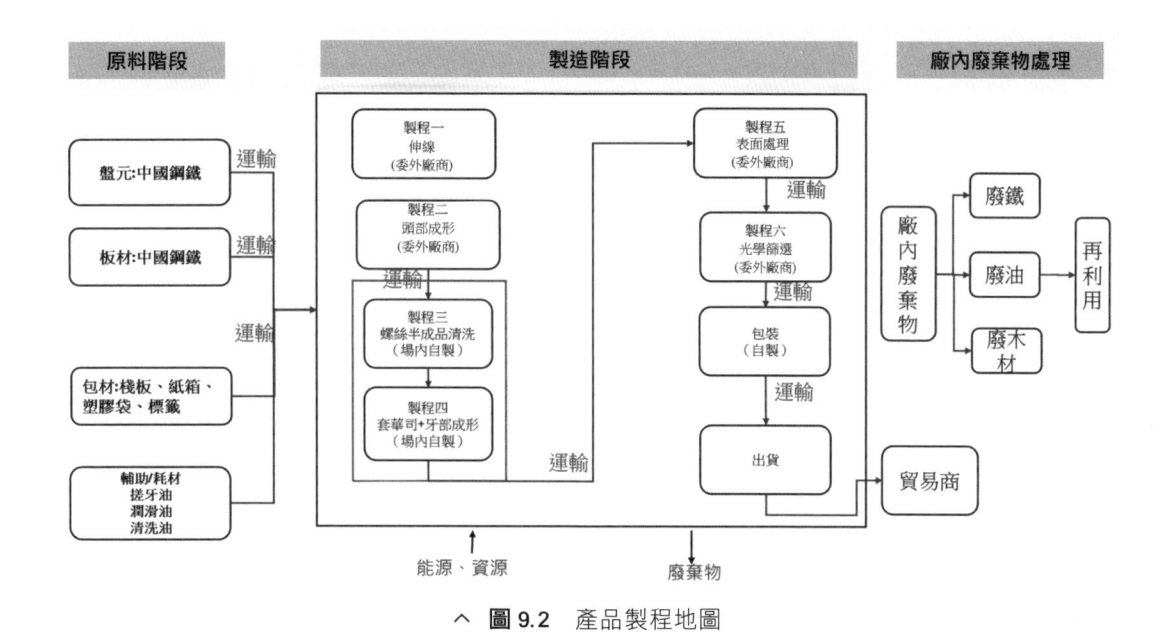

9.2 原料階段

在「產品碳足跡盤查清冊」Excel 檔案中，原料階段資料包含原料取得與原料運輸等內容，數據來源說明如下：

階段別	使用資料	資料來源
原物料階段	原物料、輔助物料、包裝材料等活動數據	領料單、ERP 系統、供應商提供之主原料、輔助物料使用量資訊
	原物料運輸距離	Google Map

A. 主要原物料、包裝材與輔料投入

生產部門從 ERP 的領料單中可以得知，A 款螺絲生產時會使用到的主要原物料為中鋼盤元、中鋼冷軋延鋼捲、鋅板（84%~88% 鋅），再加上一些耗材與包裝材料。表 9.3 為 2023 年主要原物料、耗材及包裝材之使用量統計結果；有了上述的資訊後，就可以將相關內容填入到「碳足跡盤查清冊」Excel 檔案中的「03 盤查彙整」內的「一、物料」的部分。

表 9.3　2023 年 A 螺絲的主原物料及包裝材之項目與使用量

類別	項目名稱	使用量（kg）	分配比例 （標的產品量/全產品生產總量）	分配後標的產品總使用量（kg）	每功能單位使用量（kg）
主要原料	中鋼盤元	6,432.0000	100.00%	6432.0000	0.6459
	中鋼冷軋延鋼捲	6,000.0000	59.13%	3548.0000	0.3563
	鋅板	38,614.0000	0.53%	203.9926	0.0205
包裝材	塑膠袋	3.3180	100.00%	3.3180	0.0003
	紙箱	231.0000	100.00%	231.0000	0.0232
	箱嘜	0.8400	100.00%	0.8400	0.0001
	壓花塑鋼帶	63.1098	100.00%	63.1098	0.0063
	PE 膜	122.8032	100.00%	122.8032	0.0123
	棧板	312.0000	100.00%	312.0000	0.0313
	大嘜	0.1300	100.00%	0.1300	0.0000
輔助材料	D40	2800.0000	1.62%	45.3975	0.0046
	輾牙油 -A	5400.0000	1.62%	87.5523	0.0088
	40# 通用機油	200.0000	1.62%	3.2427	0.0003
	R68 循環機油	200.0000	1.06%	2.1113	0.0002

以下針對部分欄位進行說明：

- 「分配比例（標的產品量/全產品生產總量）」：若該項是全廠都會使用的部分，就要透過使用比例來進行分配。在此例中，因為主要原物料及輔助原料的投入，都是全部為 A 款螺絲所使用，因此在此部分都只要填入 100% 即可。其他主要原料 - 中鋼冷軋延鋼捲與輔助材料為委外製程所需投入必要生產材料，分配比例為本公司代工量佔該委外廠商總產量之比例（由委外廠商提供）。

- 「每功能單位使用量（kg）」：這是轉換成生產每一個單位標的產品時，相關物料投入的量為多少。以主要原料中鋼盤元為例，可以視為生產每公斤 A 款螺絲時，中鋼盤元的投入量為 0.6459 公斤（kg）。因在 Excel 檔案中已經設有公式，因此只要把前面資料填入，就自動會進行計算。計算公式說明如下：

$$（6,432×100\%）/ 9,958 = 0.6459$$

- 中鋼盤元的使用量：6,432 公斤（kg）
- 標的產品總產量：9,958 公斤（kg）
- 使用比例：100%

B. 原物料與包裝材等運輸

在生命週期評估中納入運輸相關部分。其產品之設定運輸情境，各項階段投入所使用運輸皆納入計算。每個主原物料與包裝材等項目，由本公司透過上游供應商所購買取得，並從供應商工廠以陸運方式運送到岡山廠，因此針對每個主原物料與包裝材相關的運輸資料整理如表 9.4 所示。（註：委外廠商之鋅板與輔助材料進貨運輸資料因無法取得，故無法計算相關運輸資訊）。運輸相關如下所示，數據來源、運輸計算原則所示：

表 9.4　2023 年 A 款螺絲生產製造之物料運輸資料

生命週期	群組	製程調查		活動數據			
		岡山廠或委外	使用於何種製程	名稱	總重量（ton）	陸運距離（km）	總重量×陸運距離（tkm）	每功能單位之延噸公里（tkm）
原料取得階段	原物料（運輸）	委外廠	伸線	中鋼盤元	6.4320	119.00	765.4080	0.0769
	原物料（運輸）	委外廠	華司加工	中鋼冷軋延鋼捲	3.5480	14.00	49.6720	0.0050
	包裝材（運輸）	岡山廠	包裝	塑膠袋	0.0033	4.50	0.0149	0.0000
	包裝材（運輸）	岡山廠	包裝	紙箱	0.2310	2.50	0.5775	0.0001
	包裝材（運輸）	岡山廠	包裝	箱嘜	0.0008	8.70	0.0073	0.0000
	包裝材（運輸）	岡山廠	包裝	壓花塑鋼帶	0.0631	4.50	0.2840	0.0000
	包裝材（運輸）	岡山廠	包裝	PE 膜	0.1228	4.50	0.5526	0.0001

生命週期	群組	製程調查		活動數據				
		岡山廠或委外	使用於何種製程	名稱	總重量（ton）	陸運距離（km）	總重量×陸運距離（tkm）	每功能單位之延噸公里（tkm）
原料取得階段	包裝材（運輸）	岡山廠	包裝	棧板	0.3120	30.80	9.6096	0.0010
	包裝材（運輸）	岡山廠	包裝	大嘜	0.0001	18.20	0.0024	0.0000

以下針對部分欄位進行說明：

- **「每功能單位之延噸公里（tkm）」**：因原物料與包裝材都是透過上游供應商所提供，因此從供應商端要送到工廠進行生產的這段運輸過程，要算作是因為生產所產生的碳排放，因此這部分在進行計算時，也要納入計算。依照不同的運輸方式，填入到不同的來料運輸項目，如陸運、海運、空運等。而這欄位的單位要特別注意是以 TKM（噸公里）來呈現，因此如果前面物料的數值單位不是噸，就要記得進行轉換。因在 Excel 檔案中有設定公式，因此只要將相關資料填入後，就會自動進行計算。以主要原料中鋼盤元為例，可以視為運送每噸 A 款螺絲時，中鋼盤元的運輸活動數據為 0.0769 TKM（噸公里）。在此說明計算公式如下：

$$（119 \times 6.432）/ 9.958 = 0.0769$$

  - 中鋼盤元的運輸距離：119 公里（km）
  - 中鋼盤元的使用量：6.432 公噸（ton）
  - 標的產品總產量：9.958 公噸（ton）

在實務上，如果運輸的部分是由上游供應商所負擔，也就是相關運輸成本部分是由上游供應商來自行支付處理，原則上是可以不用納入到此產品碳足跡的計算範圍。這在供應商如要進行盤查時，要自行納入計算的範圍內。所以實務上還是要看實際與供應商的交易狀況來決定。

另外在取得距離資料上，主要是分成陸運、海運、空運這幾種運輸方式，本公司原料取得階段之運輸皆為陸運。

C. 排放係數說明

本報告書係數係參考下列文件製作：

1. 國外資料庫
2. 環境部產品碳足跡資訊網
3. IPCC AR6（2021）
4. 溫室氣體排放係數管理表 6.0.4 版

附華司螺絲各品項與運輸之排放係數選用說明，如下所示：

主要原料排放係數選用說明

名稱	碳足跡係數	單位	引用資料名稱
中鋼盤元	2.2480	$kgCO_2e/kg$	供應商材證提供
中鋼冷軋延鋼捲	2.3900	$kgCO_2e/kg$	供應商材證提供
鋅板	9.1800	$kgCO_2e/kg$	環境部產品碳足跡計算平台 鋅錠 2012

輔助原料排放係數選用說明

名稱	碳足跡係數	單位	引用資料名稱
D40	1.21	$kgCO_2e/kg$	國外資料庫
R68 循環機油	1.21	$kgCO_2e/kg$	國外資料庫
輾牙油 -A	1.21	$kgCO_2e/kg$	國外資料庫
40# 通用機油	1.21	$kgCO_2e/kg$	國外資料庫

附註：上述品項因查不到係數以通用潤滑油係數估算

包材原料排放係數選用說明

名稱	碳足跡係數	單位	引用資料名稱
塑膠袋	2.79	$kgCO_2e/kg$	國外資料庫
紙箱	1.19	$kgCO_2e/kg$	環境部產品碳足跡計算平台 AB 楞紙箱（3 層 2 浪）(2017)

名稱	碳足跡係數	單位	引用資料名稱
箱嘜	0.0135	kgCO$_2$e/kg	環境部產品碳足跡計算平台 標籤紙（PET）
壓花塑鋼帶	0.0275	kgCO$_2$e/kg	國外資料庫
PE 膜	2.79	kgCO$_2$e/kg	國外資料庫
棧板	1.01	kgCO$_2$e/kg	環境部產品碳足跡計算平台
大嘜	0.0135	kgCO$_2$e/kg	環境部產品碳足跡計算平台 標籤紙（PET）

原料運輸排放係數選用說明

名稱	碳足跡係數	單位	引用資料名稱
原料、包裝材運輸	0.131	kgCO$_2$e/tkm	環境部產品碳足跡計算平台 - 營業大貨車（柴油）（2022）

D. 碳排放量計算公式

　　碳足跡乃以盤查與計算本產品在整個生命週期各階段（從原物料開採/製造、原物料運輸、廠內製造、廢棄物處理等階段）及其供應鏈之間的溫室氣體排放量，以二氧化碳當量表示（units of g、kg or tones of CO2 equivalent）。本產品採用計算單位為 kg CO$_2$e。碳排放量計算公式說明如下：

$$碳排放量（CO_2e）= 活動強度數據 \times 排放係數 \times GWP 值$$

- 原物料階段計算公式

$$原物料碳排放量（CO_2e）= 原物料領用重量 \times 排放係數$$

- 原物料運輸之陸運計算公式

原物料陸運活動數據來自運送重量及距離。距離為國內陸運運輸，以各供應商所在地至本工廠間距離為準，其計算來源引用 Google Map 最短距離（公里）計算。

$$原物料陸運碳排放量（CO_2e）= 原物料運送重量 \times 陸運距離 \times 運輸工具排放係數$$

9.3 製造階段

在製造階段主要分成以下幾個內容來計算：

1. **標的產品生產製程之能資源與燃料耗用資訊**，包含水電使用、其他燃料使用等之計算。

2. **標的產品生產製程之污染物產生與處理情形**，包含廢氣處理程序與排放、廢水處理程序與排放、在製程與非製程時的廢棄物處理、冷媒洩漏逸散量。

3. **化糞池排放源**，計算化糞池排放源逸散項目。

4. **委外製造與廢棄物處理等運輸**，包含委外製造階段產生的能資源耗用與運輸、廠內廢棄物處力與運輸等之計算。

以下分別針對這幾個內容來進行說明。

1. 標的產品生產製程之能耗資訊

在「標的產品生產製程之能耗資訊」中，主要分成「**A. 水電使用**」及「**B. 其他燃料使用**」這兩部分需要來計算。

A. 水電使用

水電使用部分可以參考電費/水費單上的數據，作為填入全廠區總用電/用水量的依據。請注意1月與12月電費/水費單上計費週期如有跨年之情形，則須以盤查期間之實際日數攤分用電/用水量。因本公司無配置獨立電錶/水錶或是其他可區分出製程與公共所使用的電量/用水量，電力/用水量分配則以標的產品產量占比全廠總產量進行攤分，而委外工段之用電量/用水量則以委外廠商總用電量/用水量乘以標的產品代工量占比委外廠總產量比例進行攤分。

在其他燃料使用部分，可分成是固定燃燒源與移動燃燒源使用兩種。若是使用固定燃燒源設備，且是用在不同產品製程的話，若可明確區分出標的產品的話，就可依實際作業的情況來作為該使用量，若無法明確區分則以標的產品產量占比全廠總產量進行攤分。至於像是在工廠中堆高機所使用的燃油或是廠內運輸所使用的汽、柴油等燃油，這些則是都屬於移動燃燒。

製造生產（岡山廠）階段數據與分配原則如表 9.5 所示：

表 9.5 製造生產（岡山廠）階段數據與分配原則

生命週期	製程調查			活動數據								
	使用於何種製程	岡山廠或委外	排放源	名稱	全廠總活動量	單位	分配方式及分配單位	標的產品產量	全產品生產總量	分配比例（標的產品量/生產總量）	分配後標的產品總活動量	*每功能單位（kg）活動量
製造生產階段（岡山廠）	套華司輥牙	岡山廠	類別1-固定	LPG	36.3600	公升（L）	重量分配/公升	9958.0000	614,184.0000	1.62%	0.5895	0.0001
製造生產階段（岡山廠）			類別1-移動	柴油	1,290.9300	公升（L）	重量分配/公升	9958.0000	614,184.0000	1.62%	20.9303	0.0021
				汽油	198.1800	公升（L）	重量分配/公升	9958.0000	614,184.0000	1.62%	3.2132	0.0003
			類別1-製程	除鏽潤滑劑WD40	0.1601856	公斤	重量分配/公斤	9958.0000	614,184.0000	1.62%	0.0026	0.0000
				小瓦斯罐丁烷	0.0000113	公斤	重量分配/公斤	9958.0000	614,184.0000	1.62%	0.0000	0.0000
			類別1-逸散（冷媒/消防）	R-134a	0.068406	公斤	重量分配/公斤	9958.0000	614,184.0000	1.62%	0.0011	0.0000
				R600a	0.000087	公斤	重量分配/公斤	9958.0000	614,184.0000	1.62%	0.0000	0.0000
				R410a	0.290650	公斤	重量分配/公斤	9958.0000	614,184.0000	1.62%	0.0047	0.0000
			類別1-逸散（化糞池）	水肥CH4	3,935.4000	人天	重量分配/人天	9958.0000	614,184.0000	1.62%	63.8061	0.0064
			類別2-電力	電力	43,600.0000	度（kwh）	重量分配/度	9958.0000	614,184.0000	1.62%	706.9035	0.0710
			類別4-水	自來水	197.0000	度（M3）	重量分配/度	9958.0000	614,184.0000	1.62%	3.1940	0.0003
			類別4-廢棄物	廢油	2,100.0000	公斤	重量分配/公斤	9958.0000	614,184.0000	1.62%	34.0481	0.0034
			類別4-廢棄物	生活廢棄物	2,400.0000	公斤	重量分配/公斤	9958.0000	614,184.0000	1.62%	38.9121	0.0039
			類別4-廢棄物	廢金屬	1,200.0000	公斤	重量分配/公斤	9958.0000	614,184.0000	1.62%	19.4561	0.0020

委外製造生產階段數據與分配原則如表 9.6 所示：

表 9.6　委外製造階段數據與分配原則

生命週期	製程調查				活動數據						
	使用於何種製程	岡山廠或委外	排放源	名稱	全廠總活動量	單位	分配方式及分配單位	標的產品產量	全產品生產總量	分配比例（標的產品量/生產總量）	分配後標的產品總活動量	*每功能單位（kg）活動量
製造生產階段（委外廠）	伸線	委外廠1	類別1-製程	能資源排放	6,432.0000	公斤（Kg）	重量分配/kg	6,432.0000	6,432.0000	100.0000%	6432.0000	1.0000
	華司加工	委外廠3	類別2-電力	電力	120.0000	度（kWh）	重量分配/度	3548.0000	3548.0000	100.000%	120.0000	0.0121
	打頭成型	委外廠2	類別2-電力	電力	126,450.0000	度（kWh）	重量分配/度	6409.0000	607102.0000	1.06%	1334.8960	0.1341
		委外廠2	類別4-水	自來水	539.0000	度（M3）	重量分配/度	6409.0000	607102.0000	1.06%	5.6901	0.0006
	表面處理	委外廠4	類別1-製程	能資源排放	9,989.0000	公斤（Kg）	重量分配/度	9,989.0000	9,989.0000	100.00%	9989.0000	1.0000
	光學篩檢	委外廠5	類別2-電力	電力	178,280.0000	度（M3）	重量分配/度	9958.0000	31791101.0000	0.03%	55.8431	0.0056

附註：伸線、表面處理委外製程以 CBAM 直接、間接排放係數（不包含前驅物）與標的產品使用量來估計。

以下針對部分欄位進行說明：

每功能單位（kg）活動量 - 用電量

- **「全廠總活動量」**：所填入的數值為全廠於盤查期間內的所有電力使用數據，包含製程用電及公共用電的總和。

- **「分配比例」**：因岡山廠並沒有特別針對 A 款螺絲在製造過程中設立獨立電錶來記錄用電狀況，僅只有全廠的用電數據，因此在此需要進行分配。故在此欄位上參考標的產品產量占比全廠總產量的 1.62% 作為輸入的數值。

- **「每功能單位（kg）活動量」**：這是將先前數值轉換成從以生產每一個單位產品時，電力的使用量為多少的方式。就如同前面部分的內容一樣。以岡山廠外購電力為例，生產每公斤 A 款螺絲時，用電量為 0.0710 度。在此的計算公式說明如下：

$$43{,}600 * 1.62\% \,/\, 9{,}958 = 0.0710$$

- 標的產品的用電使用量：43,600 度（kwh）
- 使用比例：1.62%
- 標的產品總產量：9,958 公斤（kg）

B. 其他燃料使用 - LPG（液化石油氣）

以下針對部分欄位進行說明：

- 「**分配比例**」：因岡山廠並沒有特別針對 A 款螺絲在製造過程中設立智慧瓦斯表記錄每張工單之瓦斯使用量，僅有全年度的瓦斯採購量，因此在此需要進行分配。故在此欄位上參考標的產品產量占比全廠總產量的 1.62% 作為輸入的數值。

- 「**每功能單位（kg）活動量**」：以岡山廠使用 LPG 為例，生產每公斤 A 款螺絲時，LPG 耗用量為 0.0001 公升，計算公式說明如下：

$$(36.36 \times 1.62\%) \,/\, 9{,}958 = 0.0001$$

- 標的產品的 LPG 使用量：36.36（公升）
- 使用比例：1.62%
- 標的產品總產量：9,958 公斤（kg）

2. 標的產品生產製程之污染物產生與處理情形

主要針對岡山廠之廢棄物處理與冷媒逸散進行活動數據蒐集。廢棄物處理以遞送三聯單申報資料為主，冷媒逸散則以生產過程中所需使用之冷媒設備計算即可。以本案例為例，相關須盤查之冷媒設備為貨車冷氣、品檢辦公室冷氣、空壓機與產線冷氣為主。

以下針對部分欄位進行說明：

- 「**分配比例**」：因岡山廠之廢棄物處理與冷媒設備均屬於全廠共用，因此在此需要進行分配。故在此欄位上參考標的產品產量占比全廠總產量的 1.62% 作為輸入的數值。

- 「**每功能單位（kg）活動量**」：以岡山廠產生之生活廢棄物為例，生產每公斤 A 款螺絲時，生活廢棄物產生量為 0.0039 公斤，計算公式說明如下：

$$(2,400 \times 1.62\%) / 9,958 = 0.0039$$

- 標的產品的 LPG 使用量：2,400（公斤）
- 使用比例：1.62%
- 標的產品總產量：9,958 公斤（kg）

3. 化糞池排放源

化糞池排放則以該標的產品之總生產工時乘以每人天生活廢水之甲烷逸散進行計算。因本公司尚未建立工單報工制度，故該標的產品之總生產工時主要以岡山廠盤查年度實際之全廠總人天乘以標的產品產量占比全廠總產量進行攤分。

以下針對部分欄位進行說明：

「每功能單位（kg）活動量」：以岡山廠產生之水肥甲烷逸散為例，生產每公斤 A 款螺絲時，水肥甲烷逸散量為 0.0064 人天，計算公式說明如下：

$$(3,935.4 \times 1.62\%) / 9,958 = 0.0064$$

- 標的產品的生產總人天數：3,935.4（人天）
- 使用比例：1.62%
- 標的產品總產量：9,958 公斤（kg）

製造階段（含委外加工與運輸）之活動數據說明整理如下：

階段別	使用資料	資料來源
原物料階段	原物料、輔助物料、包裝材料等活動數據	領料單、ERP 系統、供應商提供之主原料、輔助物料使用量資訊
	原物料運輸距離	Google Map
製造階段	廠內各項能資源	電費單、水費單、加油發票
	廠內廢棄物	廢棄物遞送三聯單
	廠內廢棄物運輸距離	Google Map
委外製造階段	各項能資源	供應商提供使用能資源但無提供廢棄物數據
	委外在製品運輸距離	委外加工單、Google Map

4. 委外製造與廢棄物處理等運輸

在製造週期評估中納入運輸相關部分。其產品之設定運輸情境包含委外製造與廢棄物處理所使用運輸皆納入計算。委外製造運輸可為岡山廠運送半成品至委外廠商或是不同委外廠商之間的運輸。運輸相關如下所示：數據來源、運輸計算原則如表 9.7 所示：

表 9.7　委外與廢棄物處理運輸相關數據與分配原則

名稱	活動數據			
	總重量（ton）	陸運距離（km）	總重量*陸運距離（tkm）	每功能單位之延噸公里（tkm）
伸線至打頭（運輸）	6.4320	47.50	305.5200	0.0307
打頭成型至岡山廠（運輸）	6.4320	29.30	188.4576	0.0189
華司加工至岡山廠（運輸）	3.5480	131.00	464.7880	0.0467
岡山廠至表面處理（運輸）	9.9890	10.90	108.8801	0.0109
表面處理至光篩（運輸）	9.9890	35.20	351.6128	0.0353
光篩至岡山廠	9.9580	10.90	108.5422	0.0109
廢油運輸	2.1000	56.50	118.6500	0.0119
生活廢棄物運輸	2.4000	24.70	59.2800	0.0060
廢金屬運輸	1.2000	14.70	17.6400	0.0018

以下針對部分欄位進行說明：

「每功能單位之延噸公里（tkm）」：因委外加工運輸從岡山廠與委外工廠之間進行生產的這段運輸過程，要算作是因為生產所產生的碳排放，因此這部分在進行計算時，也要納入計算。依照不同的運輸方式，填入到不同的來料運輸項目，如陸運、海運、空運等。而這欄位的單位要特別注意是以 TKM（噸公里）來呈現，因此如果前面物料的數值單位不是噸，就要記得進行轉換。因在 Excel 檔案中有設定公式，因此只要將相關資料填入後，就會自動進行計算。在此說明伸線至打頭（運輸）之運輸每功能單位之延噸公里活動數據為 0.0307（tkm），計算公式說明如下：

$$（47.5 * 6.432）/ 9.958 = 0.0307$$

- 委外廠商（伸線）至委外廠商（打頭）的運輸距離：47.5 公里（km）
- 委外工段 1 的運輸重量：6.432 公噸（ton）
- 標的產品總產量：9.958 公噸（ton）

在實務上，如果運輸的部分是由上游供應商所負擔，也就是相關運輸成本部分是由上游供應商來自行支付處理，原則上是可以不用納入到此產品碳足跡的計算範圍。這在供應商如要進行盤查時，要自行納入計算的範圍內。所以實務上還是要看實際與供應商的交易狀況來決定。

另外在取得距離資料上，主要是分成陸運、海運、空運這幾種運輸方式，本公司委外加工與廢棄物處理階段之運輸皆為陸運。

排放係數說明

能資源排放係數選用說明

名稱	碳足跡係數	單位	引用資料名稱
LPG	2.210	$kgCO_2e/L$	環境部產品碳足跡計算平台 - 液化石油氣（於固定源使用，2021）
柴油	3.320	$kgCO_2e/L$	環境部產品碳足跡計算平台 - 柴油（於公路運輸移動源使用，2021）
汽油	2.920	$kgCO_2e/L$	環境部產品碳足跡計算平台 - 車用汽油（於移動源使用，2021）
除鏽潤滑劑 WD40	1.0000	$kgCO_2e/kg$	質量平衡法
小瓦斯罐 丁烷	3.03448	$kgCO_2e/kg$	質量平衡法
R134a	1530.000	$kgCO_2e/kg$	IPCC_AR6_溫室氣體排放係數管理表 6.0.4 版 _ 含氟氣體之 GWP 值
R410A	2255.500	$kgCO_2e/kg$	IPCC_AR6_溫室氣體排放係數管理表 6.0.4 版 _ 含氟氣體之 GWP 值
R600a	0.000	$kgCO_2e/kg$	非 HFC 冷媒，只盤查而不計算排放量。
電力	0.606	$kgCO_2e/$ 度	環境部產品碳足跡計算平台 電力碳足跡（2021）

名稱	碳足跡係數	單位	引用資料名稱
自來水	0.233	kgCO₂e/m³	環境部產品碳足跡計算平台 臺灣自來水（2020）
伸線能資源排放	0.226	kgCO₂e/kg	供應商提供 直接：0.0064 間接：0.2195
表面處理能資源排放	1.520	kgCO₂e/kg	供應商提供 直接：0.21 間接：1.31

附註：伸線、表面處理委外製程以 CBAM 間接排放係數與標的產品使用量來估計。

廢棄物處理排放係數選用說明

名稱	碳足跡係數	單位	引用資料名稱
廢油	0	NA	再利用係數
廢金屬	0	NA	再利用係數
生活廢棄物	0.327	kgCO2e/kg	環境部產品碳足跡計算平台 - 廢棄物焚化處理服務（臺南市永康垃圾資源回收（焚化）廠）2017

9.4 碳足跡計算結果闡釋

9.4.1 產品碳足跡總排放量分析

　　生命週期衝擊評估方法學乃依循 IPCC 100 年溫室氣體排放評估方法（IPCC 2023 GWP 100a v1.02），計算產品由原料開採至至製造階段（搖籃到大門，Cradle to Gate）之二氧化碳排放當量，此次標的產品「附華司螺絲」於溫室氣體部分全數納入計算。計算產品由原料開採至製造階段之二氧化碳排放當量，標的產品「附華司螺絲」之功能單位各階段碳排放量及排放佔比如表所示。

「附華司螺絲」宣告單位各階段產品碳排放量及佔比

階段	排放量	單位	比例（%）
原物料	2.6032	kgCO$_2$e/kg	53.95%
製程（岡山廠）	0.0559	kgCO$_2$e/kg	1.16%
委外製程	1.8380	kgCO$_2$e/kg	38.09%
運輸	0.3284	kgCO$_2$e/kg	6.81%
合計	4.8255	kgCO$_2$e/kg	100.00%

9.4.2 原物料取得階段碳排放量分析

製程投入位置	原料名稱	單項碳足跡（kgCO$_2$e）	單項碳足跡占比（總碳足跡）	原料取得階段占比
伸線	中鋼盤元	1.4520	30.09%	55.78%
華司加工	中鋼冷軋延鋼捲	0.8515	17.65%	32.71%
表面處理	鋅板（88%～84% 鋅）	0.1881	3.90%	7.22%

以上三項碳排佔原料取得階段占比超過 95.71%，也超過總碳足跡占比達 51.63%。

9.4.3 製造生產階段製程碳排放量分析

自廠製程階段（不含能資源項目）占比最大項目為柴油排放 12.47%。

名稱	單項碳足跡（kgCO$_2$e）	單項碳足跡占比	自廠製程階段占比
LPG	0.0001	0.00%	0.23%
柴油	0.0070	0.14%	12.47%
汽油	0.0009	0.02%	1.68%
除鏽潤滑劑 WD40	0.0000	0.00%	0.00%
小瓦斯罐丁烷	0.0000	0.00%	0.00%
R-134a	0.0002	0.00%	0.30%
R600a	0.0000	0.00%	0.00%
R410a	0.0011	0.02%	1.91%

名稱	單項碳足跡（$kgCO_2e$）	單項碳足跡占比	自廠製程階段占比
水肥 CH_4	0.0023	0.05%	4.07%
廢油	0.0000	0.00%	0.00%
生活廢棄物	0.0013	0.03%	2.28%
廢金屬	0.0000	0.00%	0.00%

9.4.4 製造生產階段能資源碳排放量分析

自廠製程階段占比最大項目為外購電力 76.90%，但在總排放量佔比不高。

名稱	單項碳足跡（$kgCO_2e$）	單項碳足跡占比	自廠製程階段占比
外購電力	0.0430	0.89%	76.90%
柴油	0.0070	0.14%	12.47%

委外製程階段占比最大項目為表面處理之外購電力排放 82.7%，也占總排放比例達 31.50%。

名稱	單項碳足跡（$kgCO_2e$）	單項碳足跡占比	委外製程階段占比
伸線 類別 1- 製程	0.2259	4.68%	12.29%
華司加工 類別 2- 電力	0.0073	0.15%	0.40%
打頭成型 類別 2- 電力	0.0812	1.68%	4.42%
打頭成型 類別 4- 水	0.0001	0.00%	0.01%
表面處理 類別 1- 製程	1.5200	31.50%	82.70%
光學篩檢 類別 2- 電力	0.0034	0.07%	0.18%

運輸階段占比最大項目為原物料 - 中鋼盤元之運輸排放 32.25%，僅占總排放比例 2.09%。

名稱	單項碳足跡（kgCO2e）	單項碳足跡占比	運輸占比
原物料 - 中鋼盤元（運輸）	0.1007	2.09%	32.25%
原物料 - 中鋼冷軋延鋼捲（運輸）	0.0065	0.14%	2.09%
原物料 - 塑膠袋（運輸）	0.0000	0.00%	0.00%
原物料 - 紙箱（運輸）	0.0001	0.00%	0.02%
原物料 - 箱嘜（運輸）	0.0000	0.00%	0.00%
原物料 - 壓花塑鋼帶（運輸）	0.0000	0.00%	0.01%
原物料 - PE 膜（運輸）	0.0001	0.00%	0.02%
原物料 - 棧板（運輸）	0.0013	0.03%	0.40%
原物料 - 大嘜（運輸）	0.0000	0.00%	0.00%
伸線至打頭（運輸）	0.0402	0.84%	12.87%
打頭成型至岡山廠（運輸）	0.0248	0.52%	7.94%
華司加工至岡山廠（運輸）	0.0611	1.27%	19.58%
岡山廠至表面處理（運輸）	0.0143	0.30%	4.59%
表面處理至光篩（運輸）	0.0463	0.96%	14.81%
光篩至岡山廠	0.0143	0.30%	4.57%
廢棄物（運輸）	0.0016	0.03%	0.50%
廢棄物（運輸）	0.0008	0.02%	0.25%
廢棄物（運輸）	0.0002	0.00%	0.07%

9.4.5 特定溫室氣體排放量分析（生質與化石個別排放量 / 電力係數的來源 / 土地利用變化 / 航空運輸排放量等）

本標的產品目前無碳儲存與碳移除之現象，且目前無土地利用變更之現象，故本次盤查不考慮土地利用變更之碳排放。依據石油管理法第三十八條之一第二項規定，自中華民國九十九年六月十五日起將生質柴油添加比率提高至 2%；於 103 年 5 月 5 日起配合經濟部公告修正「石油煉製業與輸入業銷售國內車用柴油摻配酯類之比率實施期程範圍及方式」公告不再添加生質柴油，中油體系加油站油槽內的 B2 生質柴油存油即採取逐步換儲方式，停售 B2 生質柴油。故本產品使用之柴油無生物碳（Biogenic carbon）排放。本次標的產品亦無使用航空器排放。

本次標的產品「附華司螺絲」使用化石碳排放量為 0.3364 kgCO_2e/ 每公斤，包含廠內液化石油氣排放、汽柴油排放以及外部之原料運輸與廢棄物運輸排放。

9.5 數據品質評估

為要求數據品質準確度，每筆數據資料需說明來源，凡能證明及佐證數據可信度者均須調查，並將資料妥善保存（保存年數依公司內控制度而定），做為往後查核追蹤的依據。本次參考國際間常用之數據品質指標評估（系譜矩陣）方式，並考量國內碳足跡計算盤查數據取得之難易度，引用「可靠性」、「完整性」、「時間相關性」、「地理相關性」與「技術相關性」5 個指標作為碳足跡數據品質指標等級評核的參考，每個指標依數據品質之良莠區分 1~5 個等級，並將結果分為「高品質」、「基本品質」與「初估品質」三個等級來管理。

數據等級分級表

整體數據品質等級	整體數據品質水平
DQR ≦ 1.7	高品質
1.7<DQR ≦ 3.0	基本品質
3.0<DQR ≦ 5.0	初估品質

碳足跡數據品質指標系譜矩陣

等級 指標	1	2	3	4	5
可靠性 （Re）	基於量測之查證過的數據 • 查證過之量測的數據 • 經過查證之統計數據	部分基於假設之查證過的數據，或基於量測之未查證過的數據 • 程序模擬產生之數據（此模擬程序需包含所有必要之參數） • 產業關聯分析產生之數據	部分基於假設之未查證過的數據 • 依據化學反應和專利資料為基礎所做成之數據，且已設定能資源耗損並假設產率、污染排放	合格的估計值（例如經由產業專家之估計值） • 以統計資料或個別數據為基礎之產業專家推估值 • 僅從理論的計算基礎資訊所做成之數據，且未充份設定產率、能耗和污染物排放	不合格的估算值或來源未知之數據 • 從類似製程所推估之數據（無理論基礎） • 研究中與製造設計有關之能源/主要原物料投入資訊所做成之數據
完整性 （Co）	來自場址之足夠的數據，且為經過一段時間得以穩定常態波動之具有代表性的數據 • 來自所有相關製程場址（100%），延續一段適當的時間間隔而足以弭平常態變動之具有代表性的數據 • 針對目標產品之生產量，蒐集100%的數據 • 整體環境衝擊>=95%	來自場址之較少數目但是為適當期間之具有代表性的數據 • 來自超過50%場址、一段適當的時間間隔而足以弭平常態變動之具有代表性的數據 • 針對目標產品之生產量，收集50%以上的數據 • 整體環境衝擊介於85%~95%之間	來自場址之適當數目，但來自較短期間之具有代表性的數據 • 來自低於50%場址、一段適當的時間間隔而足以弭平常態變動的數據，或是來自超過50%場址但是較短時間間隔之具有代表性的數據 • 對個別數據而言，為目標產品之製造廠商有限之多個設備的平均數據 • 整體環境衝擊介於75%~85%之間	來自場址之較少數目且較短期間之具有代表性的數據，或來自場址之適當數目和期間之不完整數據 • 單一場址具代表性的數據，或是多個場址在短期間的數據 • 對個別數據而言，為目標產品之製造廠商有限之多個設備的數據 • 調查期間短、非年平均之數據（調查期足以涵蓋產品生產期者除外） • 整體環境衝擊介於50%~75%之間	代表性未知，或來自場址之較少數目和/或來自較短期間之不完整的數據 • 表性未知之數據 • 從少數場址、短期間得來的數據 • 體環境衝擊低於50%
時間的相關性 （Ti）5	與研究年差距低於3年 • 2009~2012年的數據	差距低於6年 • 2006~2008年的數據	差距低於10年 • 2002~2005年的數據	差距低於15年 • 1997~2001年的數據	年代未知或差距超過15年 • 1996年以前的數據或年代不知的數據

等級 指標	1	2	3	4	5
地理 相關性 （Ge）	來自研究區域的數據	來自包含研究區域之更大區域的平均數據	來自具有類似之生產條件區域的數據	來自稍微類似之生產條件區域的數據	來自未知地區之數據，或來自生產條件非常不同之地區的數據
	• 來自研究範疇內特定區域（位置/地點）之數據	• 來自本國之國家平均值、有相同生產條件之亞洲平均值或世界平均值	• 來自有類似生產條件之亞洲國家的平均值數據	• 來自稍微類似之生產條件之亞洲或其他國家/大陸之數據	• 數據來源不知，或是生產條件明顯不同的數據。例如，北美替代中東，OECD-歐洲替代俄羅斯
技術 相關性 （Te）	來自研究中之企業、製程和材料之數據	來自研究中之製程和材料，但來自不同企業之數據	來自研究中之製程和材料、不同技術的數據	來自相關之製程或材料，但是相同技術的數據	來自未知技術之數據，或與製程或材料有關但來自不同技術之數據
	• 來自生產該標的產品之企業使用之技術（包括製程和材料）所做成的數據	• 來自以相同技術（包括相同製程和材料）之不同企業的數據	• 來自相同之製程和材料，不同技術之數據 • 在有市場性、泛用性之技術中，使用部分類似技術之替代	• 來自以相同技術，但使用來自相關製程或材料的數據 • 沒有市場、泛用性的數據	• 數據之技術屬性不知 • 來自相關製程之實驗室規模的數據，或是來自不同技術的數據

資料來源：環保署碳足跡數據品質評估手冊第二版（2013）

數據品質分析計算結果公式如下：

數據品質計算結果 = ((可靠性單一指標 + 完整性單一指標
　　　　　　　　　 + 時間相關性單一指標 + 地理相關性單一指標
　　　　　　　　　 + 技術相關性 + 最差分數 ×5) / 10)× 排放量佔比

數據品質得分計算公式如下：

佔標的產品整體數據品質得分 = 所有項目之數據品質計算結果相加 / 佔標的產品溫室氣體排放總量比例（%）

本次標的產品最終計算結果為 1.07 屬高品質，詳細結果請參閱產品碳足跡盤查清冊（螺絲）。

數位時代的 ESG 永續碳管理

作　　者：鍾瑞益 / 陳俞君 / 吳聰皓 / 莊玉成
企劃編輯：江佳慧
文字編輯：江雅鈴
設計裝幀：張寶莉
發 行 人：廖文良

發 行 所：碁峯資訊股份有限公司
地　　址：台北市南港區三重路 66 號 7 樓之 6
電　　話：(02)2788-2408
傳　　真：(02)8192-4433
網　　站：www.gotop.com.tw
書　　號：AEE041200
版　　次：2025 年 08 月初版
建議售價：NT$460

國家圖書館出版品預行編目資料

數位時代的 ESG 永續碳管理 / 鍾瑞益, 陳俞君, 吳聰皓, 莊玉成
　著. -- 初版. -- 臺北市：碁峯資訊, 2025.08
　　面； 公分
　ISBN 978-626-425-149-5(平裝)
　1.CST:碳排放　2.CST:永續發展　3.CST:企業經營　4.CST:
數位科技
445.92　　　　　　　　　　　　　　　　　　　　114010597

商標聲明：本書所引用之國內外公司各商標、商品名稱、網站畫面，其權利分屬合法註冊公司所有，絕無侵權之意，特此聲明。

版權聲明：本著作物內容僅授權合法持有本書之讀者學習所用，非經本書作者或碁峯資訊股份有限公司正式授權，不得以任何形式複製、抄襲、轉載或透過網路散佈其內容。
版權所有‧翻印必究

本書是根據寫作當時的資料撰寫而成，日後若因資料更新導致與書籍內容有所差異，敬請見諒。 若是軟、硬體問題，請您直接與軟、硬體廠商聯絡。